DATA CENTER POWER SYSTEMS

데이터센터 전기설비 계획과 설계

이 순 형

DESIGN AND PLANNING OF POWER SYSTEMS FOR DATA CENTERS

에너지시간신문사

데 이 터 센 터
전 기 설 비
계 획 과 설 계

제1판 1쇄 인쇄 _ 2025년 4월 25일
제1판 1쇄 발행 _ 2025년 4월 30일

지은이 _ 이순형
펴낸이 _ 남형권

펴낸곳 _ **(주)에너지시간신문사**
주 소 _ 서울시 구로구 중앙로 15길 83, 1층 103호(고척동)
전 화 _ 02) 2066-6902
전자우편 _ cabinnam@enertopianews.co.kr
등록번호 _ 제25100-2024-000050호
ISBN _ 979-11-988948-2-3   93560

디자인 _ 열린북스
제 작 _ 다음애드

정 가 _ 35,000원

copyright©이순형, 2025, Printed in Korea

이 책은 **(주)에너지시간신문사**가 저작권자와의 계약에 따라 발행한 것이므로 본사의 허락 없이는 이 책의 일부 또는 전체를 이용하실 수 없습니다.

머리말

'데이터 인프라의 미래를 설계하다 – 전기설비를 넘어, 시스템을 완성하는 공학적 통찰'

 전 세계가 디지털 대전환기를 맞이한 지금, 데이터는 에너지와 함께 21세기의 가장 중요한 자산으로 떠오르고 있습니다. 그 데이터를 안전하게 저장하고 실시간으로 처리하는 공간, '데이터센터'는 이제 단순한 건축물이 아니라 국가 경쟁력과 산업 생태계를 지탱하는 전략적 인프라로 자리매김하고 있습니다.

 이 거대한 시스템의 심장에는 전기가 흐릅니다. 그러나 그것은 단순한 전력 공급이 아닙니다. 무정전 운전, 이중화 구성, 신뢰성 확보, 에너지 절감, 친환경 대응, 인허가 요건 충족까지 데이터센터의 전기설비는 복잡하고도 정밀한 '공학 시스템' 그 자체입니다.
 그렇기에 이 책은 단순한 전기설비 기술서가 아닌, 데이터 인프라를 설계하는 최고 수준의 기술 지침서이자, 미래지향적 공학적 해법의 집대성이라 자부합니다.

 저자는 현재 대학교에서 전기공학을 연구·강의하고 있으며, 전기분야 기술사 자격을 보유하고 있습니다. 또한 수십 년간 대규모 플랜트와 민간 및 공공 프로젝트를 직접 설계하고 감리하며, 실질적이고 입체적인 현장 경험을 축적해 왔습니다. 특히 최근에는 초대형 데이터센터와 345kV 초고압 변전소 설계 프로젝트에 참여하며, 부하 말단까지의 전기설비 구성과 운영 안정성 확보를 위한 고도화 기술을 직접 적용하고 있습니다.

 이 책은 단순히 전원공급계통에 대한 해설에 머무르지 않습니다.
발전기 시스템의 설계, 고신뢰 UPS 구성, ESS(에너지저장장치)의 적용과 병렬운전, 냉각설비와 전력 연동, 첨단 소방시스템과 연계 보호설비, 신·재생에너지, RE100 대응 전략, 에너지 절감 기술 및 BEMS 연동 설계, 그리고 각종 법령 및 인허가 프로세스에 이르기까지, 데이터센터 전기설비 전반을 총망라하고 있습니다.

이 모든 내용을 통합적으로 다루되, 시스템적 사고와 실증 기반 설계 철학을 중심에 두고 집필하였습니다. 단편적 지식이 아닌, 현장에서 '설계가 작동하는 방식'을 깊이 이해하고 있는 사람만이 전달할 수 있는 실전적 통찰과 고급 기술 정보를 담았습니다.

무엇보다 이 책은 데이터센터의 전기설비를 기획부터 설계, 시공, 시험, 운전, 유지관리, 최적화, 재정비까지 생애주기(Life Cycle) 전체를 기준으로 접근합니다. 그리하여 전기기술자뿐 아니라, 감리자, 시공사, 운영자, 관련 공무원, 기술사를 준비하는 전문가들까지 광범위한 가치를 제공할 수 있도록 구성했습니다.

앞으로 대한민국에도 수많은 형태의 대규모 데이터센터가 건설될 것입니다. 고집적화, 고밀도화, 고효율화가 요구되는 이 시대에, 이 책이 데이터 인프라 전기설계 분야의 교과서이자 기준서로 널리 활용되기를 기대합니다.

한 치의 오차도 허용되지 않는 전력 시스템 설계의 세계에서, 이 책이 기술적 정확성, 설계의 철학, 시스템의 안목을 겸비한 이정표가 되기를 바랍니다.

끝으로, 이 책이 전기설비라는 기술을 통해 더 나은 사회와 더 안전한 디지털 인프라를 만들어 가고자 하는 모든 기술자와 학도들께 도움 되기를 소망합니다.
품격 있는 기술, 책임 있는 설계, 그리고 미래를 향한 진지한 고민이 담긴 이 책이 누군가의 설계 도면 위에서 살아 숨 쉬기를 바라는 마음입니다.

2025년 4월
저자 씀

데이터센터 전기설비 계획과 설계

차 례

제1장 데이터센터 개요 및 최신 트렌드 / 9

1.1 데이터센터 정의 및 분류 ······ 10
1.2 데이터센터 시장 현황 및 미래 전망 ······ 19
1.3 최신 글로벌 트렌드와 국내 적용 사례 ······ 26

제2장 데이터센터 설계 및 건축물 개요 / 39

2.1 데이터센터 입지 선정 기준 ······ 40
2.2 데이터센터 건축물 설계 및 시공의 핵심 ······ 45
2.3 데이터센터 내진 및 구조안전 기준 ······ 53
2.4 관련 법규 및 인허가 절차 ······ 62

제3장 데이터센터 전력설비 설계 / 75

3.1 데이터센터 전력 수요 산정 및 부하 분석 ······ 76
3.2 수변전설비 및 배전계통 설계 기준 ······ 83
3.3 고압 및 저압 전기설비 설계 실무 ······ 91
3.4 전압강하 ······ 94
3.5 접지시스템 설계 및 유지관리 ······ 101

제4장 데이터센터의 전력계통 연계와 운영 / 107

4.1 계통연계 설비의 설계의 전략 및 기술 동향 ·········· 108
4.2 데이터센터 전력계통 연계 시 고려 사항 ·········· 116
4.3 전력 계량 체계 개요 ·········· 128

제5장 UPS(무정전 전원공급장치) 설계 및 운영 / 133

5.1 UPS의 개요 및 중요성 ·········· 134
5.2 데이터센터용 UPS 설계 및 시공 실무 ·········· 140
5.3 UPS 유지보수 및 장애 대응 전략 ·········· 147

제6장 비상발전설비 설계 및 운영 / 151

6.1 비상발전설비 개요 및 역할 ·········· 152
6.2 비상발전설비 종류와 선정 기준 ·········· 159
6.3 비상발전설비 설계 및 시공 실무 ·········· 163
6.4 비상발전기 유지관리 및 연료 관리 방안 ·········· 168

제7장 데이터센터 냉각설비 최적화 기술 / 173

7.1 냉각설비 개요 및 데이터센터에서의 중요성 ·········· 174
7.2 데이터센터 냉각 방식의 종류 및 특징 ·········· 181
7.3 냉각 설비 설계를 위한 전기용량 추정 ·········· 186
7.4 냉각설비 설계 기준 및 에너지 절감 전략 ·········· 191
7.5 데이터센터 냉각설비 운영 및 유지관리 실무 ·········· 192

제8장 데이터센터 통신설비 설계 / 199

- 8.1 데이터센터에서 통신설비의 중요성 ········· 200
- 8.2 데이터센터 통신설비의 구성 요소 ········· 201
- 8.3 데이터센터 통신설비 설계 기준 및 실무 적용 ········· 206
- 8.4 통신설비 장애 방지 및 이중화 전략 ········· 210
- 8.5 통신설비 유지관리 및 운영 전략 ········· 215

제9장 소방 및 안전설비 설계 / 221

- 9.1 데이터센터 화재 위험성 및 예방의 중요성 ········· 222
- 9.2 소방설비 설계 기준 및 최신 기술 동향 ········· 226
- 9.3 데이터센터 소방설비 설계 및 시공 실무 ········· 234
- 9.4 데이터센터 내 배터리 사용 배경 ········· 239
- 9.5 배터리 화재 위험 요인 ········· 239
- 9.6 국내·외 관련 규정 및 표준 ········· 240
- 9.7 데이터센터 배터리 화재 예방을 위한 설계 방안 ········· 241
- 9.8 화재 감지 및 진압 시스템 ········· 243
- 9.9 운영 및 유지보수 전략 ········· 243
- 9.10 소방설비 유지관리 및 화재 대응 전략 ········· 245

제10장 데이터센터 에너지 절감 및 효율화 전략 / 251

- 10.1 데이터센터 에너지 소비 현황 및 문제점 분석 ········· 252
- 10.2 데이터센터 에너지 효율화 기술과 전략 ········· 257
- 10.3 신·재생에너지 및 분산형 전원 활용 방안 ········· 262
- 10.4 데이터센터 에너지 관리 운영 전략 및 사례 ········· 269
- 10.5 데이터센터 에너지 관리 운영 전략 정리 및 시사점 ········· 272

제11장 데이터센터 운영 및 유지관리 실무 / 275

    11.1 데이터센터 설비 유지관리의 중요성 ·· 276
    11.2 데이터센터 유지관리 전략 ·· 278
    11.3 데이터센터 유지관리 실행을 위한 핵심 포인트 ································ 279
    11.4 정기점검 및 유지보수 계획 수립 ·· 280
    11.5 장애 대응 및 긴급 복구 프로세스 ·· 284
    11.6 데이터센터 유지관리 효율성 증대 방안 ·· 287

부록 / 293

    부록 1. 데이터센터 관련 국내·외 주요 법령 및 기준 ································ 294
    부록 2. 데이터센터 구축 및 운영 체크리스트 ·· 296
    부록 3. 주요 설비 제조업체 및 공급업체 리스트(국내 기준) ·················· 306
    부록 4. 전기 설계 시 체크리스트 ·· 307
    부록 5. 대형 데이터센터 전기설비 설계 종합 체크리스트 ······················ 315

제 **1** 장

데이터센터 개요 및 최신 트렌드

제1장 데이터센터 개요 및 최신 트렌드

Data Centers Power Systems

1.1 데이터센터 정의 및 분류

1.1.1 데이터센터의 정의와 필요성

〈그림 1.1〉 대형 데이터센터 투시도(예)

데이터센터(Data Center)는 대규모 서버, 스토리지, 네트워크 장비 등을 모아놓은 시설로, 생성되는 데이터를 안전하고 효율적으로 저장하고 처리하는 핵심 인프라이다. 현대 사회가 4차 산업혁명을 거치면서 빅데이터, 사물인터넷(IoT), 인공지능(AI) 등이 폭발적으로 성장함에 따라 기업과 공공기관은 막대한 양의 데이터를 실시간으로 관리·분석해야 하므로, 데이터센터의 중요성은 더욱 부각된다.

데이터센터는 서버와 저장장치, 고성능 네트워크, 전력 및 냉각 설비, 그리고 물리적·논리적 보안을 갖춘 종합적인 환경이 특징이다. 서비스 연속성과 가용성을 보장하기 위해 이중화 설계와 무정전 전원 장치 등이 적용되며, 금융이나 의료처럼 민감한 분야의 경우

보안 요구 사항이 특히 엄격하게 적용된다. 이로써 24시간 365일 안정적인 서비스 운영이 가능해지며, 데이터 유출 및 장애로 인한 피해를 최소화할 수 있다.

오늘날 데이터센터는 사회·경제 전반에 걸쳐 크게 기여한다. 첨단 산업과 결합해 인공지능 활용, 클라우드 기반 비즈니스 모델, 사물인터넷 플랫폼 등 다양한 분야에서 혁신을 이끌어내며, 국가 간 경쟁력 확보에도 결정적인 역할을 한다. 대규모 전력 소비가 불가피하지만, 동시에 친환경 기술과 재생에너지를 적극 도입하여 에너지 효율을 높이고 탄소 배출을 줄이는 데 앞장서는 추세이다.

결과적으로 데이터센터는 방대한 데이터를 지탱하는 물리적 공간을 넘어, 미래산업 전반을 이끌어가는 핵심 동력원으로 자리 잡았다. 데이터 기반 의사결정과 지속가능성 확대가 중요해진 사회에서, 데이터센터는 디지털 전환(DX)과 기술 혁신을 실현하는 가장 근본적인 인프라이자 필수적인 자원이라 할 수 있다.

1.1.2 데이터센터의 구성 요소 및 특성

데이터센터는 크게 IT 인프라와 시설 인프라로 구분된다. 먼저 IT 인프라는 서버, 스토리지, 네트워크 장비, 보안·관리 소프트웨어 등을 포함하며, 데이터 처리와 저장을 담당한다. 특히 물리 서버와 가상 서버, 고속 네트워크, 방화벽·침입 차단 등 다층 보안을 적용해 대량의 데이터 트래픽과 외부 공격에 대응한다. 시설 인프라는 전력설비(UPS, 발전기), 냉각설비(공조·수냉·액침 냉각), 통신 라우팅, 소방설비 등으로 구성되며, IT 장비가 안정적으로 동작하고 재해·장애 상황에서도 서비스를 지속할 수 있도록 지원한다.

이러한 데이터센터는 높은 신뢰성, 강력한 보안성, 유연한 확장성, 에너지 효율성을 요구한다. 무중단 운영을 위해 전력과 네트워크를 이중화하며, 철저한 물리·논리 보안을 적용해 외부 침입과 내부 정보 유출을 방지한다. 또한 클라우드 기술과 모듈러 설계를 활용해 자원을 유연하게 확장하고, 냉각 효율 향상과 재생에너지 도입 등을 통해 PUE(Power Usage Effectiveness) 관리와 탄소 배출 절감을 함께 추구한다. 결과적으로 데이터센터는 사회·산업 전반에서 필수적인 디지털 기반 시설로 자리 잡았으며, 안정적인 데이터 처리와 친환경적 운영을 동시에 달성하기 위해 전문적인 설계 및 관리가 필수이다.

1.1.3 데이터센터의 분류 방식

데이터센터는 운영 목적, 규모, 운영 형태, 신뢰성 등급을 비롯한 여러 기준에 따라 분류될 수 있다. 각 분류는 데이터센터의 물리적·운영상 특성을 이해하고, 구축 및 운영 방식을 결정하는 데 중요한 지침이 된다.

1) 운영 목적에 따른 분류

(1) 기업형 데이터센터(Enterprise Data Center)

정의 및 특징

주로 대기업, 공공기관, 금융권, 대형 병원, 연구소 등에서 직접 소유·운영하는 데이터센터를 말한다. 기업의 내부 업무 처리와 핵심 서비스(금융 트랜잭션, 내부 ERP/CRM 시스템, 사내 포털 등)를 안정적으로 지원하는 데 초점을 맞춘다.

운영 방식

조직 내부 IT 팀이 전담하여 설비 및 운영을 관리하며, 기업이 자체 보안을 강화할 수 있다는 이점이 있다. 장비 교체, 확장 등 의사결정을 유연하게 할 수 있지만, 초기 투자비용과 운영비용이 높은 편이다.

(2) 상업형 데이터센터(Colocation Data Center)

정의 및 특징

데이터센터 전문 업체가 건물을 건설·운영하고, 고객사(외부 기업)가 랙(Rack)이나 구역(Cage), 혹은 서버룸 단위로 임대하여 사용하는 형태이다. '코로케이션 센터'라고도 부르며, 여러 고객이 하나의 데이터센터를 공유해 사용한다는 점이 가장 큰 특징이다.

운영 방식

고객사는 데이터센터 내 공간, 전력, 냉각, 보안 서비스 등을 임차해 자체적으로 장비를 설치하고 관리한다. 초기 인프라 구축비용을 절감할 수 있으며, 데이터센터 운영·관리 전문 업체의 노하우와 고성능 설비를 활용할 수 있다는 장점이 있다.

(3) 클라우드 데이터센터(Cloud Data Center)

정의 및 특징

아마존(AWS), 마이크로소프트(Microsoft Azure), 구글(Google Cloud), IBM 등과 같은 클라우드 서비스 제공업체가 대규모로 운영하는 데이터센터이다. 물리적 서버뿐 아니라 가상화, 컨테이너, 오케스트레이션 등 클라우드 환경 전반을 지원하며, 사용자는 '사용량 기반(Pay-as-you-go)' 과금 모델로 서비스를 이용할 수 있다.

운영 방식

고객은 물리적 인프라를 직접 소유·관리하지 않고, 필요한 컴퓨팅 자원과 스토리지를 유연하게 할당받아 사용할 수 있다. 확장성, 유연성, 글로벌 리전(Region) 기반 다중 분산 운영이 가능한 것이 특징이다.

2) 규모에 따른 분류

데이터센터는 물리적 크기, 전력 용량, 처리 가능한 서버 대수, 네트워크 대역폭 등을 기준으로 소형·중형·대형·초대형(Hyperscale)으로 나눌 수 있다.

(1) 소형 데이터센터(Small Data Center)

정의 및 특징

수십 ~ 수백 대 서버 규모의 간단한 인프라를 갖춘 데이터센터이다. 중소기업이나 지역 소규모 기관에서 사내 인프라를 운영하기 위해 구축하며, 보안·전력·냉각·네트워크를 최소 수준으로 관리한다.

장·단점

초기 투자 비용이 낮고 유지보수가 상대적으로 간단하지만, 확장성과 이중화 설계 수준이 제한적이다.

(2) 중형 데이터센터(Medium Data Center)

정의 및 특징

수백 ~ 수천 대 서버 규모를 수용하며, 보다 체계적인 전력·냉각·보안 설비를 갖춘 데이터센터이다. 기업 내부의 핵심 시스템을 안정적으로 지원할 수 있고, 코로케이션 형태로도 많이 운영된다.

장·단점

확장성과 이중화를 부분적으로 적용할 수 있으며, 용량 부족 시 추가 증축이 가능하다. 다만 대형 또는 초대형 데이터센터와 비교하면 전력 비용·효율 측면에서 다소 불리할 수 있다.

(3) 대형 데이터센터(Large Data Center)

정의 및 특징

수천 ~ 수만 대 서버 이상을 운영하며, 상당한 전력(수 MW 단위)과 냉각 용량이 필요한 시설이다. 금융권 본사, 대규모 코로케이션 센터, 혹은 일부 클라우드 서비스 제공 업체가 구축하는 형태가 대표적이다.

장·단점

고도화된 보안, 이중화, 에너지 효율 관리 시스템을 갖추고 있으며, 상시 확장 가능 구조를 가지는 것이 일반적이다. 초기 건설 및 운영 비용이 매우 크지만, 많은 고객이나 사내 부서를 지원하기에 적합하다.

(4) 초대형 데이터센터(Hyperscale Data Center)

정의 및 특징

대표적으로 구글, 아마존, 페이스북, 마이크로소프트 등의 글로벌 IT 기업이 운영하는 대규모 센터를 말하며, 수만~수십만 대 이상의 서버를 수용하고 있다. 전력 사용량이 수십~수백 MW에 달하며, 전 세계적으로 수많은 리전(region)을 두고 분산 운영하는 것이 특징이다.

운영 전략

대규모 분산 컴퓨팅, 클라우드 서비스, AI, 빅데이터 분석 등을 위해 고도화된 네트워크와 대규모 스토리지를 필요로 한다. 에너지 효율(PUE)을 극도로 관리하고, 재생 에너지를 적극 도입하여 운영 비용 및 탄소 배출량을 줄이는 방향으로 설계된다.

3) Tier 등급에 따른 분류

(1) 국제적 규격 및 표준 개요

Uptime Institute Tier Standard

데이터센터 신뢰성(가용성) 평가에 가장 널리 쓰이는 비공식 표준(Industry Standard)이다. Tier I~IV로 구분되며, 전력/냉각 등 인프라 중복도(Redundancy) 수준에 따라 단계적으로 등급이 올라간다. 전 세계 다수의 데이터센터가 이 Tier 인증을 취득해 안정성을 대외적으로 입증한다.

ANSI/TIA-942(미국통신산업협회 표준)

'Telecommunications Infrastructure Standard for Data Centers'로, 데이터센터의 물리적 설비, 케이블링, 전력, 냉각, 건축 구조 등을 종합적으로 다룬다. 등급('Rating')을 1~4로 분류하며, TIA-942 Rating은 Uptime의 Tier와 유사한 맥락이지만, 조금 더 상세한 통신 인프라(케이블링, 라우팅) 요구사항을 명시한 점이 특징이다.

EN 50600 (유럽 표준)

유럽 표준화 위원회(CEN, CENELEC)에서 마련한 데이터센터 설계/구축/운영에 관한 총괄 규격이다. 건축, 전력, 냉각, 보안, 운영 관리 등 전반적인 요구사항을 분류(Availability Class)하고, 항목별로 등급을 설정한다. 유럽권에서 널리 사용되고 있으며, 점차 글로벌 레퍼런스로 확산 추세이다.

BICSI 002

BICSI(미국정보통신설비협회)에서 발행하는 데이터센터 설계 및 구현에 관한 권고안('Data Center Design and Implementation Best Practices')이다. 물리적 레이아웃, 케이블 관리, 전원/냉각 등 다양한 영역에 대한 베스트 프랙티스(Best Practices)를 담고 있다.

ANSI/TIA-942와 함께 북미 지역에서 많이 인용되며, TIA 표준보다 세부적인 가이드를 제공하는 장점이 있다. 이들 표준은 상호 호환성도 있으며, 모두 공통적으로 **장비 예비율(Redundancy)을 높여서 고가용성(High Availability)을 확보**하는 것을 핵심 목표로 한다.

(2) 표준별 예비율(Redundancy) 요구 사항

가. Uptime Institute Tier Standard

- Tier I

  기본 인프라(N)만 구성, 주요 설비에 대한 예비 전원(UPS/발전기) 일부 존재가 가능하다. 그리고 **연간 예상 다운타임은** 약 28.8시간이다.

- Tier II

  일부 예비 컴포넌트(N+1) 형태의 구성(예: UPS 모듈, 쿨링 유닛 등)이며, 장애가 나면 바로 여분으로 대체는 가능하나, 유지보수를 위해서는 잠시 서비스 중단이 불가피할 수 있다. **연간 예상 다운타임은** 약 22시간이다.

- Tier III

  동시에 유지보수가 가능한 'Concurrent Maintainability'를 요구한다. 전원, 냉각 라인, 네트워크 경로 등 핵심 인프라를 N+1로 구성해, 하나의 컴포넌트나 라인을 내려도 서비스가 계속된다. **연간 예상 다운타임**은 약 1.6시간이다.

- Tier IV

  모든 핵심 설비를 2N 이상의 이중화로 구성하며, Fault Tolerant를 요구하며,

장애가 발생해도 즉시 무중단 전환이 가능해야 한다. **연간 예상 다운타임**은 약 0.4시간 (99.995% 이상의 가용성)

> **※ 참고**
>
> Tier I ~ IV는 '시스템 구성 요소의 중복'과 더불어, 해당 인프라가 가동되는 환경(운영 프로세스, 자동화 수준 등) 전반을 평가한다.
> Tier III, IV는 데이터센터 운영사(Operator)와 인프라 공급사(Contractor)의 높은 기술력 및 운영 절차 준수를 전제한다.

나. ANSI/TIA-942, 2017 (Latest Revision)

- **Rating 1**: 기본(N) 구성. 일부 중복 요소가 있을 수 있으나 필수는 아님
- **Rating 2**: 예비 구성 요소가 존재(N+1), 단일 루프(단일 전원 경로)로도 운영 가능
- **Rating 3**: 동시에 유지보수가 가능한 수준(Concurrent Maintainability). 전력과 냉각 경로가 최소 2개 이상(Active-Active 또는 Active-Passive)
- **Rating 4**: 완전 이중화(2N 이상), 장애 시 무중단 전환(Fault Tolerant)
- Uptime Tier와 유사하나, TIA-942는 **통신 인프라(케이블링, 라우팅, 전산실 레이아웃)** 부분에 대한 구체적인 요구사항이 더 많다.

다. EN 50600 (유럽 표준)

Availability Class 1 ~ 4로 구분(주요 설비 중복도, 건물 내 안전 설계, 정보 보안, 공조 설비 등), 냉각, 전력, 보안, 운영 프로세스 등 전 분야에 걸쳐 등급을 매기는 구조를 갖춘다. 국내·미주권에서는 상대적으로 덜 알려졌으나, 유럽권과 글로벌 기업 중 EU 지사, NATO 관련 기관 등은 EN 50600을 적극적으로 적용한다.

라. BICSI 002

BICSI 002에서는 데이터센터 인프라에 대한 '분야별 Best Practice'를 권장 사항으로 제시한다. Uptime Tier 또는 TIA-942 Rating과 동일한 '중복 설계 기준 (N, N+1, 2N, 2(N+1))'을 토대로, 구체적인 구성 예시(UPS 병렬 접속 방식, 전력 분배 구조, 냉각 루프 설계)까지 상세 가이드가 있다. 'Tier(또는 Rating)' 개념이 아니라 **모범 설계안** 중심이므로, 실제 구축 시 엔지니어가 참고하는 가이드 문서로 자주 활용된다.

(3) 예비율(Redundancy)과 가용성(Availability)의 상관관계

가. N, N+1, 2N, 2(N+1)

- **N (Non-Redundant)**
  고장 시 즉시 가동 중단 우려, 간단한 시스템이나 비용 제약이 큰 소규모 데이터센터에서 일부 활용한다.

- **N+1**
  단일 장애 발생 시 다른 예비 모듈로 전환, 운영 중 유지보수도 어느 정도 가능하다.
  Tier II ~ III, TIA-942 Rating 2 ~ 3 수준에서 요구한다.

- **2N (1+1)**
  필요 설비를 그대로 중복(Entirely Redundant)하여 고장 시 무중단 전환이 가능하며, 운용비가 증가하지만, Tier IV, TIA-942 Rating 4 수준에서 가장 일반적 형태이다.

- **2(N+1)**
  라인 2개 각각에 N+1 예비를 두는 구조(고가/고신뢰 기업·금융기관, 최고 보안 센터 등)이다. 국제 표준 중에서도 '완전한 중복 + 추가 여유'라는 개념으로, 일반적인 Tier IV보다도 상위 개념으로 볼 수 있는 초고도 신뢰 구성을 의미한다.

나. 예비율 높이기의 이점과 한계

- **이점**
  장애 시 즉시 대체 가능 → SLA(가용성) 극대화
  동시에 유지보수가 가능 → 무정지 운영(24/7)

- **한계**
  구축비(CAPEX)와 운영비(OPEX)가 크게 상승
  복잡도가 올라가며, 운용 인력의 전문성도 필수

(4) 데이터센터 설계 시 고려해야 할 국제 표준 항목

전기(전력) 인프라 표준

NFPA 70 (NEC, 미국 전기규정), IEEE Std 1100(UPS 설계·접지·배전 가이드)과 EN 50600-2-2(유럽), IEC/EN 60950 등도 참고한다.

통신/네트워크 인프라 표준

TIA-942, ISO/IEC 11801(케이블링 일반 규격), EN 50173(유럽 케이블링 표준)을 참고하고, 케이블 등급(Category 6/6A/7), 광케이블 구조, 패치 패널 구성 등을 참고한다.

냉각/공조

ASHRAE Standard 90.1(건물 에너지 효율), ASHRAE TC 9.9(데이터센터 열환경 지침)와 EN 50600-2-3(냉각 분야 요구사항) 등도 참고한다.

보안 및 운영

ISO/IEC 27001(정보보안 경영시스템), ISO/IEC 27002(정보보안 실무지침)와 ISO 22301(비즈니스 연속성 관리), EN 50600-2-5(물리적 보안) 등을 참고한다.

전체 통합 표준

EN 50600 시리즈, BICSI 002, Uptime Tier 표준 지침과 각 영역을 종합적으로 평가하여, 건축/설계/운영/유지보수까지 전 주기적 관리를 제시한다.

(5) 신뢰성(Availability) 확보를 위한 핵심 전략

적절한 중복 설계

국제 표준(TIA-942, Uptime Tier)에 따른 N+1, 2N 등의 구조를 선정하며, 구축 비용과 운영 효율, 보안 요구 사항 등을 고려해 **최적화(Optimization)**를 진행한다.

고급 모니터링 및 자동화

중앙관제시스템(DCIM, Data Center Infrastructure Management) 도입하고, 실시간 전력/냉각/온도/습도/네트워크 상태 모니터링 및 장애 자동 알림(Fault Notification) 시스템을 구축하고 '자동 장애 전환(Auto Failover)' 기능으로 다운타임을 최소화한다.

정기적인 유지보수/테스트

Tier III 이상의 요구사항인 'Concurrent Maintainability'를 충족하려면, **주기적인 모의 장애 테스트**와 **예비 장비 스위칭 연습**이 필수이다. EMI/EMC 테스트, 냉각 라인 순환 체크, UPS 배터리 방전 테스트 등을 정기적으로 수행하여 신뢰도를 확보한다.

재해복구(Disaster Recovery) 설계

물리적으로 떨어진 'DR 센터(재해복구 센터)'를 운영하거나, 클라우드 기반 분산형

DR을 구축한다. 국제 표준 ISO 22301(BCM, Business Continuity Management)을 참고하여 대규모 재해 발생 시 데이터센터 전체가 불능 상태가 되지 않도록 대비한다.

운영 인력 교육

복잡해진 중복 구조에서는 장애 처리나 유지보수 시, 숙련된 전문가가 아니면 오히려 장애 범위가 확대될 수 있다. 국제 표준(ISO 27001, EN 50600 등)에도 운영 팀 전문성(Competency Management)이 강조된다.

(6) 종합적 의견

데이터센터 신뢰성을 공식적으로 평가할 때, Uptime Institute Tier 인증 또는 ANSI/TIA-942 인증이 글로벌 산업계에서 가장 흔히 인용된다. 유럽이나 국제기구 프로젝트라면 EN 50600 규격을 적용하고, 상세 설계 시에는 BICSI 002를 참고하여 실제 구축 방법론을 보완하는 것을 권장한다. 결국 장비 예비율은 국제 표준상 '중복 설계(Redundancy)'의 핵심 요소이며, 다음과 같이 요약할 수 있다.

목표 가용성(Availability) 수준에 따라 N+1, 2N, 2(N+1) 등을 선택하며, 비용 대비 효과(TCO) 분석을 통해 필요한 곳에 집중 투자한다. 표준에 명시된 요구사항(전원, 냉각, 케이블링, 운영 프로세스 등)을 종합적으로 준수하고, 실제 운영 환경에 맞는 자동화/모니터링으로 보완, 예비율이 높아질수록 운영 인력의 전문성과 체계적인 유지보수 프로세스가 필수적이다.

1.2 데이터센터 시장 현황 및 미래 전망

1.2.1 글로벌 데이터센터 시장 현황

1) 급격한 수요 증가와 배경

글로벌 데이터센터 시장은 최근 몇 년간 폭발적인 성장을 이뤄왔다. 이러한 성장의 주요 동력은 클라우드 서비스의 확산, AI 기술의 급진적 발전, 그리고 IoT(사물인터넷) 기기의 증가이다. 특히 대규모 데이터 처리가 필수인 산업(금융, 의료, 제조, 게임, 미디어 등)에서 클라우드 기반 인프라를 적극 활용함으로써 데이터센터에 대한 수요가 가파르게 상승하고 있다.

2) 지역별 동향

- **미국**: 실리콘밸리, 버지니아(노던버지니아) 등 주요 거점에 대규모 하이퍼스케일(hyper-scale) 데이터센터가 집중되어 있다. 구글, 마이크로소프트, 아마존웹서비스(AWS), 메타(구 페이스북) 등이 적극적으로 투자하여 세계 최대 수준의 인프라를 형성하고 있다.
- **유럽**: 영국(런던), 독일(프랑크푸르트), 아일랜드(더블린) 등지에서 클라우드 서비스 기반의 대형 데이터센터가 증가하고 있다. 에너지 효율, 재생에너지 활용, 친환경 정책이 엄격하게 적용되는 지역으로, **그린 데이터센터**에 대한 관심이 매우 높다.
- **아시아태평양 지역**: 중국, 일본, 싱가포르, 호주와 더불어 최근에는 인도, 베트남, 인도네시아 등이 신흥 데이터센터 시장으로 부상하고 있다. 스마트시티 건설, IoT 확산, 모바일 기기 보급률 증가 등으로 **엣지 데이터센터**(Edge Data Center)에 대한 수요 또한 빠르게 늘고 있다.

3) 주요 트렌드와 기술

- **고밀도 컴퓨팅(High Density Computing) & 하이퍼스케일 데이터센터**: AI 및 빅데이터를 처리하기 위한 GPU(Graphics Processing Unit), TPU(Tensor Processing Unit) 등 고성능 연산 장비의 집약도 증가로 냉각, 전력 공급, 공간 효율이 핵심 이슈로 부상하였다.
- **에너지 효율**: 글로벌 기업들은 **PUE**(Power Usage Effectiveness) 최적화와 **탄소 중립**(carbon neutrality) 목표 달성을 위해 혁신적인 냉각 기술(액침냉각, 자연냉각, 온도구배 관리)을 도입하고 있다.
- **지속가능성(Sustainability)**: ESG(환경·사회·지배구조) 경영 기조에 발맞춰 데이터센터에서도 재생에너지(태양광, 풍력, 수력 등) 연계, 배출가스 저감, 자원 재활용이 중요한 투자 요소가 되고 있다. 특히 한국에서 재생에너지 사용의 핵심은 전라남도 지역에 재생에너지 발전이 풍부하기 때문에 매력적으로 느끼고 있다. 재생에너지 거래 방법에 대해서는 직접 PPA와 제3자 PPA 등에 대해서 제10장에서 다루고 있으니 별도로 참고하기 바란다.

1.2.2 국내 데이터센터 시장 현황

1) 디지털 경제와 ICT 산업의 급격한 성장

(1) 클라우드 및 빅데이터 수요 증가

전 세계적으로 기업·기관의 클라우드 전환이 가속화되면서, 방대한 양의 데이터를 저장하고 처리할 수 있는 인프라 구축이 필수적인 시대가 되었다. AI, 빅데이터, IoT, 메타버스 등 다양한 ICT 기술 도입이 확산함에 따라, 데이터센터(IDC)의 중요성은 나날이 커지고 있다.

(2) 한국의 디지털 전환 가속화

정부는 디지털 뉴딜, 공공 클라우드 전환, AI 산업 육성 등 디지털 경제 강화 정책을 적극적으로 추진하고 있다. 금융, 공공, 제조, 의료, 교육 등 주요 산업에서 IT 시스템을 클라우드 혹은 하이브리드 클라우드로 전환하고 빅데이터 기반 서비스를 도입하기 때문에 IDC에 대한 투자와 수요가 늘어나는 추세다.

(3) 5G·6G 통신 환경 및 초연결 사회

5G 상용화 이후 초저지연·초고속 통신 환경이 구축되면서, 전송·처리에 필요한 네트워크 트래픽이 폭발적으로 증가하고 있다. 향후 6G가 본격화되면 트래픽 증가는 더욱 가속화될 전망이다. 이러한 초연결 사회로의 전환은 통신 인프라와 더불어 대규모 컴퓨팅 자원(서버, 스토리지 등)을 확보할 수 있는 데이터센터의 역량을 중요하게 만들고 있다.

2) 수도권 중심의 데이터센터 건립

(1) 수도권 집중 원인

- **인프라 편의성**: 수도권은 전력, 네트워크, 교통 등 각종 기반시설이 잘 갖추어져 있어, 데이터센터를 운영하기에 유리하다. 그러나 한국의 경우 수도권에 전력계통 연계가 어려워 데이터센터 설치가 어렵다. 이에 전라남도 지역 등 재생에너지가 풍부한 지역이 계통에는 유리하지만 운영을 위한 운영자나 유지보수 등을 위한 인력 등 확보가 어려워 지방을 꺼리고 있는 실정이다. 하지만, 향후 이런 문제점은 해결될 것이며, 전국 어느 곳이나 데이터센터 건립이 활발해질 것으로 전망된다.
- **수요 연계성**: 대형 고객(금융회사, 대기업, 공공기관 본사, IT 기업 본사 등)의 상당수가 서울 및 수도권 지역에 집중되어 있어, 가까운 곳에 데이터센터를 두면 서비

스 지연 최소화나 고객 응대 면에서 이점이 있다고 생각한다.
- **부지 확보 이슈:** 수도권 외 지역은 비교적 토지 비용이 저렴하지만, 대규모 데이터센터 건립 시 검증된 전력 인프라, 안정적인 네트워크 회선, 숙련된 인력 확보가 용이하지 않을 수 있다는 점이 우려 요인으로 작용하고 있다.

(2) 주요 건립 사례
- **기업형 데이터센터:** 네이버, 카카오, KT, SK브로드밴드, LG유플러스 등 대형 통신사·포털·IT 기업들은 서울 및 경기도 일대에 여러 곳의 데이터센터를 보유·운영 중이다.
- **클라우드 서비스 운영사:** AWS, MS Azure, Google Cloud 등 글로벌 CSP 업체들도 서울과 주변 지역(김포, 고양, 판교 등)에 리전(Region) 혹은 에지 로케이션을 구축하면서 수도권 편중이 더욱 강화되고 있다.

(3) 수도권의 한계와 논의
- **전력 사용량 급증:** 대형 IDC가 모여 있어 전력 소비가 급격히 증가하고 있으며, 전력망 안정성 및 피크 대응 문제가 수도권을 중심으로 부각 되고 있다.
- **도시계획·환경 규제:** 수도권 과밀화 이슈, 전력계통연계 어려움, 토지 부족, 건물·발열·전자파 등과 같은 환경영향 논의로 인해 향후 대규모 IDC 건립이 어려울 수 있다는 우려도 있다.

3) 지방에 데이터센터 건립

(1) 지방 IDC에 대한 관심 증가 배경
- **지역 균형 발전:** 정부와 지자체가 수도권 집중을 완화하고, 지역 경제 활성화를 위해 데이터센터 유치를 적극 추진하고 있다.
- **전력·부지 공급 이점:** 일부 지방 지자체(예: 전라남도, 강원도, 경상북도 등)는 풍부한 부지와 상대적으로 저렴한 토지 비용, 신·재생에너지(태양광·풍력 등) 발전소와의 연계 가능성을 앞세워 데이터센터 유치에 집중하고 있다.
- **에너지 효율성:** 비교적 기온이 낮고 쾌적한 환경, 발전소 인근 위치 등을 활용하면 냉각 비용을 줄이고 전력 공급 안정성을 확보할 수 있다는 점이 부각 되고 있다.

(2) 주요 지방 데이터센터 사례
- **네이버 각(閣) 시리즈:** 춘천(각 춘천)에 이어 세종(각 세종), 군산(추진 중) 등 수도권

외 지역에도 대규모 클라우드 데이터센터를 구축·운영하는 대표적인 사례다.
- **공공·지자체 연계 센터**: 강원도, 전라남도, 경상북도 등에서 대규모 전산 시설이나 빅데이터 센터 유치를 위해 다양한 인센티브 정책(세제 혜택, 전기요금 지원 등)을 제시하여 기업을 유치하고 있다.
- **엣지(Edge) 센터의 확산 가능성**: 지연(Latency)을 최소화하기 위해 주요 거점 도시에 소규모·분산형 데이터센터를 두는 움직임이 있으며, 이는 지역 경제에도 긍정적인 영향을 미칠 수 있다.
- **지방 데이터센터 확대를 위한 과제 전문 인력 확충**: 고급 IT 인력 및 상주 인력이 적은 지방은 인력 유치에 어려움을 겪을 수 있어, 지자체와 대학, 기업이 협력해 인력 양성 방안을 모색해야 한다.
- **네트워크·전력 인프라 보강**: 수도권만큼 안정적이고 초고속인 회선을 구축하려면, 지역별 백본망 업그레이드가 필요하다. 전력 수급 또한 대도시에 비해 상대적으로 신속한 지원이 어려울 수 있으므로, 관련 인프라 투자가 요구된다. 지역 대학에서 고급인력을 양성할 수 있는 기반을 마련하는 것도 필요하다.

4) 국내 데이터센터 설치 수

(1) 데이터센터 수 집계 시 고려 사항

- **IDC 정의 차이**: 공인된 규모(예: 일정 랙(Rack) 수 이상)의 인터넷데이터센터만 추산하는 통계도 있고, 건물 내 소규모 전산실까지 포괄하는 자료도 있어 기관별 통계에 차이가 있다.
- **KISA·민간 컨설팅 자료**: 한국인터넷진흥원(KISA) 통계와 민간 컨설팅사의 보고서를 종합하면, 국내 주요 사업자가 운영하는 데이터센터는 2023년 현재 약 200개 내외로 추정된다.
- **최근 증가 추세**
  대형 인터넷 기업(네이버, 카카오, 배달의민족 등)의 자체 센터 건립, 통신 3사의 IDC 증축, 금융권 및 공공기관의 데이터센터 구축이 활발해지고 있다. 글로벌 CSP(AWS, MS, Google 등)도 코로케이션(Colocation) 사업자 시설을 활용하거나 직접 리전을 설립하면서, 매년 새로운 데이터센터가 추가·확장되는 추세다.

(2) 향후 증가 전망

2025 ~ 2026년까지 완공 예정인 신규·확장 프로젝트만 20곳 이상이 계획되어 있

어, 2025년경에는 250~300개 수준으로 늘어날 것이라는 예측이 있다. 특히 엣지 및 마이크로 데이터센터의 경우, 공식 IDC 통계에 잡히지 않는 경우가 많아 실제 센터 수는 더 많아질 가능성이 크다.

5) 데이터센터 시장성 및 전망

(1) 시장 규모

국내 데이터센터 시장은 클라우드, 호스팅, 코로케이션, 보안, 전력·냉각 등 관련 산업까지 포함하면 현재(2020년대 초반 기준) 약 3조 원 규모로 추산된다. 여러 리서치 기관과 협회(KDATA, KIET, Gartner 등)에 따르면 2025년 전후로는 5조 원 이상 규모로 성장할 것으로 전망된다.

(2) 성장 동력

- **AI·빅데이터 활용 증가:** 초거대 AI 모델, 빅데이터 분석 플랫폼 도입으로 막대한 연산 및 스토리지 자원이 필요해진다.
- **클라우드 보급 확산:** 공공 부문 및 금융권, 대기업 등에서 핵심 업무를 클라우드로 전환하면서 IDC 수요가 늘어난다.
- **메타버스, IoT, 5G/6G 시대:** 초연결 환경에서 발생하는 트래픽, 데이터 처리 요구가 급격히 증가하며, 엣지 컴퓨팅 인프라와 대형 IDC의 동시 확장이 예상된다.

(3) 주요 과제 및 이슈

- **전력 인프라와 에너지 효율:** PUE(Power Usage Effectiveness) 개선, ESG(환경·사회·지배구조) 경영, 탄소중립 목표 달성을 위한 친환경 설계가 필수 요소로 부상하고 있다.
- **지역 균형 발전:** 수도권 집중이 심화될 경우 전력망 부담, 토지 부족, 환경 이슈 등이 커지므로, 지방 분산 모델을 적극 검토해야 한다는 목소리가 증가하고 있다. 이에 각 지자체에서는 데이터센터 유치를 위한 다양한 인센티브를 제공하고 있으니 사전에 검토하여 가장 적합한 지역에 설치하는 것도 좋을 것이다.
- **보안 및 안정성:** 사이버 공격의 위협이 점차 커지고 재해·재난 발생 시 피해가 큰 시설인 만큼, 견고한 보안·백업 체계와 재해복구(DR) 설계가 중요하다.

(4) 중장기 전망

연평균 8~12% 수준의 성장세를 꾸준히 유지하며, 데이터 기반 산업 전반이 발달

함에 따라 미래에도 지속적인 투자와 신축·확장이 이뤄질 것으로 예상된다. 글로벌 클라우드 사업자의 국내 투자 확대, 국내 기업들의 클라우드 전환 가속화 등으로 **데이터센터 시장은 안정적인 고성장 산업**으로 자리매김할 것으로 보인다.

1.2.3 데이터센터 시장의 미래 전망

1) 데이터 중심 경제의 가속화

4차 산업혁명과 함께 경제·사회 전반이 데이터 활용을 핵심으로 재편되고 있다. 기업들은 **데이터 마이닝, 머신러닝, 딥러닝** 등의 기술을 통해 부가가치를 창출하고, 국가는 데이터 기반 행정 및 민간 서비스 활성화를 추구한다. 이에 따라 데이터센터의 중요성은 더욱 커질 것이며, **초거대 규모의 하이퍼스케일 데이터센터**와 **분산형 엣지 데이터센터**가 동시에 확대될 전망이다.

2) 친환경 에너지 활용과 고효율 냉각 기술

- **친환경 에너지 연계:** 재생에너지(태양광, 풍력, 수력, 지열 등)를 데이터센터 운영에 직접 활용하거나 전력구매계약(PPA)을 통해 그린 전력을 공급받는 사례가 늘고 있다. 이는 **탄소 배출량 저감**은 물론, 장기적으로 **에너지 비용 안정화**에도 기여한다.
- **고효율 냉각 시스템:** AI 및 HPC(High-Performance Computing) 수요 증가로 서버 밀도가 높아지며 냉각설비의 성능 및 효율이 핵심 이슈가 되었다. 이에 액체침지냉각, 직풍냉각(Outdoor Air Cooling), 자연수 냉각 등 **혁신적인 냉각 기법**이 주목받고 있다.

3) AI 기반 자동화와 운영 최적화

AI 기술은 데이터센터 운영 및 관리를 자동화·지능화하는 데 핵심 역할을 담당한다.

- **자율운영(Autonomous Operation):** 실시간으로 전력 사용량, 온도·습도, 서버 부하량 등을 모니터링하고, 머신러닝 알고리즘을 통해 냉각·전력 공급을 자동 제어하는 시스템이 도입되고 있다.
- **디지털 트윈(Digital Twin):** 데이터센터의 가상 모델을 구축해, 실제 환경 변화에 따른 시뮬레이션을 사전에 수행함으로써 장애 발생을 예측하고, 유지보수 시점을 최적화한다. 글로벌 및 국내 데이터센터 시장은 **데이터 중심 사회**로의 전환에 따라 장기적으로 안정된 성장세를 이어갈 것으로 예측된다. 특히 **친환경·고효율 인프라** 구축은 이제 선택이 아닌 필수 전략으로 부상하고 있으며, 신·재생에너지 연계와 AI 기반 자동화 기술

은 데이터센터 운영의 패러다임을 빠르게 전환시키고 있다. 한국 또한 정부 정책 및 산업계 투자 확대에 힘입어 세계적 수준의 데이터센터 생태계를 조성할 수 있을 것으로 기대된다.

■ 부가적 고찰 및 향후 연구 과제

- **에너지 관리 지표 고도화**: 단순히 PUE(전력효율지수)에 국한되지 않고, **WUE(물 사용 효율), CUE(탄소 사용 효율)** 등의 다양한 지표 개발 및 활용 방안이 필요하다.
- **엣지 데이터센터와 통신 인프라**: 5G와 6G 시대를 대비해 대규모 트래픽을 분산 처리할 수 있는 **엣지 데이터센터**와 차세대 통신 인프라 연계 방안을 마련해야 한다.
- **데이터 주권 및 보안**: 데이터센터 집적화가 심화될수록 보안 위협이 커지고 국가 간 데이터 주권 문제가 부상할 수 있으므로, 보안 기술 및 제도 정비가 필수적이다.
- **지역 분산형 전원 활용**: 데이터센터의 전력 수요가 급증함에 따라 소규모 분산형 전원(태양광, ESS, 연료전지 등)과 직접 연계하는 모델이 확산될 전망이다. 이때 전력계통 안정성 및 경제성 분석이 함께 이루어져야 한다. 분산에너지 활성화 특별법에 따라 향후 '분산에너지특화지역' 지정 등 지역에서 데이터센터를 운영하기가 유리한 점이 점점 늘어날 것으로 보인다.

1.3 최신 글로벌 트렌드와 국내 적용 사례

1.3.1 하이퍼스케일 데이터센터의 증가

최근 글로벌 기업인 구글, 마이크로소프트, 아마존 등은 데이터센터 규모를 급격히 확대하여 하이퍼스케일 데이터센터를 구축하고 있다. 하이퍼스케일 데이터센터는 대규모 서버 운용을 통해 경제성과 효율성을 극대화하는 전략을 사용한다. 국내에서도 네이버와 카카오 등이 하이퍼스케일급 데이터센터를 운영하며, 데이터 처리능력을 대폭 강화하고 있다.

1.3.2 친환경 및 에너지 효율화 트렌드

글로벌 데이터센터 업계는 전력 소비와 이산화탄소 배출을 줄이기 위해 신·재생에너지 사용을 적극 추진하고 있다. 예를 들어 구글과 애플 등은 데이터센터의 전력 소비를

100% 재생가능에너지로 전환하는 목표를 달성하였다. 국내에서도 LG CNS의 부산 데이터센터, 네이버의 춘천 데이터센터 등이 태양광, 풍력 등의 신·재생에너지를 적극 활용하여 친환경화에 앞장서고 있다. 이에 전라남도의 경우 초대형 데이터센터(3GW)를 유치하기 위하여 재생에너지와 전력계통 인프라 구축에 신경을 쓰고 있다.

1.3.3 데이터센터 자동화 및 AI 활용

데이터센터 관리의 효율성을 높이기 위해 데이터센터 인프라 관리(DCIM, Data Center Infrastructure Management) 솔루션과 AI 기반 관리 시스템의 활용이 확대되고 있다. 자동화와 AI 기술 적용은 데이터센터의 장애 예측 및 대응능력을 향상시키고, 운영 효율성을 극대화할 수 있는 핵심 기술로 평가되고 있다. 국내 기업에서도 AI 기반 데이터센터 관리 기술의 도입이 확산되는 추세이며, 향후 자동화 수준은 더욱 높아질 전망이다.

1.3.4 데이터센터 규모별 비교표

데이터센터의 규모별 각종 설비들을 보면 다음 표와 같이 추정해 볼 수 있다. 이 자료는 최근 대형화 되어 가고 있는 데이터센터를 규모별로 정리한 자료이다. 설계 시 참고하면 좋은 데이터가 될 것이다.

〈표 1.1〉 데이터센터 규모별 비교표

구분	소규모 (엣지급)	중형급 (5MW 내외)	대형급 (20MW 내외)	대형/초대형 (40MW 내외 이상)
IT Load	수백 kW ~ 1MW 이하	4MW 내외 (총 5MW 목표)	15MW 내외 (총 20MW 목표)	30MW 내외 (총 40MW 목표)
Non-IT Load	소규모 (냉각 적음)	1MW 내외	5MW 내외	10MW 내외
랙당 전력 (평균)	1 ~ 2kW	3 ~ 5kW (고밀도 일부 10kW)	4 ~ 8kW (고밀도 일부 15kW 이상)	5kW (고밀도 30kW 가능)
변압기 (수전)	22.9kV, 1MW 변압기	22.9kV, 154kV, 5MW 변압기	22.9kV, 154kV, 5MW×4대 + 예비 1대 등	22.9kV, 154kV 또는 345kV, 10MW급 다수(N+1)
UPS 구성	1.2MW (N+1)	6MW (N+1)	18MW (2N 또는 N+1)	36MW (N+1, 2N)

구분	소규모 (엣지급)	중형급 (5MW 내외)	대형급 (20MW 내외)	대형/초대형 (40MW 내외 이상)
비상발전기 용량	1.2 ~ 2MW	7 ~ 8MW	20 ~ 25MW	40 ~ 45MW 48시간 이상
총 면적 (예시)	수백 ~ 수천 m²	3,000 ~ 5,000㎡	10,000㎡ 전후	15,000 ~ 20,000㎡ 이상
통신 대역폭	1 ~ 10Gbps급	수십 ~ 수백 Gbps	수백 Gbps ~ 1Tbps	1 ~ 수 Tbps (100/400GbE 멀티 연결)
주요 사용처 예시	엣지 센터, 분산형 노드	중소·중견기업, 금융/공공용	대기업, 클라우드, OTT, AI	하이퍼스케일, 멀티테넌트, 글로벌 운영

비고) 이 자료는 2025년 기준으로 작성된 자료이며 2035년까지 추세를 보면 최대 100kW/rack급 고밀도 냉각 및 전력 인프라를 구축 중임을 참고하기 바란다. 미래를 위해 설계 데이터를 활용하기 위해서는 표 3-1과 3-2를 참고하기 바란다.

1.3.5 데이터센터 추정 공사비

표 1.2는 추정공사비를, 표 1.3은 전체 사업비 구성을 나타내고 있는데, 이는 데이터센터 규모에 따른 공사비를 추정하여 정리한 자료다. 참고로 이 표에서 나타내고 있는 추정 공사비는 토지비와 인·허가비는 포함하지 않았는데, 이는 지역과 조건에 따라 크게 달라지기 때문이다.

〈표 1.2〉 MW당 추정 공사비

(2024년 기준)

규모	전력 용량	단가 (억 원/MW)	총 공사비
소형 DC	~ 1MW	약 60 ~ 80억 원	60 ~ 80억 원
중형 DC	3 ~ 5MW	약 70 ~ 90억 원	200 ~ 400억 원
대형 DC	10MW 이상	약 80 ~ 100억 원	800억 ~ 1,000억 원 이상
하이퍼스케일	30 ~ 100MW	90 ~ 110억 원	수천억 ~ 1조 원 이상

비고) 토지비, 인·허가비 제외, 전기요금 계약방식 (일반용 vs 산업용), 냉각 방식 (공랭/수랭/리퀴드쿨링 등), 에너지 효율 (PUE, 신·재생에너지 연계 여부), 레벨/인증: TIER III 이상, ISMS-P, 글로벌 인증
참고) 최근 국내 수도권에 구축 중인 하이퍼스케일 DC는 1조 원 내외 (40MW급)

《표 1.3》 전체 사업비 구성 (Total Project Cost 기준 예시)

구분	세부항목	비율(대략)
직공사비 (공사비)	건축 + 기계 + 전기 + ICT	60 ~ 70%
간접비	설계, 감리, PM 등	5 ~ 10%
인허가/제세공과	등록세, 인허가 수수료 등	1 ~ 3%
부지 매입비	토지 구입 또는 임차	10 ~ 30%
금융/운영 초기비용	금융비, 세금, 기타	5 ~ 10%
총사업비	위 항목 합산	100%

1.3.6 데이터센터 관련 주요 국제 표준 체계

여기서 설명하고자 하는 데이터센터 관련 국제 표준 체계는 공통적인 부분을 설명하기로 한다. 전기설비 등 각각의 표준에 대해서는 뒤에서 각 항목에 필요한 내용 중심으로 별도로 설명하고 있다.

1) TIA-942(Telecommunications Infrastructure Standard for Data Centers)

- **제정 기관:** ANSI/TIA (미국 통신산업협회)
- **버전:** TIA-942-B (최신은 C 버전 준비 중)

(1) 핵심 내용

데이터센터의 통신 인프라, 전력, 냉각, 배선, 보안, 구조적 기준을 제공하며, **Tier 1 ~ 4 등급 분류**(가용성과 이중화 수준)를 적용하고 물리적 구조, 케이블링, 기계적 및 전기적 시스템, 보안의 설계 지침을 포함한다.

(2) 응용

통신사, 클라우드 사업자, 공공기관 주도 대규모 데이터센터에 필수적이다.

2) Uptime Institute Tier Standard

- **제정 기관:** Uptime Institute (미국)

(1) 주요 문서

Tier Standard: Topology (설계 기준)

Tier Standard: Operational Sustainability (운영 지속성)

(2) Tier 정의
- **Tier I:** 기본 설비
- **Tier II:** 일부 이중화
- **Tier III:** 동시 유지보수 가능
- **Tier IV:** 고장 허용 구조 (Fault Tolerant)

(3) 특징
세계적으로 가장 널리 사용되는 **가용성 기준**
설계, 구축, 운영에 대해 별도 **공식 인증 제공**

3) ISO/IEC 표준 시리즈

(1) ISO/IEC 27001 - 정보보호 관리체계(ISMS)
데이터센터 보안, 접근통제, 정보보호 프로세스 전반 관리 기준

(2) ISO/IEC 20000 - IT 서비스 관리 (ITSM)
IT 운영 효율성, 서비스 품질 유지

(3) ISO/IEC 27017 / 27018
클라우드 보안 및 개인정보 보호 기준 (데이터센터 클라우드화 시 중요)

(4) ISO/IEC 30134 시리즈 - 에너지 효율성 및 운영 지표
PUE (Power Usage Effectiveness), WUE, CUE 등 정의

(5) ISO 22301 - 업무연속성(BCM)
재난/장애 시 서비스 유지 역량

4) ASHRAE TC 9.9 (미국 냉난방공조학회)

(1) 주요 문서
'Thermal Guidelines for Data Processing Environments'

(2) 내용

서버룸 및 장비실의 온도, 습도, 공기 흐름 관리

데이터센터용 HVAC 시스템 설계 기준

(3) 분류

Class A1 ~ A4: IT 장비의 허용 온습도 범위

PUE 최적화 및 냉각 효율 관리에 매우 중요

5) EN 50600 (EU 표준)

- **제정 기관**: CENELEC (유럽 전기표준화위원회)

(1) 내용

데이터센터 설계, 건축, 전기, 통신, 보안, 에너지 관리에 대한 총체적 기준이며, ISO와 유럽 안전규정과 연동이 가능하다.

(2) 특징

유럽 내 인증에 요구됨 (예: GDPR 대응 포함)

6) BICSI 002

- **제정 기관**: BICSI (Building Industry Consulting Service International)

(1) 내용

데이터센터 설계 및 구현에 대한 실무 지침으로 TIA-942와 유사하나 더 실무 지향적 (케이블링, 설비, 공간계획 등)이다.

〈표 1.4〉 각종 표준 비교표

표준명	주요 내용	등급/지표	인증 유무
TIA-942	통신 및 인프라 설계	Tier 1 ~ 4	비공식
Uptime Tier	가용성 및 이중화	Tier I ~ IV	공식 인증 제공
ISO/IEC 27001	정보보호 관리체계	-	인증 가능
ISO 22301	업무연속성	-	인증 가능
ISO 30134	에너지 효율 (PUE 등)	PUE, WUE 등	-

표준명	주요 내용	등급/지표	인증 유무
ASHRAE TC 9.9	냉각 및 온습도 관리	Class A1 ~ A4	-
EN 50600	유럽 데이터센터 종합 기준	-	EU 인증
BICSI 002	실무 중심 설계 가이드	-	비공식

■ 전기 분야 요점 정리

여기서 나타낸 국제 표준 체계는 전기분야만 별도로 정리한 자료이다.

(1) TIA-942 (미국 통신산업협회)

전기설비의 이중화 수준에 따라 Tier 1 ~ 4 분류

주요 전기 설비 기준 항목
- 이중 전원원 (Dual Power Feed): Tier III 이상이 필수적이다.

UPS 및 배터리 백업 시스템
- 비상 발전기 (Genset): 최소 12시간 이상 연속 운전 가능, **전력 분배 장치(PDU), 리모트 PDU**를 설치하여야 한다.

서로 독립된 전기 경로 구성
- **접지 시스템 설계**: IEEE 1100, NEC 기준 고려하여야 한다.
- **참고**: 실제 설계에서는 N+1, 2N, 2(N+1) 등의 이중화 방식 적용 여부가 핵심 설계 포인트이다.

(2) Uptime Institute Tier Standard: Topology

전기적 가용성을 중심으로 한 Tier 분류
- Tier I: 단일 전원 경로, 이중화가 필요 없어도 된다. 즉 기본적인 설비를 말한다.
- Tier II: 일부 주요 구성품을 이중화하여야 한다.
- Tier III: 유지보수 중에도 가동 (Concurrent Maintainability)하도록 시스템을 구성하여야 한다. 즉 동시 유지보수가 가능하도록 하여야 한다.
- Tier IV: 고장 허용 설계 (Fault Tolerant), 즉 완전 이중화로 고장 시에도 운전될 수 있도록 시설하여야 한다.

주요 전기 요건

UPS, 배터리, 변압기, ATS, PDU, 발전기 등 이중화 및 자동 전환이 이루어지도록 해야 한다. 그리고 유지보수 중 전원 중단 없이 운영이 가능해야 한다.(Tier III 이상) 그리고 Tier IV는 한 구성 요소 고장 시에도 절대로 정전이 되지 않도록 공급이 가능해야 한다. 전기설비를 설계 시 계통이나 변압기 구성을 위한 모선 구성, 보호계전기시스템, 발전기, UPS 등 데이터센터의 구성 요건에 적합하도록 면밀한 검토가 필요하다.

(3) ISO/IEC 30134 시리즈 (데이터센터 에너지 효율 지표)

ISO/IEC 30134-2: PUE (Power Usage Effectiveness)
전체 사용 전력 중 IT 장비에 직접 사용되는 비율
PUE = 총 전력소비 / IT장비 전력소비 (이상적인 값은 1.0)
전기설비의 **고효율화, 에너지 손실 최소화** 요구
30134-3, 30134-4: 탄소 효율, 재생에너지 사용 비율 등 확장 지표

(4) EN 50600 시리즈 (유럽 표준)

- EN 50600-2-2: Power Distribution → 전기설비 세부 항목을 포함한다.
- **전력 공급의 신뢰도 등급 (Class 1 ~ 4)**: 가용성 기반을 구축한다.
- UPS, **전력경로 이중화, 배선구성, 전력 품질(전압/주파수 안정도)**를 요구한다. 특히 **변전, ATS, CTTS, STS, PDU(Power Distribution Unit) 설계 고려 사항이 포함된다. 모니터링 및 전력 관리 시스템 통합**이 필수화 된다.

(5) NFPA 70 / IEEE 1100 (NEC 및 미국 전기기준 연계)

- **미국 내 전기설비 기준 준수**(TIA-942와 연동 사용)를 하여야 한다.
- IEEE 1100 ('Emerald Book')

민감한 전자 장비(IT)에 대한 **전원 품질, 접지, EMI 대책**을 제공한다.

NFPA 70 (NEC)
케이블링, 배선, 전력차단기, 안전규정, Arc Flash 예방 기준을 적용한다.

(6) ASHRAE 연계 - 전기 부하와 냉각의 연동

전기적 부하가 곧 **냉각 요구**로 이어지므로 ASHRAE 기준에서도 전력 부하 분석이 중요하다.

전력 부하 예측 / 측정 → HVAC 설계 연계 → 냉각 최적화

《표 1.5》 실무 적용 시 주요 고려 항목 (요약)

항목	고려사항
전원 이중화	2N 또는 N+1 구성, 독립 전력 경로
UPS 및 배터리	최소 15~30분 백업, 고효율 UPS 사용 권장 환기시설과 필요시 배터리 액 용기 필요 100kVA 이상의 배터리는 UPS와 별도의 독립된 공간에 설치 하여야 함
발전기(Genset)	자동기동, 충분한 연료저장 (12~24시간) 진동 대책 마련
접지설비	IEEE 1100 기준, 누전/EMI/서지 대비 별도 접지 설비 참조
분전반	PDU, ATS(CTTS, STS), 리모트 PDU 등 분산전원 설계
조명	조명은 캐비닛 사이 모든 구역 바닥에서 1m 상부 지점의 조도가 수평으로 500 lx, 수직으로 200l x 이상이어야 함. 조명용 전원은 별도의 분전반을 통해 공급하여야 함.
콘센트	전동공구, 청소기 등을 위한 콘센트는 4m 이내의 간격으로 설치하며, 통신장비 및 서버 전원에 연결하면 안 되고 별도의 일반 전원에 연결하여 시설하여야 함.
전력 모니터링	에너지 관리 시스템(EMS), DCIM 연동
에너지 효율	PUE 최소화 (최고급 데이터센터는 1.2 이하 목표)
침수대책	모든 설비는 지상에 설차하는 것을 원칙으로 하며, 침수 위험이 있다면 배수시설을 하여야 함.(100㎡ 당 1개 이상의 배수 시설) 특히 중요실 위에는 상·하수도 등 물 배관을 설치하지 않도록 함.
진동	기계적인 진동은 IT 장비와 회선 등에 장애로 이어질 수 있음. 진동을 막기 위해 건축구조 전문가의 자문을 받는다.
출입문	변전실, 발전기실, 배터리실 등의 출입분은 기기 및 각종 기계 반출입을 위하여 변압기 등의 크기를 고려하여 그 이상으로 하고, 일반적인 출입문은 문턱을 제외하고 1.0m의 폭과 2.13m의 높이 이상으로 시설하여야 함.

1) 건축 (Architecture / Civil)

건축부분의 더 자세한 사항은 제2장을 참고하면 된다. 여기서는 전기설계를 하기 위한 기초적인 자료이기 때문에 데이터센터 전기설계는 건축과 관련 설비를 충분히 이해하고 전기설계에 세밀하게 반영하여야 한다.

■ 주요 표준

TIA-942, EN 50600-2-1, Uptime Tier Standard, BICSI 002

표 1.6에서는 데이터센터 전기 기본설계 시 건축적인 사항을 참고하기 위해 사전에 각 항목별 적용 내용을 정리한 것이다. 물론 실시설계 시 건축과 충분히 협의하여 정밀하게 반영하여야 한다.

〈표 1.6〉 각 항목별 비교표

항목	내용
건물 구조	고정하중 + 설비하중 고려한 설계, 내진 설계 (Zone 기준 반영)
바닥 하중	12-15kN/m² (1224 ~ 1530kg/m²) 이상 요구 (서버랙, UPS 등 중량 대응)
천장고 (Clear Height)	최소 3.5m 이상, 공조·배선·배관 공간 확보(천장 슬라브 까지 4~6m)
바닥 시스템	이중마루(Raised Floor): 600 ~ 900mm, 공조/배선 겸용
보안구역 분리	등급별 통제구역 (입구, 서버룸, UPS실 등) 물리적 분리
연면적 구분	통신실, 전기실, UPS실, 배터리실, 냉동기실, 발전기실, 회의/보안공간 등 동선 최적화 필요
내화 등급	주요 공간은 2 ~ 3시간 이상 내화성능 필요 (NFPA, ISO 기준)

2) 통신 (ICT / Network)

통신설비에 대해서는 제8장에서 보다 더 자세히 다루고 있다. 데이터센터에서 통신설비는 중요한 요소 중 하나이다. 전력 설비와 더불어 통신시스템을 충분히 이해하고 전기 설계에 임해야 한다. 통신설비에 있어서는 접지설비, 고조파 문제, 노이즈 문제 등 어느 것 하나 소홀히 다룰 수 없는 분야이기도 하다.

■ 주요 표준

TIA-942, ISO/IEC 11801, BICSI 002, EN 50600-2-4

〈표 1.7〉 통신 시설 중요 사항

항목	내용
통신 경로 이중화	이중 MPOE, 다중 경로 설계 필수 (A-B 패스)
케이블 분리	전력선과 광/통신선 분리 (EMI 차폐 고려)

항목	내용
광케이블 인프라	LC, MPO/MTP 기반, OM4 이상 또는 OS2 권장
랙 간 배선방식	상부 트레이 또는 Raised Floor 활용, 경로 분리
통신실 구성	Main Distribution Area(MDA), HDA, ZDA 구성
BMS, DCIM 연동	전기, 공조, 출입통제, 화재, CCTV 통합 모니터링
IT 룸	승강기, 기둥, 외벽 또는 내력벽 등에 의해서 향후 확장이 불가능 한 지역은 피한다. 또한 대형장비의 반출입이 가능한 장소로 하고, 또한 변압기, 모터, 발전기 등이 있는 실의 주변 등 전기자기장의 영향이 큰 구역은 피해야 함. 그리고 외부로 연결된 창문이 없어야 한다. 이는 보안과 태양광에 의한 실내 온도 상승을 막기 위함.

Tier III 이상은 모든 통신 경로, 장비실이 이중화 또는 독립 경로여야 인증 가능

3) 냉각설비 (Cooling / HVAC)

데이터센터의 냉각설비는 갈수록 주요한 부분으로 대두되고 있다. 냉각설비에 대해서는 전문가 의견을 충분히 경청하고 전기설계에 반영하여야 한다. 특히 냉각설비는 전기사용량의 20~30%를 차지하기 때문에 전기설비는 밀접한 관계가 있다. 냉각설비에 대해서는 전기설계에 참고할 수 있도록 제7장에서 보다 더 자세히 다루고 있다.

- **주요 표준**

  ASHRAE TC 9.9, TIA-942, EN 50600-2-3, ISO 30134 (PUE)

〈표 1.8〉 냉각설비 핵심 내용

항목	내용
IT 장비 온도 기준	ASHRAE Class A1: 18~27℃ / Class A2: 10~35℃ 온도와 습도를 측정하기 위한 센서는 바닥에서 1.5m 높이, 3m에서 6m 간격으로 설치하여 측정한다. 중요한 점은 가동 중인 장비의 공기 흡입구 위치에서 측정한다.
공조방식	CRAH/CRAC, In-Row, Overhead Ducting, Hot/Cold Aisle, Liquid Cooling
이중화 수준	N+1, 2N 냉각기 구성 (Tier III 이상 필수)
공기흐름 제어	Hot-Aisle/Cold-Aisle 분리, 공기 혼합 최소화
냉매계통 구성	Chiller + Free Cooling + 냉동탑 (외기 냉방 가능 시 효율↑)

항목	내용
PUE 최적화	냉각 에너지 최소화 위한 모니터링 제어 필수
항온항습 장치	Humidity Control 포함, ±5% RH 유지 요구

최근은 **액침냉각(Immersion Cooling), 리퀴드쿨링** 도입 확대 중

4) 소방설비 (Fire Protection)

데이터센터의 소방설비에 대해서는 제9장에서 다루고 있으며, 기본설계 시 참고 사항을 정리하였다.

■ 주요 표준

NFPA 75/76, ISO 14520, EN 50600-2-5, FM Global, TIA-942

〈표 1.9〉 소방설비 핵심 내용

항목	내용
화재감지	VESDA(고감도 연기감지), 이중 감지기 설계
자동 소화	가스계 소화 (FM-200, Novec 1230, IG-541 등)
설비구역 별 분리 소화 시스템	UPS실, 배터리실, 서버룸 각각 독립 제어
전기실/배터리실	과열 감지 + 적외선센서 감지 적용
방화구획	1시간 이상 방화 구획 필수 (서버실 간/전기실 등)
수계소화설비	전산기기 손상 방지 위해 가급적 배제하거나 제어판별 구역 분리 필요
소방연동	BMS와 연동하여 전원 차단/공조 차단/셔터 폐쇄 자동화 처리

제 2 장

데이터센터 설계 및 건축물 개요

제2장 데이터센터 설계 및 건축물 개요

Data Centers Power Systems

2.1 데이터센터 입지 선정 기준

2.1.1 입지 선정의 중요성

데이터센터 입지 선정은 시설의 **운영 안정성, 효율성**, 그리고 **경제성**에 직결되는 핵심 요소이다. 올바른 위치를 선정하지 못하면, 전력 공급 장애나 냉각 비용 상승, 환경적 제약 등의 문제가 발생하여 운영 비용이 대폭 증가할 수 있다. 또한 예상치 못한 재난 재해 위험이 높은 지역에 건립하면 서비스 중단 등 돌이킬 수 없는 손해를 입을 수도 있다.

따라서 입지 선정은 데이터센터 설계 단계에서 **가장 우선적으로 고려**해야 할 사안이며, 이를 위해 **다각적인 분석과 장기적인 관점**이 반드시 수반되어야 한다.

〈그림 2.1〉 데이터센터 건축물 개요도(예)

2.1.2 입지 선정 시 고려해야 할 주요 요소

데이터센터 건립 시에는 아래 요소들을 종합적으로 고려하여 최적의 위치를 선정해야 한다. 각 요소는 상호 밀접하게 연결되어 있으므로, 어느 한 요소만을 우선시하기보다는 **종합 평가**가 필요하다.

1) 전력 공급 안정성

- **충분한 전력 공급 용량 확보**

    데이터센터는 안정적인 전력 수급이 가장 중요하다. 건물의 규모와 IT 장비 밀도, 향후 확장성을 고려하여 **설계 피크 부하**를 충분히 감당할 수 있는 전력 인프라가 필요하다.
    주변 전력 계통(변전소·송전망)과의 연계성을 파악하고, **이중화(dual feed)** 구축 여부 등도 검토해야 한다.

- **전력 비용의 경제성**

    전기요금 단가가 낮고, 향후 변동성이 적은 지역을 우선 검토한다. 전력 사용이 많은 데이터센터 특성상, **전력 단가**의 장기 추이 예측은 총소유비용(TCO)에 큰 영향을 미친다.
    재생에너지(태양광, 풍력 등) 또는 지역 분산형 전원의 활용이 용이한 지역이라면, **그린 전력 사용**(태양광, 풍력, 바이오, 연료전지 등)을 통한 탄소 배출 저감과 비용 효율화 측면에서도 이점이 있을 수 있다.

- **계통 안정성**

    지속적이고 신뢰도 높은 전력 공급을 위해 지역 전력망의 안정성 지표(SAIDI, SAIFI 등)와 과거 정전 사례 분석이 중요하다.
    지역 송배전 설비의 노후화 수준, 정전 이력, 유지보수 방식 등을 종합적으로 평가하여 **계통 안정성**을 검증한다. 최근에는 10MW 이상 용량의 경우 전력계통 영향평가를 받아야 하는데, 이 때 자세히 검토해야 한다.

2) 통신 인프라 접근성

- **안정적인 초고속 통신망**

    데이터센터 특성상 대규모 트래픽을 빠르고 안정적으로 처리해야 한다. **광케이블,**

5G/6G 백본, 이더넷 등 다양한 연결 경로를 구축할 수 있는 지역이 유리하다. 자사(自社)나 협력사 망이 얼마나 안정적으로 구축되어 있는지도 중요한 판단 기준이 된다.

- **이중화된 네트워크 경로 확보**

    서비스 중단을 최소화하기 위해 **네트워크 경로의 이중화**(다중 경로, 서로 다른 관로 경로 확보 등)가 가능해야 한다. 물리적 경로뿐 아니라 서로 다른 통신 사업자를 활용한 **이원화** 방안도 필수적으로 검토해야 할 항목이다.

3) 자연 재해 리스크

- **재해 위험도 분석**

    홍수, 지진, 화재, 태풍, 폭설 등 자연 재해 발생 위험이 낮은 지역을 우선 선정한다. 과거 수십 년간의 **재해 발생 기록**, 지형·지반 구조, 기상청 예측 등을 종합적으로 살펴봐야 한다. 최근에는 산불이 대형화되어 가는 추세이기 때문에 산불에 대한 피해가 발생하지 않도록 검토하는 것도 잊지 말아야 한다.

- **내진 설계 및 재난 대응 능력**

    내진 기준이 엄격한 지역이나, 부지의 지반 특성이 우수한 곳을 검토하면, 재해 발생 시 시설 피해를 최소화할 수 있다. 주변 도로, 소방서, 경찰서, 병원 등 **재난 대응 인프라**와의 접근성도 중요한 고려 사항이다.

- **로컬 기후 고려**

    폭염, 급격한 일교차, 높은 습도 등은 냉각 비용이나 설비 장애의 위험을 높인다. 지역 기후가 온난 습윤한 곳이라면 냉각 설비 용량 확대가 필요하다.

4) 냉각 및 기후 조건

- **저온·저습 환경의 이점**

    자연 냉각(Free Cooling)의 활용이 가능한 기후 조건은 데이터센터 냉각 에너지를 대폭 절감시켜준다. 외기 온도가 낮고 습도가 적절한 지역에서는 냉각장치의 부담이 줄어 PUE(Power Usage Effectiveness) 개선에 유리하다.

- **해수·하천 등 자연 자원 활용**

    일부 지역에서는 해수를 이용한 냉각, 지열 냉각, 호수·하천수를 활용한 수냉식 냉각 등을 적용할 수 있어 에너지 비용 절감에 효과적이다. 이와 같은 **대체 냉각 자원**을 활용할 경우, 대규모 배관 공사나 환경 규제 등을 사전에 검토해야 한다.

- **설비 규모 및 레이아웃**

  대규모 데이터센터일수록 열 밀도가 높아 냉각 부하가 커지므로, 기후 조건에 따른 설계 변경이 필요하다. 서버룸 레이아웃, 핫·콜드 아일(Hot/Cold Aisle) 구조 등 내부 배치 방식도 기후 요소와 연계하여 결정한다.

5) 교통 접근성

- **비상상황 대응**

  데이터센터에서 장애나 사고가 발생했을 때, 긴급 인력과 장비가 빠르게 현장에 접근할 수 있어야 한다. 인근에 **고속도로, 공항, 철도** 등 교통 인프라가 잘 갖춰진 지역이 유리하다. 화재, 자연재해, 테러 등 돌발 상황에 대한 대응이 가능한 보안·안전 설비(소방, 보안업체, 경찰)와의 거리도 검토해야 한다.

- **장비 유지보수의 편의성**

  데이터센터는 주기적으로 네트워크 장비, 서버, UPS(무정전 전원장치), 냉각설비 등을 교체·확장해야 한다. 따라서 **물류·유지보수 인력**이 손쉽게 이동·접근 가능한 지역이 안정적 운영에 도움이 된다. 유지보수 인력의 숙박, 출퇴근 편의 등을 고려해 인근 지역의 인프라(숙소, 음식점, 부품 창고)도 검토 대상이다.

■ 추가 고려 사항 및 실무 가이드

- **규제 및 인허가 절차**

  지역별 건축법, 환경 규제, 전력·통신 인허가 요건이 상이하므로, **사전 행정 절차**와 **관련 제도**를 면밀히 조사해야 한다. 신·재생에너지 설비 연계나 무정전 전원장치(UPS), 디젤 발전기 설치 시에는 환경법(소음, 배출가스)에 따른 **허가 및 신고** 절차가 필요하다.

- **ESG 및 탄소중립 측면**

  최근 글로벌 트렌드에 따라 ESG(환경·사회·지배구조) 경영과 탄소중립 목표가 데이터센터에도 적용되고 있다. **그린 전력 구매, 배출권 거래, 재생에너지인증(REC) 활용**

등 친환경 요소를 사전에 고려하면 향후 기업 이미지와 비용 절감 효과를 모두 기대할 수 있다.

- **확장성(Scalability) 및 재개발 가능성**

    데이터 양이 지속적으로 폭증하고, AI/빅데이터 등 고밀도 연산 수요가 늘고 있으므로, **차세대 설비로 증설·확장**할 수 있는 충분한 부지를 확보해야 한다. 입지 주변이 과밀 개발 지역이거나 토지 규제가 심하면 향후 확장에 제약이 생길 수 있으므로, 이를 고려한 **장기적 플랜**이 필수적이다.

- **운영 인력의 숙련도·노동 환경**

    숙련된 엔지니어와 운영 인력을 충원하기 위한 인근 지역의 교육 시설(대학, 연구기관 등)이나 IT 산업 생태계를 확인하는 것도 중요하다. 안정적인 인력 수급이 가능한 지역이거나, 인력 유치에 유리한 주거·문화·생활 환경이 마련된 지역이 운영 효율성 측면에서 유리하다.

    데이터센터 입지 선정은 단순히 **전력·통신 인프라**에 국한되지 않고, **기후·재해 위험·교통 접근성·확장성·ESG 경영** 등 다양한 측면의 종합 평가를 요한다. 특히 데이터센터 운영은 **24시간 365일 안정성**이 최우선이므로, 예상치 못한 장애나 비용 상승 요소를 최소화하기 위한 치밀한 검토가 필수적이다. 이를 종합해 보면 다음과 같다.

- **전력 공급 안정성**: 충분한 용량, 합리적인 전력 비용, 이중화 및 계통 안정성 확보가 필수
- **통신 인프라**: 초고속 네트워크, 이중화된 경로 확인
- **자연 재해 리스크**: 홍수, 지진, 화재 등 위험도 분석, 내진 설계, 재난 대응 체계
- **냉각 및 기후 조건**: 자연 냉각 활용, 대체 냉각수원, 기후 특성에 따른 효율 극대화
- **교통 접근성**: 비상 상황 및 유지보수 시 신속 대응, 물류·인력 이동 편의성

앞으로 데이터센터 산업은 더욱 대형화·고도화될 것이며, 동시에 **그린 전력 사용**과 **탄소 배출 저감**이라는 시대적 요구에 맞춰 진화할 것이다. 따라서 건립 단계에서부터 **입지 선정**을 세밀히 계획하고, 해당 지역의 특성을 종합적으로 반영해야만 안정적인 시설 운영과 비용 효율, 그리고 환경적 책임을 모두 달성할 수 있을 것이다.

2.2 데이터센터 건축물 설계 및 시공의 핵심

2.2.1 데이터센터 건축 설계 기본 원칙

데이터센터는 일반 상업·업무용 건축물과 달리 **높은 신뢰성, 효율성, 가용성**을 달성해야 하는 특수 목적 건축물이다. 따라서 설계 단계에서부터 다음의 핵심 원칙을 철저히 고려해야 한다.

- **확장성과 유연성 확보**

    미래의 IT 장비 증가, 서비스 확장, 신기술 도입 등 장기적 변화에 대응할 수 있는 공간 배치와 설비 구조를 마련한다. 건축 초기부터 확장 가능 영역(부속 건물, 예비 층고, 배관 여유 등)을 계획해두면, 물리적·경제적 비용을 최소화할 수 있다.

- **장비 교체 및 유지보수 용이성**

    데이터센터는 서버, 스토리지, 네트워크 장비가 주기적으로 교체·추가되어야 한다. 이를 위해 **장비 반·출입 경로, 작업 동선, 보수 공간** 등을 설계 단계에서부터 최적화한다. 또한 설비·인력 동선이 서로 간섭하지 않도록 레이아웃을 구분('맑은 구역' vs. '먼지 발생 구역')하는 것이 좋다.

- **고가용성 및 높은 이중화**

    단일 지점 장애(SPOF: Single Point of Failure)를 최소화할 수 있도록 **전력·냉각·통신 인프라** 각각에 대한 이중화해야 하는데, 건축분야에서는 이를 통과할 수 있도록 공동구나 배관 배선이 충분히 가능하도록 설계에 반영해주어야 한다. 병렬 운영 체계, 분산 배치, 지리적 이중화까지도 검토하여 건축이 설비에 지장이 되지 않도록 충분한 배려가 필요하다. 즉 전기, 설비, 통신 등 각종 설비 전문가의 의견을 충분히 듣고 반영해 주어야 한다.

- **에너지 효율성 극대화**

    전력 사용량은 데이터센터 운영 비용의 큰 부분을 차지하므로, **고효율 전기·냉각 설비**와 최적화된 운용 전략이 필요하다. PUE(Power Usage Effectiveness), WUE(Water Usage Effectiveness) 등 다양한 지표를 활용해 에너지 사용량을 지속적으로 개선할 수 있도록 건축적인 배려를 설계 단계에서부터 반영하여야 한다.

- **안정적이고 효율적인 냉각 시스템 구축**

    서버와 IT 장비의 발열을 안정적으로 식히기 위한 **냉각 시스템**은 데이터센터의 신뢰성과 직결된다. 단순 장비 냉각 효율뿐 아니라, 자연 냉각(Free Cooling), 외기 냉방, 수냉식(액침냉각 포함) 등 다양한 기법을 검토해 **장기적 비용 절감**과 **운영 안정성**을 동시에 달성할 수 있도록 건축적인 배치나 환기 등에 대해서도 설비전문가와 충분히 협의하여 설계 단계부터 반영하여야 한다.

2.2.2 데이터센터 건축의 핵심 설계 요소

데이터센터를 성공적으로 건축하기 위해서는 아래와 같은 건축·설계 요소를 주의 깊게 살펴야 한다. 각 요소는 상호 보완 관계에 있으므로, 종합적인 시각에서 접근하는 것이 중요하다.

1) 구조 설계

- **바닥 내하력(하중) 확보**

    서버 랙, UPS, 발전기, 쿨링 장비 등 대형·중량 장비가 집중적으로 배치되는 공간이 많으므로, 바닥 하중 설계가 매우 중요하다. 1제곱미터(m^2)당 **최소 1,224 ~ 1,530kg** 이상의 내하력을 고려하는 경우가 많으며, 이는 랙 배열·중량 분포도에 따라 달라진다. 참고로 아래층 천장에 장착되는 장비의 하중 역시 고려할 경우 244.7kg 정도를 더하여 설계에 적용해야 한다.

- **이중바닥(FRF: False Raised Floor) 설계**

    케이블, 공조(냉각) 덕트 등을 바닥 아래로 배치하여 상부 공간을 효율적으로 활용하고, 유지보수 시 편의성을 높이는 방식이다. 이중바닥의 높이는 30cm ~ 1m 이상까지 다양하며, 서버룸 내부 공조 방식을 어떻게 설정하느냐에 따라 최적 높이를 결정한다. 하중에 대해서도 일반적으로 1,000 ~ 1,200kg/m^2 이상 지지 하도록 한다.(장비 밀집도, 랙 무게에 따라 상향 조정)

- **내진 설계 및 안전성**

    국내외 지진 위험도가 높아지는 추세에 따라, **내진 설계**를 건축 단계에서부터 고려해야 한다. 건물 전체의 내진 등급뿐 아니라, 장비 개별적으로도 **진동 방지 장치**를 설치하거나 랙 고정·지지 대책을 마련해야 한다.

2) 공간 설계

- **IT 장비실과 설비실의 효율적 분리·배치**

    데이터센터 내부는 크게 IT 장비실(서버·스토리지·네트워크 등)과 지원 설비실(전기·냉각·발전기·UPS 등)로 구분된다. 각 구역을 명확히 구분함으로써 냉각, 보안, 관리상의 이점을 얻을 수 있다. 동시에 운용 인력의 동선이 너무 길어지지 않도록 균형을 맞춘다.

- **여유 공간 확보**

    서버·장비의 증설 및 교체가 빈번하므로, **기타 지원 공간**(작업실, 창고, 부품 보관 구역 등)에 대한 설계가 중요하다. 케이블, 파이프 등 설비가 확장될 수 있도록 **덕트·샤프트** 공간 또한 충분히 확보한다.

    특히 공간 확보에 대해서는 현장 사항을 고려하여 실제 배치도를 확정해 가면서 전문, 후면, 측면, 향후 증설을 대비한 공간, 각종 기기 반·출입 공간, 유지보수를 위한 공간, 냉각을 위한 공간 등을 고려하여 결정해야 하는데, 여유 공간이나 기기실 천장 높이는 냉각 효과와도 직결되므로 설계 시 면밀히 검토하여 반영하여야 한다.

- **작업 동선 및 보안 구역 설정**

    민감한 장비나 정보가 집중되는 구역은 별도의 보안장치(Access Control System)로 출입을 엄격히 통제해야 한다. 긴급 상황(화재, 정전) 발생 시 신속 대피가 가능하도록 **피난 동선, 비상구** 배치도 최적화해야 한다.

3) 설비 배치 설계

- **전력 설비 배치**

    변전실, UPS실, 발전기실 등은 발열량이 크고 소음·진동이 발생할 수 있으므로, **서버룸과의 적절한 이격**이 필요하다. 전력 케이블의 길이와 두께, 유지보수 접근성, 방화 구역 등을 고려해 **최적 경로**를 설정한다. 특히 공동구, 케이블피트 등에 케이블 트레이가 충분히 설치될 수 있도록 설치 공간을 마련해 주어야 한다.

- **통신 케이블 배치**

    고용량 광케이블, 이더넷 케이블, 네트워크 스위치 등은 **이중화 경로**를 갖추도록 배치하여 네트워크 장애에 대비한다. **케이블 트레이, 케이블 래더** 등의 구조물을 활용해 케이블을 효율적으로 정리하되, 장비 유지보수 시 혼선이 없도록 각 구간을 명확히

라벨링(레이블)한다.

- **냉각·공조 설비 배치**

    IT 장비실 내의 **핫아일 / 콜드아일(Hot Aisle / Cold Aisle)** 구성에 맞춰 공조 설비를 배치하면, 공기 흐름을 최적화하고 냉각 효율을 높일 수 있다. 쿨링 타워, CRAC(Computer Room Air Conditioner), 찰러(Chiller) 등 냉각 장비는 소음·진동, 외기 도입 경로, 배수 처리 등을 종합적으로 고려해 배치해야 한다.

- **유지보수 접근성 및 장애 대비**

    어떤 장비가 장애를 일으켜도 다른 시스템에 직접적인 영향을 최소화할 수 있도록, 물리적 간섭이 적은 레이아웃을 설계한다. 노후 교체 주기가 빠른 부품(팬, 필터, 케이블 등)은 **쉽게 접근**할 수 있는 위치에 배치한다.

4) 환경 친화적 설계

- **자연 환기·자연 채광 활용**

    전력 소비를 줄이기 위해 외기를 일정 부분 활용하는 **Free Cooling** 방식을 도입하면, 기후 조건에 따라 냉방 에너지를 절감할 수 있다. 데이터센터 내부에는 일반적으로 채광보다 냉방과 보안이 우선시되지만, 관리·사무 공간에는 자연 채광·환기를 고려해 친환경성을 높일 수 있다.

- **재생에너지 연계**

    건물 옥상 혹은 부지 일대에 태양광 패널을 설치하거나, 풍력·지열 등을 적용해 **그린 에너지 사용**을 확대하는 사례가 늘고 있다. 전력 사용량이 많은 데이터센터 특성상, **PPA(전력구매계약)** 또는 REC(신·재생에너지공급인증서)를 통해 에너지를 조달하면 ESG 경영 측면에서도 큰 시너지를 얻을 수 있다. 건물일체형 BIPV도 함께 검토한다.

- **자원 재활용 및 배출 저감**

    폐열을 주변 지역 난방이나 온수 공급에 재활용하는 **열 회수(Heat Recovery)** 시스템을 적용할 수 있다. 냉각수 재사용, 폐수 처리 효율화 등 친환경 요소를 적극 도입하면, 장기적으로 비용 절감과 브랜드 가치 제고에 도움이 된다.

데이터센터 전기설비 계획과 설계

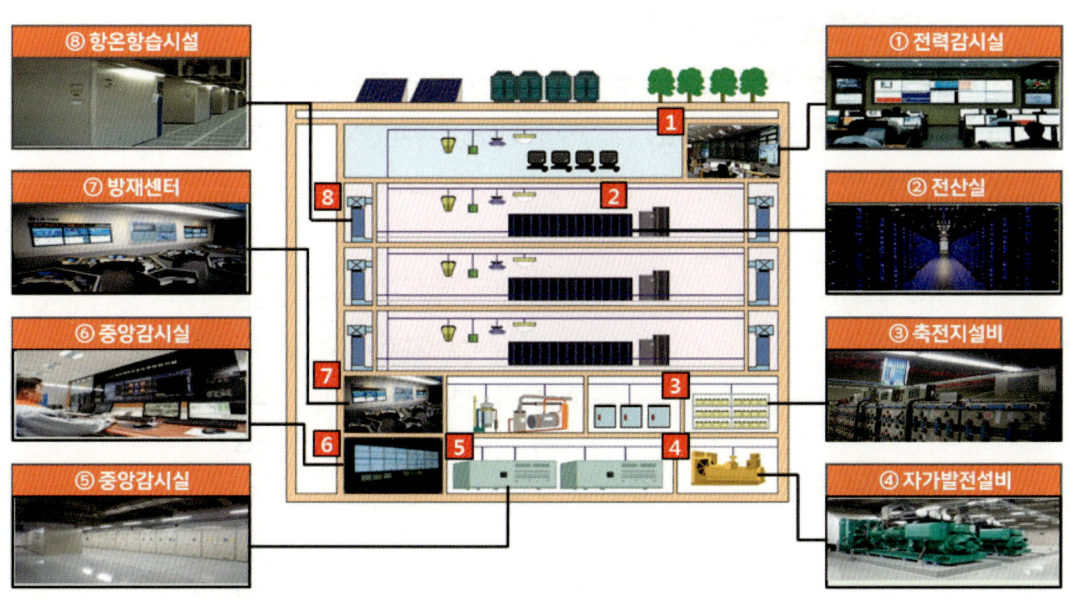

출처 : 데이터센터 산업 육성 전략 수행 계획(안), 한국데이터센터연합회(2013)

〈그림 2.2〉 데이터센터의 주요시설

■ 추가 팁 및 실무 지침

- **Tier 등급(가용성 기준) 고려**

    글로벌 표준인 Uptime Institute의 Tier 등급(Tier I ~ IV)을 참조하여, 목표 가용성과 이중화 수준에 맞춰 건축 설계 사양을 결정한다. Tier 등급이 높을수록 시스템 이중화와 무정전 전원장치(UPS), 발전기 설비 규모가 확대되므로, **예산과 운영 전략**을 함께 균형 있게 조정해야 한다.

- **초기 설계 단계에서의 통합 검증**

    건축·전기·기계·통신·보안·소방 등 다양한 분야의 전문가들이 초기에 참여하여, **BIM(Building Information Modeling)** 등 3D 설계 도구를 통해 상호 간섭을 사전에 파악하는 것이 필요하다. 사전에 제대로 된 통합 검증이 이뤄지면, 건설 이후 발생할 수 있는 시공 오류나 설비 간 충돌을 대폭 줄일 수 있다.

- **운영 단계까지 고려한 총소유비용(TCO) 산출**

    데이터센터는 완공 후 최소 10 ~ 20년 이상 운용될 수 있으므로, 단순 건축 비용뿐 아니라 전기·냉각·인력 운영 비용 등 전 주기 비용을 고려해야 한다. 설비 투자비와 운영비(에너지 비용, 유지보수 비용 등)의 **균형점**을 찾는 것이 장기적으로 중요하다.

49

- **ESG·탄소중립 목표 반영**

  친환경 설계와 더불어, **탄소 중립**(Net Zero)을 지향하는 글로벌 동향을 주시해야 한다. 녹색 건물 인증(LEED, BREEAM 등) 혹은 데이터센터 친환경 인증도 건물 가치와 기업 이미지를 높여주는 요소가 된다.

- **스마트 데이터센터 구축**

  건축 단계부터 IoT 센서, AI 기반 제어 시스템 등을 적용하여, **실시간 에너지 모니터링**과 **예측 유지보수**가 가능한 스마트 데이터센터를 지향한다. 이는 운영 효율 증대와 장애 예방에 직결되어, 궁극적으로 비용 절감과 서비스 품질 향상을 가져온다.

- **데이터센터 주요 공간별 환경조건 예시**

  표 2.1은 일반적인 데이터센터에서 고려되는 주요 공간(각실)에 대한 환경조건의 예시이다. 데이터센터마다 설계나 운영 방침, 관련 표준(예: ASHRAE, TIA-942, ISO 14644 등) 또는 건물 구조 등에 따라 세부 조건이 달라질 수 있으니, 실제 적용 시에는 해당 센터의 요구사항과 표준을 꼭 확인하여야 한다.

⟨표 2.1⟩ 데이터센터 주요 공간별 환경조건 예시

구분	주 용도	온도(℃) 범위	상대습도(%) 범위	청정도 (ISO 등급)	공기압/환기	기타 참고사항
메인 서버실 (Data Hall)	서버, 스토리지, 네트워크 장비 등 핵심 IT 인프라가 배치되는 공간	18 ~ 27℃ (ASHRAE 권장: 18 ~ 27℃)	40 ~ 60%	일반적으로 ISO Class 8 수준	약양압 또는 중립압 유지 (먼지 유입 방지)	- IT 장비 냉각 성능 및 소비 전력 절감을 위해 엄격한 온습도 관리가 필요 - 열 통로/냉각 통로(Hot/Cold Aisle) 설계를 통해 공조 효율 극대화
UPS실 (UPS Room)	무정전 전원 공급장치(UPS)와 관련 설비 배치	20 ~ 25℃	40 ~ 60%	일반적으로 ISO Class 8 수준	양압 유지	- UPS의 배터리 효율 및 수명 연장을 위해 온도 변화가 최소화되도록 관리 - 점검을 위해 인원이 자주 출입하므로, 먼지 등 오염원 관리도 중요
배터리실 (Battery Room)	UPS용 배터리 또는 별도의 예비 전원용 배터리가 설치되는 공간	20 ~ 25℃ (배터리 성능 최적 범위)	40 ~ 50%	별도 등급 지정은 없으나 청결 유지	환기 장치 필수	- 유해가스(수소, 산성 증기 등)가 발생할 수 있으므로 환기 설비를 통한 가스 농도 제어 - 온도 편차 최소화가 중요: 배터리 수명과 안전에 직결

데이터센터 전기설비 계획과 설계

구분	주 용도	온도(℃) 범위	상대습도(%) 범위	청정도 (ISO 등급)	공기압/환기	기타 참고사항
발전기실 (Generator Room)	비상 발전기가 설치되며, 주 전력 차단 시 전원을 공급	5~40℃ (일반 기계실 수준)	30~80% (외기 영향)	별도 등급 필요 없음	음압 또는 중립압 (배기가스 처리 고려)	- 엔진 열 발생이 많으므로 냉각 및 배기 시스템 설계가 중요 - 화재 위험 및 소음, 진동 관리 필요 - 유지·보수 시 작업자가 안전하게 접근 가능해야 함
전기실 (Switchgear Room)	고압/저압 전기 설비(변압기, 배전반 등)가 설치된 공간	10~35℃	40~60%	일반 먼지 수준 최소화	약간의 양압	- 각종 전력 계통 장비가 집중되어 있어 온도 상승이 빠를 수 있음 - 배선, 케이블 트레이 정리가 중요 - 습도 관리로 절연 성능(절연 파괴 방지) 및 안전 확보
네트워크/통신실	코어 스위치, 라우터, 통신 선로 종단 장비 등이 배치되는 공간	18~27℃	40~60%	ISO Class 8 수준	양압 유지	- 메인 서버실과 유사하게 민감 장비가 많아 온습도와 청정도 관리를 엄격하게 적용 - 케이블 및 패치 패널 정리가 중요한 구역
운영/관리실 (NOC 등)	운영 인력 상주, 모니터링 및 관제 업무 수행	20~25℃ (인체 쾌적 온도)	30~60%	사무실 수준	일반 사무실 환기 기준	- 관제실 내 대규모 모니터, 장비 열 발생 고려 - 소음 최소화, 조도(照度) 관리 중요 - 인체 쾌적성 및 24시간 근무 환경을 고려한 냉난방 설계 필요
공조 기계실 (CRAC Room)	CRAC(Computer Room Air Conditioning) 장비나 공조설비가 위치	5~35℃ (장비 특성에 따라 다름)	40~80%	별도 등급 필요 없음	음압 또는 중립압	- 실내 온습도 조절 핵심 장치가 모여 있어 유지·보수가 중요 - 소음·진동 감소 대책 필요 - 응축수·배수 라인 상태 점검 필수
자재/장비 보관실	예비 부품, 자재, 예비 장비 등 보관	10~35℃	40~70%	먼지, 습기 최소화	중립압	- 장비에 따라 습기에 민감할 수 있으므로 포장 및 제습 대책 필요 - 물리적 파손 방지를 위한 보관 및 랙 구성

※ 표 해설 및 보충 정보

■ **온도(℃)**

IT 장비(서버, 스토리지, 네트워크 장비 등)는 일반적으로 18~27℃ 범위를 권장(ASHRAE 권고)한다. 배터리실의 경우, 배터리 성능과 수명은 온도에 민감하므로 20~25℃ 범위로 좀 더 엄격히 관리하는 편이 좋다. 발전기실이나 공조기계실처럼 장비가 크고 열 발생이 심한 장소는 냉각 수단을 충분히 마련해야 하며, 상주 인원이 적거나 없으므로 온도 조건이 상대적으로 관대할 수 있다.

■ **상대습도(%)**

전자 장비의 정전기 방지를 위해 습도를 너무 낮추는 것은 위험할 수 있고(특히 40% 미만이 되지 않도록 주의), 반대로 습도가 너무 높으면(60~70% 이상) 결로, 부식 등의 문제가 발생한다. 습도 센서와 제습·가습 장비를 적절히 배치하여 온습도 균일성을 유지하는 것이 중요하다.

■ **청정도(ISO 등급 등)**

공기 중의 먼지, 미세입자 등이 전자 장비 내부로 침투하면 과열, 정전기, 하드웨어 오류를 유발할 수 있다. 데이터센터 서버실이나 통신실은 대체로 ISO Class 8 이하 수준을 목표로 관리하는 경우가 많다. (ISO 14644-1 기준), 발전기실처럼 큰 기계 장비가 있으며 먼지·유증기가 발생하기 쉬운 공간은 별도의 청정도 등급을 적용하기보다는 오염원을 격리하고 적절히 환기·필터링하는 방식으로 관리한다.

■ **공기압/환기**

서버실 및 주요 IT 공간은 먼지 유입 방지를 위해 약간의 양압(positive pressure)을 유지하기도 한다.

발전기실, 배터리실 등 가스를 배출하거나 발생할 수 있는 구역은 음압 또는 중립압을 유지하면서 배기 시스템을 통해 유해가스를 외부로 배출한다.

■ **기타**

- **소음·진동 관리:** 발전기실이나 공조기계실은 장비 운전으로 인한 소음과 진동이 크므로 방음벽, 방진 패드 등 별도의 방음·방진 대책이 필요하다.
- **화재 안전:** 각 구역별로 적절한 소화 설비(가스계 소화기, 물분무 등)와 방화벽을 갖추고, 화재 감지기·누전차단기 등 안전장치를 구비해야 한다.
- **접근 통제:** 보안상 중요 구역(서버실, 네트워크실 등)은 출입 권한을 제한하고, 물리적 보안을 강화한다.
- **정전기 방지:** 바닥, 벽체, 장비 랙, 케이블 트레이 등에 접지 설계를 철저히 하고, ESD 보호 매트를 사용하는 등 정전기 발생을 최소화해야 한다.

표 2.1은 일반적인 데이터센터 각 구역별로 요구되는 환경조건을 정리한 예시이다. 실제 프로젝트나 센터 운영 시에는 **ASHRAE**(Thermal Guidelines for Data Processing Environments), **TIA-942**(Telecommunications Infrastructure Standard for Data Centers), **NFPA**(National Fire Protection Association) 등의 표준과 함께, 센터 규모, 장비 스펙, 에너지 효율, 지역 기후, 보안 및 운영 정책 등 다양한 요소를 종합적으로 고려해야 한다. 데이터센터 환경은 가용성(Availability)과 안정성(Stability)을 최우선으로 추구하므로, 온습도, 청정도, 전력 공급, 냉각 효율, 화재 안전, 보안 등 모든 면에서 설계·운영·모니터링이 체계적으로 이뤄져야 한다.

데이터센터 건축 설계는 **확장성과 유지보수 편의성, 고가용성을 위한 이중화, 에너지 효율 극대화, 안정적 냉각 시스템**이라는 네 가지 핵심 목표를 충족해야 한다. 이를 위해 **구조 설계, 공간 설계, 설비 배치, 환경 친화적 요소**를 모두 종합적으로 고려해야 하며, 동시에 장기적인 관점에서 **운영 비용**과 **미래 확장성**까지 내다봐야 한다.

- **구조 설계:** 바닥 내하력, 이중바닥, 내진·안전성
- **공간 설계:** 효율적 구역 분할, 여유 공간 확보, 동선·보안 구역 최적화
- **설비 배치:** 전력·통신 케이블 이중화, 냉각 효율 극대화, 유지보수 편의성
- **환경 친화적 설계:** 자연 냉각·환기, 재생에너지 연계, 폐열·폐수 재활용

2.3 데이터센터 내진 및 구조안전 기준

2.3.1 데이터센터 내진 설계의 중요성

- **재난 상황에서도 서비스 연속성 보장**

    데이터센터는 금융, 의료, 공공서비스 등 핵심 인프라에 해당하는 데이터를 처리·보관하는 시설이므로, 지진과 같은 재난 상황에서도 안정적인 서비스 연속성이 요구된다. 내진 설계가 미흡할 경우 지진으로 인해 서버 랙 전복, UPS·발전기 손상, 냉각 장비 파손 등 막대한 피해가 발생해 장기간 서비스 중단이 불가피해진다.

- **밀집된 IT 장비 보호**

    서버, 스토리지, 네트워크 장비 등은 진동·충격에 취약하며, 높은 랙 밀도로 설치되

어 있다.

특히 AI, 빅데이터, 클라우드 서비스가 보편화됨에 따라 고밀도 서버룸이 늘어나면서, 지진으로 인한 물리적·경제적 피해 가능성이 커지고 있다.

- **데이터 신뢰도 및 기업 이미지 제고**

    내진 설계를 통해 재해·재난 대응력을 강화하면, 글로벌 기업과 고객들로부터 **안정적 운영 시설**이라는 신뢰를 얻을 수 있다. 이는 장기적으로 기업 가치와 대외 경쟁력을 높이는 요소로 작용한다.

2.3.2 데이터센터 내진 설계 및 시공 기준

한국에서는 『내진설계기준(KDS 41 17 00)』과 건축법, 각종 시행령·시행규칙에 따라 내진 설계를 수행해야 한다. 데이터센터의 특수성을 고려할 때, 아래 사항들을 포함하여 종합적인 지진 대비 체계를 마련해야 한다.

1) 데이터센터 중요도에 따른 내진 성능 목표 설정

- **시설 중요도 분류**

    데이터센터가 제공하는 서비스(금융, 공공서비스, 대형 클라우드 등)에 따라 중요도가 크게 달라질 수 있다. 일반적으로 금융권, 공공기관 데이터센터 등은 재해 시에도 **무중단 운영**이 필수이므로, 상위 등급의 내진 성능을 목표로 설정해야 한다.

- **해외 표준 및 가이드라인 참조**

    국내 KDS 기준 외에도, **TIA-942 (Telecommunications Infrastructure Standard for Data Centers), Uptime Institute Tier Standard** 등 국제 표준에서 제시하는 내진 관련 가이드를 검토해볼 수 있다. 시설의 **Tier 등급**(I ~ IV)을 목표로 할 경우, 해당 등급에 요구되는 이중화 및 내진 요소를 반영해야 한다.

2) 내진설계를 위한 지질 조사와 토질 분석

- **현장 지질·지반조사(Geotechnical Investigation)**

    데이터센터는 중량 구조물(서버 랙, UPS, 발전기, 쿨링 시스템 등)을 다수 보유하므로, **기초 설계**가 매우 중요하다. 시공 전 지반 분류, 지하수 수위, 지반 강도, 액상화 가능성 등을 종합적으로 파악해야 하며, 필요 시 **보강 공사**(파일 공법, 지반 개량 등)

를 수행한다.

- **지진파 특성 분석**

    지역별로 발생 가능한 지진파(주파수 대역, 최대 가속도, 지속 시간)가 다르므로, 건물과 설비의 동적 거동을 예측하기 위해 동해석(Dynamic Analysis)이나 응답 스펙트럼 분석이 이뤄져야 한다. 산악 지형, 해안 지역, 단층대 인접 등 지리적 특성을 충분히 고려해야 한다.

3) 건축물 구조체의 내진 보강 설계

- **기초 및 골조 구조 보강**

    데이터센터 건축물은 공장·창고 시설과 유사하게 대공간이 필요할 때가 많다. 이럴 경우 기둥 간격이 넓어져 **슬래브와 보(Beam)의 강도, 기둥 접합부의 설계**가 더욱 중요해진다.

    철골 구조물(Steel Frame), 철근 콘크리트 구조(RC), 복합 구조(Steel + RC) 등 건물 형식에 따라 보강 공법(가새, 강판 벽체, 탄소 섬유 보강 등)을 달리 적용한다.

- **내진 요소 도입**

    지진 에너지를 흡수·분산할 수 있는 댐퍼(Damper), 제진 장치, 면진(Isolation) 기법 등을 적용해 건물의 동적 성능을 향상시킨다. 규모가 큰 데이터센터라면 **Base Isolation**(기초 면진 공법)을 도입해 지반의 진동이 상부 구조체에 직접 전달되지 않도록 설계할 수도 있다.

- **고층 vs 저층 구조 검토**

    국내 데이터센터는 대부분 저층 구조(지상 3 ~ 6층 내외)로 계획되지만, 수도권 도심 등 부지 제약으로 고층화가 진행되는 사례도 있다. 고층 데이터센터일수록 지진 시 **수평 변위**가 커지므로, 랙 배치·전기·냉각 배관이 안전하게 움직일 수 있는 공간적 여유와 설비 고정 방법을 반드시 고려해야 한다.

4) 장비실 및 설비실의 내진용 고정장치 설계

- **랙(Rack) 및 IT 장비 고정**

    서버·네트워크 장비가 장착된 랙은 중량이 상당하며, 상하부에서 발생하는 진동에 취약하다.

랙을 바닥이나 천장 구조와 견고하게 앵커(Anchor)로 고정하고, 랙 간격을 충분히 확보해 서로 부딪히지 않도록 설계해야 한다.

- **전기·발전 설비 고정**

  UPS, 배터리 뱅크, 변압기, 발전기 등은 무게와 진동이 크므로, **수평·수직 방향**으로 작용하는 지진 하중에 견딜 수 있는 보강 프레임 및 고정 철물을 준비한다. 케이블 트레이나 전선관도 지진 시 낙하·탈락하지 않도록 별도의 지지대와 보강재를 설치한다.

- **냉각·공조 설비 고정**

  CRAC(Computer Room Air Conditioner), 찰러(Chiller), 쿨링 타워 등은 대형 기계 장비이므로, 진동에 따른 파이프 파손을 방지하기 위해 **유연 조인트**(Flexible Joint) 및 **배관 지지 장치**를 적용해야 한다. 천장 배관(공조 덕트, 소화배관 등) 역시 내진 행가(Hanger)나 브레이싱(Bracing)을 설치하여 흔들림을 최소화한다.

- **소방 및 배연 설비**

  지진 시 화재가 발생할 위험도 있으므로, **소화 스프링클러 헤드**나 배연 장치가 작동 가능하도록 별도의 내진 보강을 적용한다. 소화용 배관은 누수 시 IT 장비에 치명적인 손실을 줄 수 있으므로, 흔들림이 발생해도 파손되지 않도록 철저히 고정·보호해야 한다.

5) 추가 고려 사항 및 실무 팁

- **시뮬레이션 및 모의 훈련**

  건축·설비 단계에서 **지진응답해석**(Response Spectrum Analysis), **BIM(Building Information Modeling) 기반 시뮬레이션** 등을 통해 설계 타당성을 검증한다.

  건물이 완공된 후에는 **지진 모의훈련**을 정기적으로 시행해 실제 대처 능력을 강화하고, 개선사항을 피드백으로 반영한다.

- **신뢰성 높은 자재 및 시공 품질 관리**

  내진 보강재, 앵커, 프레임, 와이어 로프 등은 **국제 인증**이나 **국가 공인 시험성적서**를 확보한 제품을 사용해야 한다. 시공 과정에서 **현장 품질 검사**(용접 부위, 볼트 체결 등)를 철저히 수행하고, 시공 오류를 사전에 발견해 교정해야 한다.

- **이중화(고가용성)와 결합 고려**

    내진 설계는 건축물 구조와 장비 고정의 문제일 뿐만 아니라, 데이터센터의 **전력·냉각·네트워크 이중화**와도 긴밀히 연결된다. 지진으로 일부 구역이 손상되더라도 서비스가 지속될 수 있도록 **N+1, 2N 등 이중화 전략**을 함께 적용해야 한다.

- **보험 및 재난 대응 체계**

    고급 내진 설계가 적용된 데이터센터라도, 대규모 지진이 발생하면 불가항력적 손실이 발생할 수 있다. 적절한 **재해·재난 보험** 가입과 재난 대응 계획(비상 발전기, 예비 부품, 원격 백업 데이터센터 등)을 수립해 두어야 한다.

- **해외 지진 취약 지역 진출 시**

    국내 내진 기준뿐만 아니라, **해외 건축법**(미국 IBC, 일본 건축기준법 등) 또는 지역별 특수 기준까지 학습하고 준수해야 한다. 특히 환태평양 지진대(미국 서부, 일본 등)에 진출하는 경우, 더 엄격한 내진 설계와 시공이 요구될 수 있다.

6) 데이터센터 내진설계 및 시공 기준 (예시)

표 2.2는 한국의 『내진설계기준(KDS 41 17 00)』과 건축법, 관련 시행령·시행규칙을 바탕으로 데이터센터에 필요한 내진 설계 및 시공 요소들을 정리한 예시이다. 데이터센터는 일반 건축물과 달리 정보기술(IT) 장비, 전원·냉각 설비 등이 집중되어 있기 때문에, 건축구조뿐 아니라 비구조요소(Non-Structural Elements)에 대한 철저한 내진설계가 매우 중요하다. 표 2.2를 참고하여, 데이터센터 특성(중요도, 규모, 층수, 지반조건 등)에 맞게 종합적으로 적용하면 된다.

〈표 2.2〉 데이터센터 내진설계 및 시공 기준 (예시)

구분	주요 설계·시공 요구사항	관련 기준/규정	비고
건축물 구조 (Structure)	- 내진 등급(내진구역, 중요도 계수 등)에 따른 구조 해석 및 설계 수행 - 골조(철근콘크리트, 철골 등)에 대한 부재별 내진 보강 - 내력벽·전단벽의 배치, 기둥·보의 접합부 보강	- KDS 41 17 00(내진설계기준) - 건축법 및 동 시행령/시행규칙 - KCI 설계기준 (철근콘크리트) - KSSC 설계기준 (철골구조)	- 데이터센터는 **특등급 또는 1등급** 시설물로 간주되는 경우가 많아 (중요도 계수↑), 타 일반 건물보다 엄격한 내진성능 요구됨
비구조	- 마감재(커튼월, 석고보드 등), 천	- 건축법(시행령·시행	- 내부 천장, 바닥, 벽체

구분	주요 설계·시공 요구사항	관련 기준/규정	비고
요소(Non-Structural)	- 장시스템, 조명기구 등 내진 거동 해석 및 견고한 고정 - 초과중량체(천장 매달림 장비 등)에 대한 하중·변위 계산 - 출입문·방화문 내진힌지 적용 및 비상 탈출 동선 확보	규칙) - KDS 41 시리즈(내진 건축 일반사항) - TIA-942 (비구조 요소 내진 권장사항)	에 부착되는 모든 마감재와 부속물은 **탈락 방지, 흔들림 방지**를 위해 앵커·브래킷 등 보강재 사용
MEP 설비 (기계·전기·배관 등)	- 공조장비(CRAC, AHU), 급·배수 배관, 소화설비 배관, 전선 트레이 등 **내진 브레이싱(Seismic Bracing)** 적용 - 냉각수 배관, 가스 배관, 공기 덕트 등에 방진구조 또는 유연이음부(Flexible Joint) 도입 - 중량 설비(냉동기, 발전기 등) 고정 및 진동·충격 흡수 장치 설치	- KDS 41 17 00(기계·전기 설비 내진) - 건축법 관련 시행규칙(소방·배관·통신) - NFPA, ISO 등 국제 소방·배관 기준 참고	- 지진 시 **비구조 요소 중 큰 피해를 입기 쉬운 부분**이 기계·전기·배관 설비이므로, 이격 거리 확보와 고정 앵커 설계가 핵심 - 화재 및 누수, 유독가스 누출 위험을 줄이기 위해 배관 연결부 내진 성능 필수
IT 장비 및 서버랙	- 서버랙, 스토리지, 네트워크 장비를 바닥·벽체에 견고하게 고정(앵커링) - 캐스터 타입의 이동식 랙은 반드시 제동장치와 보조 고정구 보강 - 랙과 랙 사이, 랙과 벽체 사이 일정 간격 확보(충돌 방지)	- TIA-942 (데이터센터 표준) - KDS 41 17 00(비구조 요소의 내진) - 제조사 가이드 (랙 고정 가이드)	- 지진 시 랙이 전도되지 않도록 하부 앵커 설치 및 상부 브레이싱 필요 - **케이블, 파워코드 등 연결부**도 흔들림에 대비해 여유 길이·결속 필요
이중마루 (Access Floor) 시공	- 바닥 높이에 따른 받침대(펜듈럼, 스트링거 등) 구조 강성·내진 안전성 검토 - 바닥 패널 탈락 방지를 위해 패널 고정 클립·보강재 사용 - 하부 공간 내 케이블, 배관, 공조 덕트 등 설치 시 내진·방재 고려	- KDS 41 시리즈(건축 내진) - TIA-942(Access Floor 설치 권고) - 건축법, 산업안전보건 기준	- 이중마루는 **정보통신 배선·공조 흐름**을 위한 중요 공간 - 지진하중이 작용하면 **펜듈럼과 스트링거 연결부**가 가장 취약하므로 보강 설계 필수
비상발전기·UPS·배터리실	- 발전기, UPS 등의 하부 프레임을 진동·충격 흡수 장치와 함께 콘크리트 기초에 고정(앵커) - 배터리랙의 전도, 누락 방지, 케이블 파손 예방 - 연료 탱크, 배터리실 가스 배출구 등 내진 성능 확보	- KDS 41 17 00(기계 장비 내진) - 소방법 및 관련 시행규칙 - NFPA 110/111 (비상발전기/UPS 표준)	- 지진 시 **전력 공급의 중추** 역할을 하는 비상전원 계통이 손상되지 않도록 별도 격실 설계, 충격 흡수형 앵커, 브레이싱 설치 - 유출·가스 누출 시 대형 사고로 이어질 수 있으므로 각별한 주의

구분	주요 설계·시공 요구사항	관련 기준/규정	비고
건축물 외부 주변시설	- 급배기구, 냉각탑, 외벽 설치 장비(옥외기기) 등 내진·방진 설계 - 건축물 주변 담장, 펜스, 지상 변압기 등 전도·파손 위험 요소 점검 - 지하 매설 배관, 케이블 트렌치 등 지진 시 누수·누전 방지	- 건축법(옥외 설비, 외벽 설치 기준) - KDS 41(부대시설 내진) - 지진재해대책관련 법령	- 옥외 장비는 지진 발생 시 **낙하·전도·충돌** 위험이 커 인명사고와 연계 - 지형·지반 조건을 고려한 기초 시공 및 방진고정, 배수/배관 관리 필요
비상 대응계획(BCP/DR)	- 지진 발생 시 서버실·운영실·네트워크 장비 보호를 위한 **비상 매뉴얼** 구축 - 안전 대피 동선, 화재진압 동선, 비상통신 체계 마련 - 내진 모니터링 시스템(가속도계, 진동측정) 도입	- 재난안전관리 기본법 - TIA-942 (DR, BCP 권고 사항) - 회사 자체 방재 매뉴얼, ISO 22301(BCMS) 등	- 지진 시 인명 및 주요 자산의 피해를 최소화하기 위해 **비상복구(BC/DR) 계획** 필수 - 각 실(서버실·배터리실 등) 담당자 연락망, 대응 절차 가시화

※ 표 해설 및 추가 사항

■ 데이터센터 중요도와 내진 등급

데이터센터는 국가 또는 기업의 핵심 정보통신 설비가 밀집되어 있으며, 재난 시에도 가동 중단이 허용되지 않는 초고가용성(Highly Available) 시설로 간주된다. 따라서 일반 건물보다 높은 중요도 계수를 적용하고, 내진구역(지반조건 등)에 따라 특등급 또는 1등급 수준의 내진 설계를 수행해야 한다.

■ 구조 vs 비구조 요소

지진으로 인한 피해는 건축 골조(기둥·보·벽체)가 붕괴되는 구조적 피해뿐 아니라, '비구조 요소(천장, 마감재, MEP 설비, IT 장비 등)'의 전도·파손으로도 크게 발생한다. 데이터센터의 본질적 기능(서버 운영, 전원 공급 등)을 지키려면, 비구조 요소에 대한 내진 보강이 반드시 이루어져야 한다.

■ 랙(Rack) 및 이중마루(Access Floor) 내진

서버랙이 큰 충격으로 전도되면 물리적 파손, 케이블 단선, 화재(단락), 인명사고까지 발생할 수 있다. 이중마루는 배선과 공조유동의 핵심 통로인 동시에, 하부 구조가 지진으로 흔들릴 경우 패널 이탈, 장비 파손을 야기할 수 있으므로 바닥 부하와 내진 성능을 충분히 검토해야 한다.

■ 설비(기계·전기) 내진 브레이싱(Seismic Bracing)

공조기, 냉동기, 배관, 덕트, 전선 트레이 등은 지진 시 가장 흔들림이 크고, 연결부 파손 위험이 높다. 이를 위해 설비마다 지지대, 브레이싱(사재), 플렉시블 조인트 등을 적용하고, 설치 위치·배관 경로 설계를 면밀히 확인해야 한다.

- **비상 발전기(Generator), UPS, 배터리실**
  지진으로 전력망이 끊기면 데이터센터는 비상 발전기와 UPS를 통해 연속 운전을 해야 한다. 따라서 이 장비들이 지진 피해 없이 작동 가능하도록 실내·실외 기초를 튼튼히 하고, **배터리 전도 방지, 연료·가스 누출 감시** 등을 철저히 시행한다.

- **BCP(Business Continuity Plan, 업무 연속성 계획), DR(재해 복구 계획)**
  내진설계의 궁극적인 목표는 인명 보호와 함께, 데이터센터가 재난 상황에서도 **업무 연속성**을 확보하는 것이다. 지진 시 대응 매뉴얼(대피, 통신, 복구 절차)과 정기 훈련, 모의 재난 시나리오 검토 등을 통해 실제 상황 발생 시 신속히 대응할 수 있어야 한다.

표 2.2는 한국의 『내진설계기준(KDS 41 17 00)』, 건축법, 관련 시행령 및 국내·외 표준(TIA-942 등)을 근거로 데이터센터 내진 설계·시공 시 고려해야 할 핵심 요소들을 정리한 것이다. 데이터센터는 국가·기업의 정보 인프라를 보호하기 위해 **고도의 안정성**이 요구되므로, **건축 구조**와 더불어 **비구조 요소(기계·전기·IT 장비)의 내진 보강** 및 '비상 대응체계(BCP/DR)'를 종합적으로 설계해야 한다. 추가로, 실제 설계 과정에서는 지반조사 결과, 부지 특성, 데이터센터 규모, 장비 배치 계획 등을 모두 고려하여 각 요소별로 상세한 내진 해석과 시공 방법을 구체화해야 한다.

데이터센터는 **무중단 서비스**가 핵심 가치인 만큼, 지진 상황에서도 기능을 유지할 수 있는 **내진 설계**가 필수적이다. 『내진설계기준(KDS 41 17 00)』과 관련 건축법령, 국제 표준을 준수하여 **건물 구조체, 기초 공사, 장비 고정** 등 전반에 걸친 보강 대책이 마련되어야 한다.

- **중요도에 따른 내진 성능 목표**: 데이터센터 서비스 특성상, 상위 등급의 목표를 설정하는 것이 바람직하다.
- **지질 조사·토질 분석**: 액상화나 지반 침하 위험 등을 사전에 파악하고 적절한 기초 공법을 적용한다.
- **구조체 보강**: 면진·제진 공법, 댐퍼·브레이싱 등을 활용해 건물 동적 안정성을 높인다.
- **장비실 내진 고정**: 서버 랙, UPS, 발전기, 배관·배선 설비 등 모든 요소를 진동에 견디도록 앵커링하고, 상호 충돌을 방지한다.

⟨표 2.3⟩ 내진설계 – 국내 vs 해외 기준 비교표

구분	KR, 대한민국 기준	US, 미국 기준	JP, 일본 기준	EU, 유럽 기준
적용 법령/표준	건축법, KDS 41 17 00, 기계·전기 내진고시	IBC, ASCE 7, IEEE 693, TIA-942	건축기준법, JEITA, JIS	Eurocode 8, EN 50600
적용 대상	중요시설 (데이터센터 포함)	모든 건물, 중요시설은 별도 강화	모든 건물, 특히 중요시설	구조물, 중요 전산시설
진도 기준 (이해용 환산)	진도 6 ~ 6강 수준 견디도록 설계	진도 6 ~ 7 수준 견디도록 설계	진도 7까지 견디도록 설계	진도 6 이상 견디도록 설계
설계 기준 지진 (PGA)	0.20 ~ 0.28g (지역에 따라)	최대 0.4g 이상 (캘리포니아 등)	0.4 ~ 0.6g (일부 지역)	0.15 ~ 0.35g (국가마다 상이)
설비별 내진 적용	전기실, UPS, 랙 등 **모두 고정 필수**	모든 설비에 고정 및 시험 요구	고정 외에도 **제진/면진** 사용	설비 고정 및 진동시험 기준 존재
서버랙 고정	구조계산 또는 브레이싱	필수 (TIA-942 요구)	필수 + 방진패드 적용	필수 (EN 50600)
UPS/발전기 내진	고정, 방진 받침대	고정, 내진 등급 요구 (IEEE 693)	고정 + 진동 차단	고정 및 시험 통과 기준 필요
국제 인증 기준 연계	일부 Uptime 적용	**Tier III 이상 내진 필수**	대부분 TIA-942 or 자체 기준 적용	ISO 22237, EN 50600과 연계
실제 설계 특징	고정 위주, 일부 시험 수행	시험 + 설계 병행 (미국은 시험 중심)	**면진기초, 제진댐퍼 등 적극 활용**	유럽도 점점 시험 + 내진 고정 병행 중

※ 요약 해설

우리나라는 대부분 진도 6강 수준까지 견디도록 설계, 지역에 따라 차등 적용된다.
미국은 지진 위험지역은 진도 7 수준까지 견디도록 설계하며, 내진시험 기준(IEEE 693)도 중요.
일본은 세계 최고 수준의 내진 설계를 적용하며, 면진·제진 기술도 함께 사용한다.
유럽은 Eurocode 8을 기반으로, 중요도 높은 시설은 보수적으로 설계한다.

※ 한 줄 요약

"국내는 고정 위주의 내진설계 중심, 해외는 시험과 제진·면진 기술까지 포함하여 더 적극적으로 대응."

2.4 관련 법규 및 인허가 절차

2.4.1 데이터센터 관련 법령 개요

데이터센터는 대규모 전력 사용, 통신 인프라, 화재 안전, 환경영향 등의 문제가 종합적으로 고려되어야 하는 특수 시설이다. 아래와 같은 주요 법령 및 기준을 반드시 준수해야 한다.

1) 건축법 및 시행령

건축물의 용도, 건폐율·용적률, 구조, 배치, 높이 등의 기본 사항을 규정한다. 데이터센터 건축 시, **특정 용도지역(예: 일반 공업지역, 준공업지역 등)** 내에서의 설치 제한, 이격 거리, 건축물 구조 규정을 꼼꼼히 확인해야 한다.

2) 전기사업법 및 전기설비기술기준, KEC

전력설비의 설치·운영·안전에 관한 법적 요건을 규정한다. 대규모 전력 수요를 다루는 데이터센터는 **특고압(고압) 수전 설비, 비상 발전기, UPS(무정전 전원장치)** 등에 대해 엄격히 준수해야 한다. 전기설비기술기준(KEC, KEPIC 등)을 참고하여 **안전성, 신뢰성, 유지보수성**을 확보해야 한다.

3) 정보통신공사업법 및 관련 기술기준

데이터센터 내부 통신 케이블, 네트워크 설비, 통신 배관 등 정보통신 인프라 구축 시 반드시 해당 법령과 시행령·시행규칙을 준수해야 한다. 이중화, 광케이블 설치, 광 분배함 등 **고성능·고신뢰도** 통신망 구성이 핵심 이슈이다.

4) 소방법 및 화재안전기준(NFSC)

국내 화재 안전기준(NFSC)은 소방시설의 종류, 설치 기준, 유지·관리 방식을 규정한다. 데이터센터 특성상 **전기화재 위험, 배선·배관 과열, 리튬이온 배터리 등**이 많으므로, 소방설비(스프링클러, 가스계 소화설비, 화재감지기 등)의 설계·시공·유지보수를 엄격히 수행해야 한다.

5) 에너지이용합리화법 및 신·재생에너지법

대규모 에너지 소비 시설로서, **에너지 진단**과 **효율관리기자재(고효율 장비)** 사용, **에너지 절약 계획** 수립 등이 요구된다. 신·재생에너지법에 따라 태양광·풍력·지열 등 **신·재생에너지 설비**를 일부 의무적으로 설치해야 할 수도 있다.(건물 규모·지역 조례 등에 따라 달라짐)

6) 환경 관련 법규(소음·진동·공해물질 관리 등)

비상 발전기, 냉각탑, 공조기 등에서 발생하는 소음·진동, 매연, 폐수 등을 규제하는 환경 법령을 준수해야 한다. 규모가 큰 데이터센터는 **환경영향평가, 소음·진동 배출시설 신고·허가, 대기오염물질 배출시설 허가** 등 추가 절차가 발생할 수 있다.

7) 지구단위계획 관련

'데이터센터'를 개발하려면 해당 부지가 지구단위계획에서 **'방송통신시설'**로 지정되어야 한다. 2018년 9월 건축법 시행령 개정을 통해 '방송통신시설'의 세부 용도로 '데이터센터'가 신설되었으며, 이에 따라 데이터센터는 방송통신시설로 분류된다.

지구단위계획은 『국토의 계획 및 이용에 관한 법률』 제49조에 따라 수립되며, 해당 지역의 용도와 개발 방향을 상세히 규정하고 있다. 따라서 데이터센터를 건립하려는 부지가 지구단위계획에서 방송통신시설로 지정되어야 해당 용도에 맞는 개발이 가능하다.

만약 현재 부지의 지구단위계획상 용도가 방송통신시설이 아니라면, 용도 변경 절차를 거쳐야 한다. 이 과정은 해당 지방자치단체의 도시계획위원회 심의와 관련 법령에 따른 절차를 포함하며, 상세한 절차와 요건은 각 지방자치단체의 조례에 따라 다를 수 있다. 따라서 해당 지자체의 도시계획 관련 부서와 협의하여 구체적인 절차와 요건을 확인하는 것이 중요하다.

8) 대용량 전력 관련(집단에너지사업, 분산에너지 활성화 특별법)

데이터센터 개발을 위해 핵심 전제 요건은 대용량 전력의 확보가 최우선이다. 현재 관련 법령 근거로서는 **'집단에너지사업법'**이 있는데, 여기에서 '집단에너지란' 2개 이상의 사용자를 대상으로 공급되는 열 또는 열과 전기를 말하고 있다. 또한 데이터센터는 전력계통에 영향을 미칠 수 있는 대용량전력 소비시설에 대한 **'전력계통영향평가'**가 분산에너지법에 도입되었다. 그렇기 때문에 '집단에너지사업법'과 '분산에너지 활성화 특별법'을 충분히 검토하여 기획하여야 한다.

9) 산업단지 관련

데이터센터를 위한 부지선정의 효율과 효과성을 제고하기 위해서는 산업단지내 부지 검토도 필요하다.(민원, 방송통신시설지구지정, 단위계획지정, 대용량전력공급, 통신인프라 등이 쉽기 때문) 참고로 개별 지자체 조례를 검토하여야 한다.

10) 집적 정보통신시설 보호지침

이 지침은 '정보통신망' 이용 촉진 및 정보보호 등에 관한 법률 제46조 및 같은 법 시행령 제37조 제2항에 따라 집적정보통신시설을 운영·관리하는 사업자가 취해야 하는 보호조치의 세부적 기준 등 집적정보통신시설 보호를 위해 필요한 사항을 정하고 있다. 이법 제8조에서는 '세부기준'을 정하고 있는데, 제3조부터 제6조까지에 따라 사업자가 의무적으로 준수하여야 하는 보호조치의 세부적인 기준을 별표로 정하고 있으니 꼭 확인하여야 한다. 이 세부기준에는 물리적 기술적 보호조치와 관리적 보호조치를 정하고 있다.

11) 기타 고려 법령 및 기준

- **산업집적활성화 및 공장설립에 관한 법률**: 공업지역 내 대형 시설 건립 시 적용
- **산업안전보건법**: 건설 현장 안전관리, 장비 취급 안전규정 적용
- **지방자치단체 조례**: 부지·건축물을 둘러싼 지방 세제 혜택 또는 제약, 인프라 분담금 등 지역별 특수 규정

2.4.2 데이터센터 건립 시 인허가 절차

데이터센터는 규모가 크고 복합적 설비를 갖추게 되므로, 일반 건축물 대비 인허가 과정이 까다롭고 복잡하다. 주요 단계를 정리하면 아래와 같다.

1) 입지 선정 및 사전 타당성 검토

- **부지 적합성**: 전력 계통 연계 가능성, 통신 인프라 접근성, 지반 안정성, 자연재해 위험도, 주변 인프라(도로·물류) 등 종합적으로 검토하여야 한다.
- **환경적 타당성**: 소음·진동·대기오염 등 민원 발생 가능성, **환경영향평가** 대상 여부도 검토한다.
- **법적 제한사항**: 용도지역(상업지역·공업지역 등), 건폐율·용적률, 그린벨트 여부, 도시계획시설 결정 등도 확인하여야 한다.

- **경제성 분석**: 토지 매입 비용, 건축 비용, 지방세·전력요금 혜택, 인력 수급 등

2) 건축 및 설비 기본설계
- **건축기본계획**: 건축물 배치, 층수·면적, 구조 형식, 외관 계획 등
- **설비 기본설계**: 전력(수전 설비, 비상 발전기, UPS), 통신(케이블·광케이블·네트워크 이중화), 냉각(Chiller, CRAC, 자연냉각), 소방(가스계 소화설비, 스프링클러) 등
- **PUE 목표 설정**: 에너지 효율지수(Power Usage Effectiveness) 목표치에 따른 설비 용량·기술 선정
- **ESG·탄소중립 고려**: 신·재생에너지 연계, 폐열 회수 시스템, 건축물 에너지효율 등급 목표 등

3) 인허가 신청
- **건축허가 신청**: 관할 지자체에 건축허가 신청서, 건축물 설계도서, 관련 첨부서류 제출
- **관련 법령별 허가**: 전기사업법 인·허가(자체 발전시설, 변전소 등), 정보통신공사업법 신고, 소방법(소방시설 설계도서) 검토 등
- **환경영향평가·교통영향평가 등**: 규모가 큰 프로젝트의 경우, 환경영향평가(EIA)와 교통영향평가(TIA) 서류 제출이 요구됨
- **소음·진동·대기 배출시설 신고**: 비상 발전기, 냉각탑 등 소음·배출원으로 분류되는 시설이 있을 경우 별도의 신고나 허가 절차가 필요
- **전력계통영향평가**: 분산에너지 활성화 특별법에 따라 '전력계통영향평가'를 받아야 하는데 신규로 **10메가와트(MW) 이상**의 전력을 사용하려는 사업자 또는 추가 증설로 총 사용량이 10MW를 초과하는 경우에 적용된다. 이 평가는 **사업승인 3개월 전**에 받아야 하며, 기술적, 비기술적, 정책적 항목을 포함한 평가에서 **100점 만점 중 70점 이상**을 **획득**해야 전력수급 심의 대상으로 선정될 수 있다.

4) 인허가 승인
지자체 및 관련 기관에서 설계 내용, 환경·교통 영향, 안전성, 주변 민원 사항 등을 종합 검토 필요 시 **허가조건**(추가 방음벽 설치, 환경보호조치, 교통 개선대책 등)이 부과되며, 이를 반영해 설계를 수정·보완, 최종적으로 건축허가, 전기·소방·통신 등 관련 인허가가 모두 승인되면 공사 착수 가능

5) 건축 및 설비 공사

- **시공 단계 감리**: 건축·기계·전기·통신 분야별 감리자가 설계 도서와 실제 시공간의 일치 여부, 안전 준수, 법규 적합성 등을 점검
- **중간 검사**: 골조 공사, 전기·설비 배관 설치, 소방·보안 설비 시험 등 공사 단계별 중간 검사를 실시
- **내진·방재 설계**: 국내 내진설계기준(KDS) 및 화재안전기준(NFSC)에 맞춰 시공하며, 지진 하중, 화재 하중 계산을 통해 재난 안전성 확보

6) 준공 및 운영 개시

- **최종 준공검사**: 건축물 완공 후, 관할 지자체 및 소방·전기·통신 관련 기관(필요 시)에서 최종 검사 시행
- **운영허가(사용승인)**: 준공검사 합격 후 사용승인을 받아 실제 운영이 가능해짐
- **시설 인계·운영**: 향후 운영·유지보수 계획(장비 교체 주기, 소방·안전 점검, 에너지 효율 모니터링 등)을 수립하고, 관련 매뉴얼을 작성하여 운영 개시

2.4.3 추가 보강 사항 및 실무 팁

1) 부지 확보 및 세제 혜택

일부 지방자치단체는 대규모 데이터센터 유치를 위해 **부지 임대료 감면, 지방세 감면, 전력요금 우대** 등 인센티브를 제공하기도 한다. 따라서 국가 정책 동향(디지털 뉴딜, 탄소중립) 및 지자체 조례를 파악해 **경제성**을 극대화할 수 있는 지역을 선별하는 것이 중요하다.

2) BIM(Building Information Modeling) 활용

건축·전기·기계·통신 설계 단계부터 BIM을 적용하면, **부문 간 간섭**(Collision)을 사전에 파악하여 재시공·공사 지연 리스크를 줄일 수 있다. 대규모 데이터센터일수록 복잡도가 증가하므로, BIM 시뮬레이션으로 **공기(工期)**, **코스트 절감**, **설계 최적화**를 달성할 수 있다.

3) 보안 등급 및 인증

금융권, 공공기관 데이터센터는 **개인정보 보호, 물리적 보안 등급**을 만족해야 한다.(예:

ISMS-P, 금융 보안 인증 등)
건축·설비 설계부터 출입 통제, 영상 감시, 서버룸·설비실 분리, 데이터 무결성 보호 방안 등을 반영해야 한다.

4) ESG·탄소중립 이행

대형 IT 기업 또는 글로벌 고객사들은 **RE100, Scope 1·2 탄소 배출량 저감** 등을 요구하는 추세이다. 재생에너지 발전설비(태양광, 풍력, 연료전지 등) 설치나 **그린 PPA**(전력구매계약)를 통한 전력 조달, 폐열 회수·재활용, 고효율 냉각시스템 적용 등 친환경 설계를 적극 고려해야 한다.

5) 운영·유지보수 계획과 연계

인허가 단계에서 제출한 설계와 실제 운영 단계에서의 **변경 사항**(장비 변경, 증설, 냉각 개선 등)은 추후 보완 신고나 재허가가 필요한 경우가 있다. **장기 운영 로드맵**을 수립해, 향후 규모 확장(Phase 2, Phase 3 등), 에너지 사용량 증가, 설비 교체 등을 예측하고 허가 과정에 반영해두면 행정적·재정적 부담이 줄어든다.

6) 정기점검 및 모니터링

건축물관리법, 전기사업법, 소방시설법 등에 따라 **정기 안전점검, 전기·소방·통신 설비 점검, 비상 발전기 시운전** 등을 주기적으로 시행해야 한다. 실시간 모니터링 시스템(DCIM 등)을 구축해 **전력 사용량, 냉각 효율, 장비 장애, 보안 상태** 등을 통합 관제하면 법정 점검과 더불어 운영 효율성을 높일 수 있다.

데이터센터는 대규모 전력 소비와 첨단 통신·보안·냉각 설비를 동시에 갖춘 복합 시설이므로, **다양한 법령과 기준**을 종합적으로 준수해야 한다. 특히 건축법, 전기사업법, 소방법, 정보통신공사업법, 환경 법령, 에너지 관련 법령 등을 꼼꼼히 파악하고, **인허가 절차**를 체계적으로 진행해야 한다.

- **입지 선정 & 사전 타당성:** 부지·환경·법령·경제성 등 종합 검토
- **건축 및 설비 기본설계:** 전기·통신·냉각·소방·보안 등 대형 설비를 유기적으로 연계
- **인허가 신청 & 승인:** 지자체, 관련 기관 협의(환경영향평가·교통영향평가·소방·전기 인허가 등)

- **시공 & 감리:** 단계별 중간 검사 및 준공검사 후 최종 운영 허가
- **운영 & 유지보수:** 법정 점검, 에너지 효율 관리, 보안 등급 유지, 향후 확장 계획 반영

〈표 2.4〉 데이터센터 관련 주요 법령·기준 정리

법령/규정	소관부처	주요 목적/내용	데이터센터 관련 핵심사항	비고
지능정보화 기본법 (약칭: 「지능정보화법」)	과학기술정보통신부(MSIT)	- 국가 차원의 지능정보사회 구현을 위해 데이터·AI·클라우드 기반의 산업 생태계를 조성하고, 이를 안정적·효율적으로 운영하는 법적 근거를 마련 - 지능정보 인프라 구축 및 활용촉진, 지능정보 기술 표준화 및 보안 강화 등의 사항을 규정	- **데이터센터**는 지능정보 인프라의 핵심 시설로 간주되어, 고성능 computing 자원 및 AI/빅데이터 처리를 지원할 수 있는 **설비·보안** 등 체계적 구축 필요 - 국가 차원의 지원사업(예: AI 컴퓨팅, 빅데이터 플랫폼)과 연계되어 추가 혜택 가능	2020년 전면 개정으로 AI, 데이터 사업 활성화 내용 반영
데이터센터 구축 및 운영활성화를 위한 민간데이터 필수 시설 및 규모에 관한 고시	과학기술정보통신부(MSIT)	- 민간 데이터센터 설립 시 필요로 하는 주요 시설·설비(전원, 냉각, 보안 등)와 최소 규모(평면적, 전력용량 등)에 대한 권고 및 가이드라인 - 데이터센터의 안정성·가용성 제고를 위해 관련 설비 요건·유지관리 기준 등을 제시	- **설비(전력·공조·보안) 및 규모 기준**이 제시되어, 일정 규모 이상의 데이터센터를 건립·운영 시 준수 권고 - **확장성**(scale-out)과 **이중화**(Redundancy) 등 설비 설계 기준을 사전에 반영해야 함	정부가 마련한 가이드라인 형식의 고시로, 강행법은 아님
데이터산업 진흥 및 이용촉진에 관한 기본법	과학기술정보통신부(MSIT)	- 데이터 생산·유통·활용 전주기에 걸친 체계적 진흥 정책과 법적 근거를 마련 - 공공·민간 데이터의 개방 및 거래, 데이터 기업 지원, 데이터 보안·윤리·표준화 등을 규정	- 대규모 데이터 처리를 위한 **데이터센터 인프라 확대**, 안전하게 데이터 저장·처리할 **물리적·기술적 보안** 요구 - **데이터 전송 및 보관** 시 개인정보 보호, 정보보안 체계 구축 필수	2021년 제정, 데이터 경제 활성화의 법적 기반
정보통신망 이용촉진 및 정보보호 등에 관한 법률 (약칭: 정보통신망법)	과학기술정보통신부(MSIT)	- 정보통신망(인터넷 등)을 통해 정보가 안전하고 자유롭게 유통되도록 하고, 개인정보 보호 및 정보보호를 강화하는 법적 체계 - 정보통신서비스제공자	- IDC(Internet Data Center) 및 클라우드 사업자의 **개인정보·데이터 보호책임**이 법적으로 강화 - 데이터 유출 방지, 해킹 방어를 위한 **보안장비**(방화	국내 데이터 보안·개인정보 보호 대표 법률

법령/규정	소관부처	주요 목적/내용	데이터센터 관련 핵심사항	비고
법)		(ISP), IDC, 클라우드 서비스 업체 등 망 운영·관리 사업자 의무사항 규정	벽·침입차단시스템 등) 도입 의무 - 보안사고 발생 시 신고 및 이용자 통지 의무	
건축법 시행령	국토교통부(MOLIT)	- 건축물의 안전, 위생, 기능 및 미관을 확보하기 위한 구체적 규정(용도 분류, 층수 제한, 건축 기준 등) - 특정 용도의 건축물(예: 공장, 업무시설, 창고시설 등)에 대한 세부 기준 및 각종 절차 규정	- 데이터센터 건물은 **업무시설 또는 지식산업센터** 등으로 분류될 가능성이 높으며, 해당 용도 지역·지구에 따른 **건폐율, 용적률**, 대지·주차장, 에너지 절감설계 등 건축요건을 준수해야 함 - **데이터센터에 특화된 내진·내화·방재** 설계 검토 필요	데이터센터 용도 분류 시 관할 지자체와 사전 협의가 중요
집적정보통신시설 보호지침 (관제, 망 운영, 서버실 등 집적시설 보안 관련)	과학기술정보통신부(MSIT)	- 다수의 정보통신설비(서버, 스토리지 등)가 집적된 시설에 대한 보안 등급별 물리·기술·관리적 보호 대책을 규정 - 입·출입 통제, 영상감시, 망 분리, 비상 전력 공급체계, 소방·방화, 재난 대비 등 전반적 지침 제시	- **데이터센터**는 고도의 보안 시설로써 해당 지침의 '최고 수준(물리보안, 출입제어)'을 준수하는 경우가 많음 - **CCTV 모니터링, 2중·3중 출입통제**, 서버실 내 방화구역 설정, UPS·비상발전기 등 필수	공공기관·민간 IDC 등에 광범위하게 적용됨
지구단위계획 관련 (국토의 계획 및 이용에 관한 법률 시행령 등)	국토교통부(MOLIT)	- 도시·군 계획구역 내 특정 지구(산업단지, 첨단지구 등)에 대한 종합적·통합적 계획 수립 - 건축물 배치·용도·경관·교통·환경 등 종합적 규제를 통해 도시 환경 개선 및 적정 이용 도모	- 데이터센터가 **지구단위계획구역**(예: 도시첨단산업단지, 도시재생구역) 안에 위치할 경우, **부지 용도, 건폐율·용적률, 건축물 배치, 경관** 등에 별도 규제가 적용 가능 - 데이터센터의 **신축·증축** 시 사전 협의 및 승인 절차 필요	지역별 조례나 지침에 따라 세부 규정 달라질 수 있음
대용량 전력 관련 (전기사업법, 전기설비기술기준, KEC 등)	산업통상자원부(MOTIE)	- 대규모 전력 사용시설(예: 산업단지, 대형 공장, 대규모 건축물 등)에 대한 전력공급 신청, 전력설비 안전 기준, 전기공사 설계·감리·시공 규정 - 전력사용량이 큰 시설에 대해서는 별도의 **변압기**,	- 데이터센터는 전력 사용량이 매우 큰 편이므로, **특고압(고압) 수전 설비, 이중화(duplex) 전원, 비상 발전기** 등의 규정을 준수해야 함 - 전기안전관리자 선임, 정기점검, **피크부하 관리**(Demand	지역 한전(KEPCO)과의 전력공급 협의 및 인입선 설계 필수 전력계통영

법령/규정	소관부처	주요 목적/내용	데이터센터 관련 핵심사항	비고
		수배전반, UPS, 발전기 설치 기준 등을 제시	Response) 등에 대한 의무가 부과될 수 있음	향평가
산업단지 관련 (산업집적활성화 및 공장설립에 관한 법률 등)	산업통상자원부(MOTIE)	- 국가·일반산업단지에 공장을 설립·운영할 때의 인·허가 절차, 공장설립 승인, 부지 분양 및 지원 정책 등을 규정 - 최근에는 첨단 정보통신·데이터산업을 유치하기 위해 일부 산업단지에서 데이터센터를 허용하거나 분양 우대	- **산업단지 내 데이터센터** 건립 시, 공장설립 승인 절차 대신 **지식산업센터** 혹은 **ICT융합시설**로 분류하여 설치가 가능함 - 설비투자 지원, 세제 혜택, 임대료 감면 등 **특화 지원**을 받을 수도 있음	각 산업단지별 개발계획·지구단위계획에 따라 차이가 큼
구조 고도화 관련 (도시개발법, 도시재생특별법 등)	국토교통부(MOLIT)	- 도시 구조 및 토지이용의 효율성을 높이기 위한 재개발·재건축·구조고도화 사업 규정 - 노후 지역이나 공업지역을 고도화·복합화하여 첨단지식산업단지, 데이터센터, 연구단지 등으로 전환하는 정책 지원	- **노후 공업지역을 데이터센터 단지로** 개발하거나, 기존 건물을 **리노베이션**해 서버실 등을 구축할 경우, 도시재생·구조고도화 사업의 범주에 들어 세제나 행정 인허가 절차 간소화 혜택 가능 - 주변 인프라(전력, 도로, 통신) 구축 지원 가능	지역별 도시재생계획에 데이터센터 유치 전략 반영 사례 증가
재생사업지구 관련 (도시재생 활성화 및 지원에 관한 특별법 등)	국토교통부(MOLIT)	- 도시재생사업지구 지정 후 공공인프라 정비, 상업·산업 기능 회복, 주거환경 개선 등을 촉진 - 스마트시티, 도시첨단산업, 문화복합시설 등 다양한 시설 유치를 통해 지역 활성화	- 도시재생사업지구에서 ICT 기반 스마트시티 구축의 일환으로 데이터센터(소규모 Edge DC 포함) 설립을 지원하는 사례 존재 - 주민·지자체 협의체를 통해 인허가 절차 진행, 각종 지원금·세제 혜택 받을 수 있음	규모가 큰 데이터센터보다는 에지(Edge) 데이터센터와 연계됨
클라우드컴퓨팅 발전 및 이용자 보호에 관한 법률 (약칭: 클라우드컴퓨팅법)	과학기술정보통신부(MSIT)	- 클라우드 서비스 산업 육성, 공공부문의 클라우드 이용 촉진, 이용자 보호장치(정보보호, SLA, 장애 대응) 등을 규정 - 클라우드 서비스 공급 사업자(CSP)와 이용자의 권리·의무, 보안 인증 제도, 서비스 안정성 확보 방안 명시	- **클라우드 인프라**를 운영하는 주요 거점이 **데이터센터** 이므로, 서비스 안정성·보안성·가용성을 충족해야 함 - 과기정통부 인증(예: CSAP) 취득 시 데이터센터 인프라 설계(물리적·기술적 보안) 요건이 까다로움 - 공공 클라우드 사업 진출 시 필수	공공기관 대상 클라우드 서비스에 대한 별도 보안인증 필요 (CSAP)

※ 표 해설 및 추가 안내

▶ 특화된 지침·고시
'데이터센터 구축 및 운영활성화를 위한 민간데이터 필수 시설 및 규모에 관한 고시'나 '집적정보통신시설 보호지침' 등은 직접적으로 데이터센터의 시설 요건, 보안, 규모 등을 구체화한 기준이다. 설계·시공·운영 과정에서 해당 지침에 따른 최소기준을 충족하거나, 권장사항을 적용하여 안정성과 가용성을 높여야 한다.

▶ 부지 선정 및 건축 인·허가
건축법 시행령, 지구단위계획, 산업단지 관련 법령 등을 통해 데이터센터 부지 용도가 적절한지, 건폐율·용적률, 높이 제한 등 건축 관련 규제가 없는지를 꼼꼼히 검토해야 한다. 특히 대규모 전력(고압 수전) 또는 신·재생에너지 설비를 계획한다면, 산업통상자원부(한전 등)와 전력 인입 절차를 사전에 협의해야 한다.

▶ 보안 및 정보보호 법규
정보통신망법, 클라우드컴퓨팅법, 집적정보통신시설 보호지침 등은 데이터센터 내 정보보호 및 물리보안 시스템 구축을 규정한다. IDC(Internet Data Center) 형태든 클라우드 데이터센터 형태든, 운영자는 정보보호 관리체계(ISMS), 개인정보 보호조치, 내부 보안규정 등을 갖춰야 한다.

▶ 재생사업, 도시구조 고도화
최근에는 도심 내 노후·유휴 부지를 활용해 데이터센터를 구축하려는 움직임이 활발하다. 도시재생·구조고도화 법령을 활용하면 인허가 절차 완화, 세금 감면, 기반 시설 정비 지원 같은 혜택을 받을 수 있다.

▶ 추가 고려사항
데이터센터가 지능정보화 핵심 인프라이자 데이터산업의 근간으로 떠오름에 따라, 정부 부처(과기정통부·국토부·산업부)와 지자체가 여러 지원책을 마련하고 있다. 이 외에도 소방법(소방시설 설치 및 안전관리에 관한 법률), 환경법(환경영향평가, 배출시설 관리 등), 에너지관련법(에너지이용합리화법, 신·재생에너지법) 등의 준수 여부도 함께 고려해야 한다.

표 2.4는 데이터센터 설립·운영과 밀접하게 연관된 국내 주요 법령·고시를 간략히 정리한 것으로, 실제 사업을 추진하실 때에는 **각 법령·지침의 원문과 행정기관(과기정통부, 국토부 등) 고시**를 반드시 확인하기 바란다. 데이터센터는 건축·전력·보안·재생에너지·도시계획 등 **다양한 분야의 법령이 교차 적용**되는 복합시설이므로, 초기 기획 단계부터 전문가·컨설턴트와의 협업이 필수이다.

<표 2.5> 데이터센터 건축 및 설비 관련 기준 (예시)

구분	권장 높이 / 설치 기준 (예시)	설계 시 고려사항	비고 / 참고
메인 서버실	- 바닥에서 천장(슬래브)까지: 4.0 ~ 6.0m (층고) - 실내 '청고(청정고)': 2.6 ~ 3.0m 이상 확보 - 이중마루 높이: 300 ~ 600mm 정도 (케이블, 공조 흐름)	- 천장 내부에 케이블 트레이, 덕트 (상부 공조), 소화설비 배관 등이 지나갈 공간 고려 - **냉각 효율**을 위해 핫/콜드 아일 설계 반영 - 상부 케이블 트레이 이용 시, 랙 상단과 트레이 간 간격 최소 200 ~ 300mm 이상 확보	- **TIA-942** 권장 기준 - **ASHRAE** 가이드 (온도/공조) 반영 시, 천장과 바닥 구조에 변동 가능
전기실 (MDF, UPS실 등)	- 층고: 3.5 ~ 4.5m 권장 - UPS·배터리실, 배전반실은 배선·배관 트레이 공간 고려하여 여유 높이 500mm+ 확보 - 배전반 거리는 1.2m 이상 확보	- UPS, 배터리랙, 메인 배전반 등의 **중량 설비**가 많으므로 바닥하중 및 진동 고려 - 전력 케이블·버스덕트(bus duct) 등의 **상부 설치** 시 안전한 작업 높이, 유지보수 공간 확보 - **배터리실**은 환기(유해가스 배출)와 내화구조도 중요	- 국내 **전기설비기술기준** 준수 - **내진·내화** 요구사항 (배터리/배전설비 안전관리)
기계실 (CRAC, 냉동기실 등)	- 층고: 3.5 ~ 4.0m 정도 (장비 규모에 따라 확대 가능) - 대형 공조기·냉동기 설치 시 **천장크레인** 또는 **장비 반입구** 높이 확보	- CRAC(Computer Room Air Conditioner), AHU(Air Handling Unit) 등 대형 장비는 유지보수·부품 교체 시 상부 접근이 필요 - 장비 반출입을 위한 **문·반입구 폭/높이** - 소음·진동이 크므로 **방진패드, 흡음재** 등 추가 설계 필요	- 건물 내·외부에 **냉각탑** 설치 시 별도 높이 공간 필요 - 응축수·배수 라인, 배관기밀성 등 점검 필수
서버 랙/캐비닛	- **랙(캐비닛) 높이**: 일반적으로 42U(약 2.0m), 45U(약 2.1m), 48U(약 2.2m) 등 다양 - 상부 케이블 트레이와 랙 최상단 간 최소 200 ~ 300mm 간격 확보	- 각 랙 간 간격(아일 간격): 핫아일 **1.0 ~ 1.2m, 콜드아일 1.2 ~ 1.5m** 정도로 인력 통행·유지보수 편의성 확보 - **랙 하부 앵커** 또는 이중마루 고정장치로 내진성능 강화 - 각 랙의 전원부(멀티탭 PDU), 네트워크 케이블 연결 시 **여유 길이** 및 선 정리 필요	- **TIA-942**에서는 랙 간 간격, 케이블 동선 등을 표준화 - **내진설계** 고려 시 랙 상부 브레이싱(Bracing) 적용 권장
이중마루 (Raised Floor)	- 높이: 300 ~ 600mm (주로 450mm 전후) - 하중: 일반적으로 1,000 ~	- 하부에 **냉기(Cold Air) 통로**로 활용 시, 균일한 풍량 분배 고려 - 배선·배관·소방설비 라인 동선이	- 패널 모서리/스트링거 강도, 접착·고정 여부가 중요

구분	권장 높이 / 설치 기준 (예시)	설계 시 고려사항	비고 / 참고
	1,200kg/㎡ 이상 지지 가능 (장비 밀집도, 랙 무게에 따라 상향 조정)	복잡해질 수 있으므로 **구획화** 설계 필요 - 패널 탈락 방지용 잠금장치 및 내진 브래킷 설치 - 랙이나 UPS 등 중량 장비 배치 시 하중 집중 구간 보강	- **방화, 정전기 방지** (Anti-Static Tile) 소재 사용 고려
케이블 트레이 / 덕트 높이	- 천장 상부(덮개 혹은 그물형): 2.5m 이상 높이에 설치 - 이중마루 하부: 300~450mm 공간에서 트레이 부설	- 전원/통신 케이블 분리(EMI·RFI 간섭 방지) - **케이블 중량 및 열발산** 고려하여 여유 공간 확보 - **탈출구, 소방 스프링클러, 조명** 등과 간섭이 없도록 위치·높이 조정 - 케이블 증설·변경 시 용이하도록 **트레이 배선 경로** 가독성 높여야 함	- 상부 배선 방식 vs. 하부 배선 방식은 **공조 전략**과 연계됨 - TIA-942: 통신 케이블과 전력 케이블 분리 루트 권장
복도/통로 높이	- 일반 작업동선: 2.5m 이상 - 대형 장비 이동동선(UPS, 냉동기 등): 3.0m 이상 확보	- 대형 장비 운반을 위한 **문·개구부** 폭/높이도 충분해야 함 - **소방·방재**를 위한 배연(排煙), 환기구 설치 고려 - 지게차, 핸드카트(장비 이동용)의 상부 공간 간섭 유무 점검	- 서버실 내부 '콜드 아일'도 작업동선과 겹치는 경우가 많으므로, 최소 2.6~3.0m 높이 권장
건축 구조물 슬래브 두께	- 일반 데이터센터 바닥 슬래브: 200~300mm - 중량 설비 구역(UPS실, 배터리실): 300mm 이상	- 슬래브가 **집중하중**(랙·UPS·배터리)이 걸리므로 구조해석 필수 - 내진·방진 설계와 함께 **진동에 의한 균열** 방지 대책 필요	- 국내 **건축법 시행령** 및 **KDS** (한국건설기술연구원) 구조 설계기준 준수

※ 표 해설 및 추가 사항

▶ 층고(Floor to Floor Height)와 천장청고(Clear Height)

데이터센터 층고를 4.0~5.0m 정도로 확보하는 이유는 천장 안쪽에 들어갈 덕트, 케이블 트레이, 소방 배관 등의 설치 공간이 상당히 필요하기 때문이다. 이중마루 높이(약 300~600mm)와 랙 상부의 작업·배선 공간, 조명기구 등을 고려해 '실제 작업 가능 높이(청고)'가 충분히 나오도록 계획한다.

▶ 전기실·기계실 높이

전기실(배전반, UPS, 배터리)이 위치할 곳은 배관·배선이 집중되고, 대형·고중량 장비 설치가 많아 층고를 약간 더 높게(3.5~4.5m) 잡는 경우가 많다. 기계실(CRAC, 냉동기 등) 역시 장비 높이 + 유지보수 공간 + 배관 연결부를 고려하여 충분한 높이를 확보해야 하며, 장비 반입구·크레인 시설도 고려된다.

▶ **랙/캐비닛 설치 기준**

표준 랙 높이로는 42U(약 2.0m), 45U, 48U 등이 많이 사용되지만, 고밀도 서버나 블레이드 서버 등을 사용하는 고밀도 데이터센터에서는 더 높은 랙(52~54U)을 쓸 수도 있다.
핫/콜드 아일 간격, 케이블 트레이와의 간격, 랙 전도 방지를 위한 앵커 고정 등 운영·유지보수 편의성과 안전을 최우선으로 고려한다.

▶ **이중마루(Raised Floor)와 하부 하중**

이중마루 하부에 냉기가 흐르거나 (Underfloor Air Distribution), 케이블이 다수 배치될 수 있으므로 '마루 패널과 스트링거(펜듈럼)'가 상당한 하중을 견딜 수 있도록 설계해야 한다. 배터리실이나 UPS실처럼 무거운 장비가 있는 곳은 이중마루 대신 콘크리트 바닥에 직접 설치하거나 이중마루를 별도 보강해야 하는 경우가 많다.

▶ **케이블 트레이/Cable Routing**

상부 배선 방식은 천장 공간의 높이가 충분해야 하며, 하부 이중마루 배선 방식은 마루 아래 공조 흐름과 간섭이 없도록 구획화 설계가 중요하다. 전원선, 통신선, 제어선 등은 '상호 간섭(EMI/RFI)'을 막기 위해 분리 트레이나 차폐 소재를 사용하는 것을 권장한다.

▶ **내진·방재 고려**

데이터센터는 내진 성능이 중요하므로, 랙 고정(브레이싱), UPS·배터리·중량 장비 앵커, 이중마루·천장 마감재 탈락 방지, 소방 배관 지지대 보강 등을 꼼꼼히 적용해야 한다. 재난 시 기능 유지를 위해, 화재 안전(소방·가스계 소화), 전력 이중화, 공조 예비 설비 등을 종합적으로 배치한다.

표 2.5는 데이터센터 건축·설비 시 **천장 높이, 전기실·기계실 높이, 랙 설치 기준** 등을 간단히 정리한 예시이다. 데이터센터는 고도로 복잡한 시설이므로, 실제 프로젝트에서는 다음을 종합적으로 검토하여야 한다.

- **건축법 시행령** 및 **구조·내진 기준**
- **전기설비기술기준, 기계설비기준**
- **TIA-942, ASHRAE** 등 국제 표준 (케이블링, 공조, 보안)
- **운영 목적(IT 장비 스펙, 고밀도/저밀도 구성)**
- **냉각 방식, 전원 이중화 설계, 소방/방재**

특히 랙, UPS, 배터리 등 중량 장비의 **배치 위치**와 **바닥하중, 내진** 성능을 충분히 고려하여 안전하고 효율적인 데이터센터 환경을 구축하길 바란다.

제 **3** 장

데이터센터 전력설비 설계

제3장 데이터센터 전력설비 설계

Data Centers Power Systems

디지털 전환 시대의 핵심 인프라인 데이터센터는 국가 경쟁력과 직결되는 전략 자산으로, 이의 안정성과 연속성 확보는 곧 산업 전반의 생존과 직결된다. 특히 데이터센터의 심장이라 할 수 있는 전력설비는 모든 정보 처리와 저장, 통신 기능의 기반이 되는 핵심 인프라로서, 그 중요성은 아무리 강조해도 지나치지 않다. 단 1초의 정전이나 전원 불안정도 막대한 경제적 손실과 사회적 혼란을 초래할 수 있으며, 이는 단순한 기술적 문제가 아닌 국가 안보와도 연결되는 중대한 사안이다. 따라서 데이터센터 전력설비의 신뢰성, 안정성, 확장성 확보는 미래를 대비한 필수 전략이며, 이에 대한 고도화된 기술적 접근이 절실히 요구된다. 이에 데이터센터를 기획하고 설계하는데 있어서 핵심적인 내용을 중심으로 설명하겠다.

3.1 데이터센터 전력 수요 산정 및 부하 분석

데이터센터는 서버, 스토리지, 네트워크 장비 등 IT 인프라와 이들을 지원하는 냉각·전력 설비가 복합적으로 구성된 고밀도 시설이다. **정확한 전력 수요 산정**은 운영 안정성, 비용 효율, 그리고 장기적 확장성을 동시에 확보하는 데 필수적이다. 본 장에서는 데이터센터 전력 수요 산정의 필요성과 방법론, 부하 특성, 구체적인 부하 밀도표와 냉각·부대설비 부하까지 종합적으로 다루었다.

3.1.1 데이터센터 전력 수요 산정의 필요성

- **안정적 운영과 장애 예방**

    데이터센터는 24시간 365일 중단 없이 서비스를 제공해야 하므로, 전력 용량이 부족할 경우 장애가 발생할 위험이 매우 높다. 전력 수요를 정확히 산정하고 이에 맞춰 설비를 구성함으로써, 장애 가능성을 최소화하고 SLA(서비스 가용성)를 충족할 수 있다.

- **효율적인 설비 구성과 경제성 확보**

    과대 설계 시 초기 투자비와 운영 비용이 불필요하게 상승하고, 과소 설계 시 부하 증가에 대응하지 못해 재투자나 서비스 중단을 야기할 수 있다. 정확한 부하 산정을 통해 총소유비용(TCO)을 최적화하고, 장비와 에너지 사용 효율을 높이는 전략을 수립할 수 있다.

- **미래 확장성(Scalability) 반영**

    데이터 폭증과 AI/HPC 등의 고밀도 서버 도입으로, 향후 전력 부하가 가파르게 상승할 수 있다. 설계 초기부터 **확장 여유율**과 **이중화 전략**을 고려하면, 재투자 부담과 확장 공사에 따른 다운타임을 줄일 수 있다.

3.1.2 전력 수요 산정 방법

1) IT 장비 기반 산정 방법

- **장비별 정격 전력 합산**

    서버, 스토리지, 네트워크 스위치 등 **각 장비의 PSU(Power Supply Unit) 정격 전력**을 합산하여 최대 부하(Peak Load)를 산출한다. 실제 동작 시 정격 전력 대비 다소 낮게 운영될 수 있으므로, **밸런싱 계수**(예: 정격의 80~90%)를 적용하기도 한다.

- **평균 부하율 고려**

    일반 서버 워크로드에서는 정격 전력의 50~70% 범위에서 실제 부하가 형성되는 경우가 많다. AI/HPC 장비의 경우 평균 부하율이 70~90%까지 올라갈 수도 있으므로, **워크로드 특성**(주어진 시간안에 컴퓨터 시스템이 처리해야 하는 작업의 양과 작업의 성격)을 면밀히 분석해야 한다.

- **피크 로드 시뮬레이션**

    월말 정산, 프로모션 이벤트, 배치성 작업(빅데이터 분석 등)과 같은 피크 시점에는 부하가 단기간 급증할 수 있다. HPC/AI 환경이라면 GPU가 동시 풀로드 되는 시나리오를 가정해 **최대 부하 상황**을 점검해야 한다.

2) 경험적 부하 예측 방법

- **유사 규모 센터 벤치마크**

  이미 운영 중인 유사 규모·유사 서비스 데이터센터의 **실측 전력 데이터**를 참고한다. 랙당 평균 소비전력(kW/rack), 전체 IT 부하(MW 단위), PUE 변동 추이를 비교·분석하여 신규 센터에 대입한다.

- **예상 성장률·확장 계획 반영**

  서비스 트래픽 증가, AI 서버·GPU 노드 도입, 신규 고객 유치 등으로 인한 **부하 증가율**을 모델링한다. 증축(Phase 1 → Phase 2 등) 시, 이미 확보해둔 전력·냉각 용량이 단계별로 확장되도록 설계할 수 있다.

3) 이중화 및 여유율 적용

- **장애 대비 이중화(N+1, 2N, 2(N+1))**

  전력 공급 중 한 모듈(UPS, 변압기, 발전기 등)에 장애가 생겨도 안정적으로 서비스가 지속될 수 있도록 이중화 수준을 결정한다. 예: N+1은 기본 N개 설비 + 여분 1대, 2N은 동일 용량의 설비 2세트 운영 등

- **여유율(Headroom) 반영**

  실제 부하 예측치에 **20 ~ 30% 내외**의 여유율을 더해 미래 확장이나 일시적 스파이크에 대응한다. HPC/AI 환경처럼 부하 변동이 큰 경우, 여유율을 최대 50%까지 고려하기도 한다.

3.1.3 부하 특성 분석

- **상시 부하가 많음**

  데이터센터의 IT 장비(서버, 스토리지 등)는 24시간 구동되므로, 기저부하(Base Load)가 매우 높다. 일반 건축물과 달리 야간·주말에도 큰 폭으로 부하가 줄지 않는다.

- **부하 변동 폭이 비교적 작음**

  공장·산업시설처럼 순간적으로 큰 부하가 발생하기보다는, 서서히 증감하는 형태를 띤다. 다만 특정 이벤트나 운영 스케줄에 따라 **피크 부하**가 일시적으로 높아지는 시

점이 있을 수 있다.

- **냉각설비 부하의 계절적 변동**

    IT 장비 부하는 대부분 일정하지만, 냉각설비(Chiller, CRAC, 쿨링타워 등)는 **외기 온도와 습도**에 따라 전력 사용량이 달라진다. 여름철에 냉각 부하가 증가하므로, **최고 냉방 부하**(Summer Peak)에 맞춰 설비 용량을 잡아야 한다.

- **고효율 설비 도입 필요성**

    전력 설비(UPS, 배전반, 변압기 등)와 냉각 설비에 대한 **고효율 장비 채택**은 에너지 비용 절감과 탄소 배출 저감에 직접 기여한다. 전력 사용 효율(PUE)을 모니터링하며, 지속적으로 설비 운영을 최적화해야 한다.

3.1.4 부하 밀도 추정

표 3.1은 일반적으로 참조되는 **랙별 전력 밀도(kW/rack)** 범위를 요약한 표이다. 데이터센터 설계 시, 실제 장비 리스트를 토대로 정확한 값을 산정해야 하지만 기본 계획과 설계를 할 때 도움이 될 수 있도록 추정 부하 밀도를 제시한다.

〈표 3.1〉 데이터센터 부하 밀도 추정(2025년 기준)

장비 유형	평균 부하 (kW/rack)	범위 (kW/rack)	특징 및 용도
HPC/AI 서버 랙	20 ~ 30	15 ~ 40	- AI/딥러닝, HPC GPU 서버 등 - CPU/GPU 밀집도가 높아 발열량 큼 - 냉각·전력 이중화 필수
일반 업무 서버	5 ~ 10	3 ~ 15	- 기업용 웹·애플리케이션 서버, 가상화 서버 등 - CPU 사용률 따라 전력 변동 - 엔터프라이즈 워크로드에 해당
스토리지 (NAS/SAN)	2 ~ 5	1 ~ 6	- 디스크·SSD 스토리지 - I/O 중심이라 서버 대비 전력 낮음 - 대용량 아카이빙, 백업에 적합
네트워크 장비 랙	3 ~ 8	2 ~ 10	- 코어 스위치, 라우터, LB, 방화벽 등 - 고밀도 모듈(100G/400G 등)에 따라 변동 - 통신실, 코어 스위치룸에 설치
레거시/ 저밀도 서버	2 ~ 3	1 ~ 4	- 구형 서버나 저밀도 구성 - 최신 장비 대비 전력 효율이 낮을 수 있음 - 점진적 교체 고려

※ 면적 기준(W/㎡) 산정

일부 설계에서는 ㎡당 **전력밀도(1,500 ~ 2,700W/㎡)**를 적용하기도 한다. 현대 데이터센터에서는 랙당(kW/rack) 기준이 더 많이 사용되며, 필요 시 ㎡당 부하로도 환산 가능하다.

〈표 3-2〉 데이터센터 부하 밀도 추정(2035년 추정 안)

장비 유형	평균 부하 (kW/rack)	범위 (kW/rack)	특징 및 용도
HPC/AI 서버 랙	30 ~ 60 (상승 추세)	15 ~ 100	- AI/딥러닝, HPC GPU 서버 등 - 고성능 GPU/TPU 밀집 장비, 발열량 큼 - 액체냉각 또는 액침냉각 설계 고려 필수
일반 업무 서버	5 ~ 10	3 ~ 15	- 기업용 웹·애플리케이션 서버, 가상화 서버 등 - CPU 부하에 따라 전력 변동 - 엔터프라이즈 워크로드용
스토리지 (NAS/SAN)	2 ~ 5	1 ~ 6	- 디스크 및 SSD 저장 장치 - I/O 중심으로 서버 대비 전력 낮음 - 대용량 백업 및 아카이빙 적합
네트워크 장비 랙	3 ~ 8	2 ~ 10	- 스위치, 방화벽, 로드밸런서 등 - 고밀도 모듈(100G/400G)에 따라 전력 증가 - 통신실 및 코어 스위치 룸 구성
레거시/저밀도 서버	2 ~ 3	1 ~ 4	- 구형 서버나 저밀도 구성 - 전력 효율 낮고 점진적 교체 대상

※ 표 설명

2029 ~ 2035년 글로벌 AI 데이터센터 트렌드에 따르면, 일부 GPU 밀집 랙은 80 ~ 100kW 이상까지 설계되고 있으며, Microsoft, Google, Meta 등은 100kW/rack급 고밀도 냉각 및 전력 인프라를 구축 중이다.(Goldman Sachs, IDC, Dell'Oro Group 등)

▶ 부속 설명

최근 고성능 AI 서버 및 GPU 클러스터를 중심으로, 데이터센터의 랙당 전력 밀도는 급격히 증가하고 있다. 특히 2024 ~ 2035년 예측에 따르면, AI 인프라 확장에 따라 평균 50 ~ 100kW/rack 수준의 초고밀도 설계가 요구되며, 이에 따라 액체냉각(Direct-to-Chip, Immersion), 고전압 수전 (154kV/345kV), 3상 분전 시스템 도입이 필수 요소로 부상하고 있다. 본 표(3-2)는 현재 국내외 실무 설계 기준과 미래 동향을 병기하여 구성하였으며, 설계 시점 및 워크로드 유형에 따라 유연한 적용이 필요하다.

3.1.5 데이터센터 전력 사용량 증가 추이

최근 AI 및 초대형 언어모델(LLM)의 확산, 하이퍼스케일 데이터센터의 구축 확대에 따라 데이터센터 전력 수요가 폭증하고 있는데 그 주요 추세는 다음과 같다.

2023년 전 세계 데이터센터 전력 소비는 **약 460TWh**로 추산되며, 이 중 AI 관련 수요는 빠르게 증가하고 있다. **2027년** AI 데이터센터 전력 소비만 **146TWh**로 예측되며, 연평균 45%씩 증가하는 수준이다. **2030년**에는 전체 데이터센터 전력 수요가 **2023년 대비 165% 증가**할 것으로 전망된다. 특히 랙당 전력 밀도는 2023년 8kW 수준에서 2027년에는 **30kW 이상**으로 급격히 증가하고, AI 훈련 전용 랙은 **최대 120kW**에 이를 수 있다. **2026년**에는 전 세계 데이터센터 전력 소비가 **1,000TWh**에 달할 것으로 예측되며, 이는 **한국 전체 전력 사용량의 2배**에 해당하는 수준이다.

3.1.6 냉각 및 부대설비 부하 산정

- **IT 장비 발열량 기반**

  서버·스토리지·네트워크 등이 사용한 전력은 그대로 열로 전환되므로, **1kW 전력 사용 → 1kW 열 발생**으로 본다. 이를 바탕으로 냉각 시스템(Chiller, CRAC, 쿨링타워 등)의 용량을 계산한다.

- **PUE 목표 및 계절 변동**

  고효율 데이터센터를 목표로 **PUE 1.3 ~ 1.5**를 달성하고자 한다면, IT 부하 대비 냉각+부대설비가 **약 30 ~ 50% 전력** 수준이 된다. 여름철 외기 온도가 높을수록 냉각 부하가 커지므로, **최대 냉방 부하(Summer Peak)** 기준으로 설계해야 한다.

- **Free Cooling 및 최신 냉각 기술**

  외기가 차갑고 습도가 낮은 지역에서는 **Free Cooling**(외기 냉방)이 가능해 냉각 설비 전력 사용을 대폭 줄일 수 있다. 수냉식, 액침냉각(Immersion Cooling), 지열 냉각 등 **신기술**도 점차 도입되어 효율 향상에 기여하고 있다.

3.1.7 종합 부하 산정 예시

아래 예시는 **가상 시나리오**이지만, 설계 시 유사 방식으로 접근할 수 있다.

- **IT 랙 수**: 500랙
- **랙당 부하(평균/최대)**: 10kW/rack (평균), 15kW/rack (피크)
- **이중화 구성**: N+1
- **PUE 목표**: 1.4
- **여유율**: 20%

- **IT 평균 부하**: 500랙 × 10kW = 5MW
- **IT 피크 부하**: 500랙 × 15kW = 7.5MW
- **평균 부하 시 전력(냉각 포함)**: 5MW × PUE 1.4 = 7MW
- **피크 부하 시 전력(냉각 포함)**: 7.5MW × 1.4 = 10.5MW
- **여유율 20% 적용**: 10.5MW × 1.2 = 12.6MW → N 용량
- **N+1 구성 시**: UPS, 발전기 등 전력설비는 12.6MW + 1모듈(또는 여분 용량) 형태로 준비

결과적으로 수전 설비(변압기 등)는 15 ~ 16MW 이상을 확보하고, 장애 시에도 12.6MW를 유지할 수 있도록 발전기와 UPS를 세팅한다.

3.1.8 운영 효율 및 모니터링

- **DCIM(Data Center Infrastructure Management) 도입**

  실시간으로 랙별 전력, 냉각 효율, 온도·습도 등을 관제할 수 있어 **PUE 관리**와 장애 예방에 큰 도움이 된다. 모니터링 데이터를 통해 **실제 부하 vs 설계 부하** 간의 차이를 파악하고, 필요 시 재배치(랙 로드 밸런싱)나 장비 증축을 계획한다.

- **정기적인 부하 재평가**

  신규 장비 도입, 업무 변화, 트래픽 증가 등으로 부하 패턴은 지속적으로 바뀐다. 최소 연 1회 이상 전력 사용량과 냉각 성능을 재평가해, 향후 모듈 증설이나 장비 교체 시 오차를 줄인다.

- **고효율 장비 채택 및 친환경 기법**

  최신형 UPS, 변압기, 냉동기 등 **고효율 등급**(에너지 스타 등) 장비를 선택해 장기적 에너지 비용을 절감할 수 있다. 옥상 태양광, 풍력, 수소연료전지 등 **신·재생에너지 연계**와 폐열 회수(지역 난방 재활용 등)도 ESG 측면에서 적극 고려되고 있다.

정확한 전력 부하 산정은 데이터센터 운영의 안전성, 비용 효율, 확장성을 동시에 보장하는 핵심 과정이다. **IT 장비 부하**(랙당 kW)와 **냉각·부대설비 부하**(냉방, UPS, 배전 등)를 함께 고려해야 하며, **PUE 목표**와 **이중화 전략(N+1, 2N 등)**, **여유율**을 종합적으로 반영해야 한다. **부하 밀도표**(kW/rack)와 **면적당 W/㎡** 기준을 활용해 랙 배치를 계획하고, 정기적으로 실측 데이터를 모니터링하여 설계값 대비 차이를 보정한다.

궁극적으로는 **DCIM 등 통합관리 시스템**을 통해 실시간 부하 정보를 얻고, 단계적 확장(Phase별 증설)을 원활하게 수행하는 것이 바람직하다.

3.2 수변전설비 및 배전계통 설계 기준

3.2.1 수전방식

전력회사로부터 공급받는 수전전압은 데이터센터의 경우 13,200V/22,900V 중성점 다중접지 방식을 배전전압으로 공급하고 있으며, 154,000V, 345,000V 전압 등급 중의 하나로 공급 받는다. 수전방식 중 저압에서는 대부분 1회선 단독수전방식을 가장 많이 사용하고 있고 고압 이상에서는 1회선 수전을 비롯하여 2회선 수전, 루프회선 수전 등의 방식이 쓰이고 있다.

1회선 수전방식은 일반적으로 소규모 및 중규모 부하에 널리 사용되고 있으며, 수전방식 중 가장 간단하고 경제적이지만, 배전선 고장시에는 정전범위가 넓어지는 단점과 함께 정전시간도 길어진다. 그러나 데이터센터처럼 중요설비에는 2회선 이상을 받아야 하는데, 2회선 수전의 경우 π인입수전은 인접건물에 전력을 공급해야 하기 때문에 전력회사측의 요망으로 시설한다.

본선, 예비선 수전은 정전시에 예비회선으로 수전할 수 있으므로 신뢰도는 높지만 설비비가 조금 높아지는 경향이 있지만 원래 데이터센터의 전력공급이 이 방식이 가장 바람직하다. 특별고압에서는 1회선 수전 및 2회선 수전 이외에도 스폿네트워크(SPOT-NETWORK) 수전이 사용되고 있다

2회선 수전의 경우 2회선 수전방식 이외에 루프수전방식이 있다.
스폿네트워크 수전방식은 3회선 이상으로 정전시간이 발생하지 않는다는 가정을 두고 수전하는 방식으로 신뢰도가 가장 높다. 즉 중요한 시설로서 공급용 배전선의 사고 또는 점검 등에 의한 정전 사고를 줄이기 위해서는 2회선 수전 또는 스폿네트워크 수전방식을 적극 검토하여야 한다.

<표 3.3> 수전방식의 비교

명 칭	특 징		장 점	단 점
1회선 수전방식			① 간단하며 경제적이다. ② 공사가 용이하다. ③ 저압방식에 많이 적용하고 있다. ④ 특고압에서도 소용량이 적정하다.	① 주로 소규모 용량에 많이 쓰인다. ② 선로 및 수전용차단기 사고에 대비책이 없으며 신뢰도가 낮다.
2회선 수전방식	LOOP 수전방식		① 임의의 배전선 또는 타 건물 사고에 의하여 LOOP가 개로될 뿐이며 정전은 되지 않는다. ② 전압 변동률이 적다. ③ 데이터센터에 적합하다.	① LOOP회로에 걸리는 용량은 전부하(타 건물 포함)을 고려하여야 한다. ② 수전방식이 다소 복잡하다. ③ 회로상의 사고복귀에 시간 걸린다.
	평행 2회선 수전		① 어느 한쪽의 수전사고에 대해서도 무정전 수전이 가능하다. ② 단독 수전이 가능하다. ③ 2회선 중 경제적이며, 국내에서 가장 많이 적용하고 있다. ④ 데이터센터에 적합하나 변전소 사고시 정전을 피할 수 없다.	① 수전선 보호장치와 2회선 평행수전장치가 필요하다. ② 1회선 수전방식에 비해 시설비가 많이 든다.
	본선 예비선 수전방식		① 선로사고에 대비할 수 있다. ② 단독수전이 가능하다. ③ 데이터센터에 가장 적합하다.	① 실질적으로 1회선 수전이라 할 수 있으며 무정전절체가 필요한 경우 절체용 차단기가 필요하다. ② 1회선분에 대한 시설비가 더 증가한다.
스폿 네트워크 수전			① 무정전공급이 가능하다. ② 효율 운전이 가능하다. ③ 전압 변동율이 적다. ④ 전력손실을 감소할 수 있다. ⑤ 부하 증가에 대한 적응성 크다. ⑥ 기기의 이용율이 향상된다. ⑦ 2차 변전소를 감소시킬 수 있다. ⑧ 전등 전력의 일원화가 가능하다. ⑨ 초대형 데이터센터에 적합하다.	① 데이터센터에 가장 적합하지만 시설 투자비가 너무 많이 든다. ② 아직까지는 보호장치를 전량 수입해야 한다. ③ 국내에는 아직 많은 실적이 없다.

데이터센터의 수변전설비는 안정적이고 고신뢰도의 전력 공급을 실현하기 위한 핵심 기반 인프라로서, 그 기술적·운영적 중요성은 데이터센터 전체 설비 중에서도 단연 독보적이다. 일반적으로 데이터센터는 한국전력공사로부터 345kV, 154kV, 또는 22.9kV급 전력을 공급받으며, 이를 데이터센터 내 다양한 부하 특성에 적합하도록 변환하여 공급하는 복합적 전력변환 체계를 갖춘다. 이 과정은 크게 특고압 변전소와 고압 배전설비로 구성되며, 구내에서는 이를 통칭하여 '수변전설비'라 칭한다.

이러한 수변전설비는 단순한 전력 수급 설비를 넘어, IT·기계설비·냉방시스템 등 데이터센터의 핵심 운영 인프라에 대한 전력을 안정적으로 공급하는 중추 역할을 수행한다. 특히 최근에는 시스템의 이중화와 고신뢰성 확보를 위하여 GIS(Gas Insulated Switchgear) 방식의 이중 구성 변전설비가 표준으로 채택되고 있으며, 이는 고밀도 설계와 높은 내환경성, 유지보수의 용이성을 바탕으로 고가용성(High Availability)을 요구하는 데이터센터 운영에 최적화된 구조로 평가된다.

데이터센터 수변전설비는 단순한 전기 공급을 넘어, 전체 ICT 생태계의 안정성과 확장성, 나아가 국가 디지털 경쟁력의 근간을 좌우하는 전략적 설비로서, 이에 대한 기술적 고도화 및 운영 효율화 전략은 필수적이다.

즉 데이터센터 전력 인프라는 **수변전설비**(외부 전력을 받아들이는 설비)와 **배전계통**(내부 분배 설비)으로 구성된다. 안정적인 전력 공급은 데이터센터 운영의 핵심이므로, **고신뢰성, 고효율성, 이중화(N+1, 2N 등), 확장성**을 모두 충족하도록 설계하여야 한다.

〈표 3.4〉 복수 수변전설비에 대한 배전방식 기본형

	중간전압을 설치해서 배전할 경우	수전전압으로 배전할 경우
① 나무가지형 배전방식		

	중간전압을 설치해서 배전할 경우	수전전압으로 배전할 경우
② 상용예비 방식		
③ 루프배전 방식		
④ 스폿네트워크 방식		
⑤ 델타네트워크 방식		

〈그림 3.1〉 154kV GIS 변전소

3.2.2 수변전설비 설계 개요

1) 고압(또는 특고압) 수전 방식

대체로 22.9kV, 154kV, 345kV 등을 통해 전력을 수전 받는다. 대형 센터일수록 154kV 또는 345kV 직접 연계를 고려하게 되며 별도의 GIS(Gas Insulated Switchgear) 변전 시설이 필요하다.

2) 전력 공급 신뢰성 확보

이중 모선 또는 다중 계통(A/B 라인) 방식을 적용해 한 계통 장애 시 다른 계통으로 즉시 전환함으로써 무정전을 달성한다. 송전선로 자체가 2개 계통인 '다중 계통 수전' 방식을 사용하면 신뢰도가 더욱 높다.

3) 변압기 용량 및 여유율

최대 부하 용량 + 여유율(20 ~ 30%)을 고려해 변압기를 선정한다. 효율이 높은 변압기를

채택하면 장기 운용 비용(손실) 절감에 기여한다.

4) 확장성(Scalability) 고려

향후 부하가 늘어날 것을 감안해 전력회사와 사전 계약 용량을 협상하고, **부지·배전설비**를 모듈형으로 설계한다.

3.2.3 배전계통 설계 기준

1) 신뢰성·가용성(N+1, 2N)

전력 공급이 단일 장애로 중단되지 않도록 **이중화 배전망**을 구성한다. 서버룸 단위 듀얼 피드 공급, 메인 배전반 2세트(2N) 등의 방식을 채택해 무정전에 근접한 운영을 실현한다.

2) 유지보수 시 무정전 유지

설비 장애뿐 아니라 계획된 정기 점검 중에도 전력 공급이 유지되도록 **CTTS(Closed Transition Transfer Switch), STS(Static Transfer Switch)** 등을 배치한다.

3) 전력 손실 최소화

고효율 버스덕트, 에너지 효율 높은 케이블·차단기를 선정하고, 배전 간선 길이를 최소화하는 **레이아웃 설계**를 진행한다.

4) 배선 방식, 버스 덕트 vs 케이블 트레이

버스 덕트(Bus Duct): 대전류 전송에 안전·효율적, 중·대형 센터에서 선호. 증설 시 모듈 추가가 비교적 용이, 케이블 트레이, 설치 공정이 비교적 단순하나, 증축·변경 시 재작업 부담이 있을 수 있다.

3.2.4 수변전방식 및 중요사항 비교표 (22.9kV ~ 345kV)

표 3.5는 22.9kV, 154kV, 345kV 등 국내 데이터센터에서 적용할 수 있는 주요 수전 전압 (또는 방식)과, **이중 모선/다중 계통 수전** 구성 방식을 함께 비교한다.

<표 3.5> 수변전방식과 중요사항 비교표

구분	22.9kV	154kV	345kV	이중 모선 방식	다중 계통 수전
적용 규모	- 중·소형 데이터센터 - 부하 수MW ~ 수십MW	- 대형 ~ 초대형 데이터센터 - 40MW 이상 고밀도 규모	- 초대형(메가 클라우드 IDC) - 100MW 이상 또는 장거리 송전 필요	- 중형 ~ 초대형 센터 (계통 이중화)	- 대형 ~ 초대형 센터(서로 다른 송전망 수전)
인프라 요구 사항	- 변전실(22.9kV → 380/400V 변압기) - 수전반	- 대규모 GIS 변전소 - 안전구역 (방호벽·울타리 등) 확보	- 초고압(345kV) GIS/변전소 - 매우 넓은 안전구역 및 전원설비 요구	- 메인 모선/배전반 2세트 구성 - 교차 유지보수 가능	- 2개 이상의 완전 분리 송전선로 - 배전실·케이블 경로 분리
설비 투자비	- 상대적으로 낮음	- 높음 (특고압 GIS·차단기·절연장치 고가)	- 최고 수준 (초특고압 설비·대형 GIS·절연장치 매우 고가)	- 단일 모선 대비 2배 투자 (2세트 설치 구성)	- 송전선로·변전시설 2중화 투자비 및 공사비 매우 높음
전력 손실 및 효율	- 전압 낮을수록 장거리 배전 시 손실 다소 큼	- 특고압 장거리 송전 시 손실 최소화 가능	- 초특고압(345kV) 장거리 송전 시 손실 가장 적음	- 장애 시 신속 전환 가능 무정전에 가까운 신뢰성	- 물리적 계통 분리 가장 높은 무정전 가능성
신뢰도 (가용성)	- 단일 계통(N 구성)일 경우 장애 시 위험	- 전력회사 차원에서 우선순위 높은 공급 가능	- 국가급 핵심 송전망 (전력회사 관리 우선 순위↑)	- 한 모선 장애에도 즉시 다른 모선으로 전환	- 한 계통 마비 시 다른 계통 통해 공급 지속
부지· 시설 요구	- 변전실·수배전실 규모 비교적 소규모 가능	- 대규모 옥내/옥외 GIS 공간 소음·전자파 방호 설계 필수	- 광범위 옥내/옥외 변전소 345kV 절연 구간, 안전거리 매우 큼	- 배전실·모선실 2세트 - CTTS/STS 구간 고려	- 2개 이상의 송전 계통 수전 라인·배전망 물리 분리
장점	- 초기 건설비 비교적 저렴 - 중·소규모 센터 적합	- 대형·초대형 부하에 적합 - 전력회사 계통안정 기여 가능	- 초대형 IDC 장거리 송전 적합 - 안정적 공급, 대규모 확장 가능	- 장애 시 자동 전환 유지보수 중에도 무정전 운용	- 완전 분리 계통 SLA 99.999% 이상 요구 환경 적합
단점	- 부하 확대 시 빠른 용량 한계	- 공사·허가 절차 복잡	- 허가·행정절차 매우 복잡	- 설비 구성 2배 투자비·운영	- 2개 송전선·2개

구분	22.9kV	154kV	345kV	이중 모선 방식	다중 계통 수전
	도달	- 투자·운영비 높음	- 설치·유지보수 전문성 및 비용 높음	복잡도 증가	변전 설비 투자비·운영비 최상위 수준
주요 적용 사례	- 소형 IDC, 코로케이션 - 사무실 겸용형 센터	- 통신사·공공기관 대형 IDC - 글로벌 클라우드 하이퍼스케일	- 미국 등 일부 국가의 초대형 센터 - 국내에는 드문 편	- 공공/금융/클라우드 IDC - 24/365 무정전 필수 환경	- 국가 중요시설 IDC - 최고등급 가용성 필요 클라우드
추가 고려 사항	- 향후 66/77kV 전환 또는 상위 전압 증설 대비 (국내 표준전압 아님)	- 지역민원·행정절차 환경평가 등 복잡 40MW 이상시 고려	- 345kV 직접 수전 시 전문 변전소(345→중저압) 건설 필요	- CTTS/STS 제어 시뮬레이션 정기 점검 계획 필수	- A/B 계통 완전 분리 (서로 다른 변전소·송전선로) 필요

※ 표 활용 팁

▶ 전압 수준

- **22.9kV:** 중소규모 데이터센터, 초기 비용 저렴, 그러나 대형, 초대형의 확장성이 재한됨.
- **66/77kV:** 중형 이상 데이터센터, 적절한 신뢰성·투자비 균형(현재 한국에서는 이 전압이 표준전압에서 제외됨)
- **154kV:** 대형·초대형 데이터센터, 안정적 공급과 확장성이 우수함.
- **345kV:** 특고압, 대규모 초대형 IDC 사례, 국내에서는 현재 추진중인 부산 500MW급 데이터센터와 1GW급 구례데이터센터, 전라남도 해남 솔라시도에 계획된 3GW급 데이터센터가 계획되고 있다.

▶ 이중 모선 / 다중 계통

- **이중 모선:** 단일 계통 내 모선을 2세트로 구성해 장애 시 빠른 전환.
- **다중 계통:** 물리적으로 독립된 송전선로 A/B 계통, 가장 높은 신뢰도. 투자·운영비 가장 큼.
- **수전설비:** 외부 전력망으로부터 안정적 전력을 인입하는 시작점. 변압기 용량, 이중 모선·다중 계통 수전 방식을 통해 무정전 공급을 실현함.
- **배전계통:** 내부 장비(서버룸·설비실)에 전력을 효율적으로 분배하며, N+1, 2N 등 이중화 전략으로 장애·유지보수 시에도 무중단을 달성해야 함.
- **22.9kV ~ 345kV**의 전압 수준은 데이터센터 규모·부하량·확장성·예산 등을 종합 판단하여 선택.

> • **이중 모선·다중 계통 수전**은 신뢰도와 투자비 간의 트레이드오프가 존재하므로, SLA 요구사항에 맞춰 최적 방식을 결정.

3.3 고압 및 저압 전기설비 설계 실무

3.3.1 고압(또는 특고압) 수전 및 중전압 공급 방식 비교

표 3.6는 **고압/특고압 측에서 전력을 인입**하여, 내부에서 모터, 발전기, UPS 등의 사용을 위한 **중전압(11kV, 6.6kV)로 배분**하는 대표적인 조합을 비교한 것이다. 대형 데이터센터를 설계하는데 있어서 2차 전압인 고압 부분을 11kV로 할 것인지 6.6kV로 할 것인지에 따라 향후 5년 후 또는 10년 후 전력손실 등 운영비에 큰 차이를 줄일 수 있다. 그렇기 때문에 전기 설계 시 아주 중요한 사항에 해당 된다. 그렇기 때문에 다음 표를 참고하여 기본설계부터 철저히 비교 분석하여 결정해야 한다.

〈표 3.6〉 고압 수전 및 중전압 공급방식 비교

구분	345/154kV	345/11kV	345/6.6kV	154/11kV	154/6.6kV	22.9/11kV	22.9/6.6kV
공급 전압 구성	- 대외수전: 345kV - 내부 배전: 154kV	- 대외수전: 345kV - 내부 배전: 11kV	- 대외수전: 345kV - 내부 배전: 6.6kV	- 대외수전: 154kV - 내부 배전: 11kV	- 대외수전: 154kV - 내부 배전: 6.6kV	- 대외수전: 22.9kV - 내부 배전: 11kV	- 대외수전: 22.9kV - 내부 배전: 6.6kV
적용 규모	- 초대형(수십~수백MW)	- 초대형(수십MW~) 고밀도 센터	- 초대형(수십MW~) 고밀도 센터	- 대형(수십MW급)	- 대형(수십MW급)	- 중형(수~수십MW)	- 중형(수~수십MW)
장점	- 국가 핵심 송전망 높은 안정성	- 초특고압 직접 인입 장거리 송전 손실 적음	- 6.6kV 배전으로 장비(발전기·모터) 적용성↑	- 특고압으로 안정성 ↑ 전력회사 지원 우선	- 6.6kV 내장비(발전기·냉동기) 활용성 높음	- 22.9kV 수전 허가 절차 상대적 단순	- 6.6kV 중전압 배전 차단기·케이블 구경 커짐
	- 장거리 전송 손실 최저 확장성 뛰어남	- 내부 11kV 배전으로 모터·UPS 등 적용 용이	- 고밀도 부하(UPS·발전기) 연결 시 중전압 활용 용이	- 대형 IDC 표준적 방식 기술 인프라 많음	- 대용량 UPS, 발전기 유연한 연결 장점	- 중형 IDC에 적합 비교적 공사비 낮음	- 중형 IDC 6.6kV 배전 유입 변압기 간소

구분	345/154kV	345/11kV	345/6.6kV	154/11kV	154/6.6kV	22.9/11kV	22.9/6.6kV
단점	-초기 설비 투자비 매우 큼 행정 절차 복잡	-345kV GIS·변압기 건설 비용↑	-특고압+6.6kV 변압 설비 초기 투자 증가 내부 손실 증가	-154kV GIS·변압기 허가·민원 부담	-154kV→6.6kV 변압 설비 건설비·공간 늘어남	-22.9kV 한계로 장기 확장 시 용량 제한	-22.9→6.6kV 변압기 장비·배선 이중화 필요
	-345kV→154kV 2단 변압 복잡한 설계	-운용 전문 인력 필요 높은 전압 안전관리	-운용 인력 전문성 높음 여유 부지·GIS 필수	-중간 변전소, GIS 설비 비용 부담	-유지보수 복잡 민원 가능성 (소음·EMF)	-대형 부하(30MW 이상) 시 용량 문제	-중대형 부하 동시공급 시 증설 플랜 필요
데이터센터 적용 시사점	-초대형 클라우드 IDC 하이퍼스케일 특화	-345kV 직수전+11kV 내부 배전 HPC/AI 센터	-발전기·냉동기·UPS 6.6kV 활용 초고밀도 센터	-국내 대형 IDC 표준 공공·금융·통신사 선호	-6.6kV UPS·모터 결합 고효율 운영 가능	-중형 IDC, 코로케이션 센터 예산 절감형	-6.6kV 발전기·냉동기 중심 중형 IDC 무난

> ※ 표 해설
>
> ▸ **345/154kV**: 초특고압(345kV)로 인입 후 154kV로 1단 변압하여 내부 배전을 구성하는 형태. 장거리 송전 손실을 극도로 줄이나, 구축 비용과 허가 절차가 가장 까다로움
>
> ▸ **345/11kV, 345/6.6kV**: 345kV 초특고압을 직접 받아와 11kV 또는 6.6kV로 변환해 센터 내 중전압 배전망 운영. 초대형 IDC에서 채택 가능하지만, 변압 설비·GIS 등 초기 투자비가 매우 높음
>
> ▸ **154/11kV, 154/6.6kV**: 국내 대형 IDC에서 가장 보편적으로 쓰이는 특고압(154kV) 수전. 이후 11kV나 6.6kV로 내려 내부 UPS·발전기·냉동기 등과 연계 용이
>
> ▸ **22.9/11kV, 22.9/6.6kV**: 중형 IDC나 코로케이션 센터에서 많이 쓰이는 방식. 확장성은 한계가 있으나, 설비 투자비와 허가 절차가 상대적으로 단순해 **10MW ~ 40MW 이하** 수준 데이터센터에 적합

3.3.2 저압 공급 전압 비교 (220V / 380V / 440V)

표 3.7은 데이터센터 **저압 배전**에서 자주 언급되는 220V, 380V, 440V 삼상(또는 단상) 전압을 비교한 것이다. 실제로는 국가·지역 표준(미국: 208/120V, 한국: 380/220V 등)에 따라 다를 수 있으나, 설계 시 각 전압 수준을 적용했을 때의 장단점과 적용 사례를 파악하는 데 도움이 된다.

〈표 3.7〉 저압공급 전압 비교

항목	220V	380V	440V
주요 용도	- 사무실, 일반 건물	- IDC(기본 LV 배전) (3상 380/220V)	- 특동력용, 사무실, 전등, 전열
데이터센터 적용 사례	- 일부 서버 랙 (단상 220V)	- 국내 IDC 표준 (3상 380/220V) UPS·랙 PDU 등	- 대용량 모터·UPS 등
장점	- 소규모 장비 사용 편리	- 국내/유럽/아시아 대부분 표준 부품 수급 용이	- 상대적으로 선간전압 높아 대용량 장비에 적용
단점	- 데이터센터 핵심 설비 대규모 부하 사용 시 전선 굵기 커져야 함	- 선간전압(380V)이 미국(208V)과 달라 일부 장비 변압 필요	- 대지전압이 높아 안전에 주의
전력 밀도 및 배선 효율	- 대규모 서버 랙 적용 시 저전압 → 전류↑ 케이블 굵어야 함	- 삼상 380V → 중성선(N) : 220V 서버·UPS 배치 유연	- 선간전압 높아 동일 용량 대비 전류량 적음
적합성 (데이터센터)	- 소규모·레거시 서버 사용 (단상 전원)	- 대부분 국내 IDC에서 3상 380/220V 표준 채택	- 해외(미주 지역) 대형 IDC (예: 480V/277V 겸용) 국내는 적합함

※ 표 해설

▶ **220V**: 소규모 장비·레거시 서버(단상)에서 흔히 사용. **대규모 랙**에 적용 시 전선 굵기가 커지고 효율이 떨어질 수 있음.

▶ **380V**: 국내·유럽 표준에 근접한 **3상 380/220V** 배전이 데이터센터에서 가장 일반적. UPS, 랙 PDU 등 상·선 탭 방식 설계가 풍부하게 확보되어 있음.

▶ **440V**: 해외(미국 등)의 **480V/277V** 시스템과 유사하게 고전압 저전류 방식으로 배전하기 좋음. 국내에서는 비표준 전압이지만, 그러나 많이 사용하고 있음.

■ **종합 시사점**

① 고압/특고압 수전 + 중전압 분배

대형·초대형 데이터센터에서는 154kV·345kV 수준으로 수전받은 뒤, 내부에서 **11kV 또는 6.6kV**로 변압 후 UPS, 발전기, 냉동기 등을 중전압으로 운용하는 방식을 선호한다. 투자비와 허가 절차가 까다롭지만, 높은 안정성과 확장성을 확보할 수 있어 **하이퍼스케일 센터**에 적합하다. 중형 센터(수 ~ 40MW급)는 22.9kV로 수전 후 11kV or 6.6kV로 분배하는 방식도 무난하게 적용 가능하다. 이 부분은 이분야 전문가에게 자문을 받는 등 신중히 검토되어야 한다.

② 저압 배전(서버·IT 장비)

국내 IDC는 **3상 380/220V** 체계를 주로 사용하며, 서버 랙 안에서는 단상 220V 분배가 일반적이다. 일부 해외 장비(미국 표준 208/120V, 480/277V 등) 도입 시 변압이 필요할 수 있으므로, 국제 수출입 장비 사용 계획이 있다면 **맞춤 변압기**를 병행 설계한다.

③ 설비 선택 기준
- **규모(부하MW):** 초대형 IDC라면 154kV ~ 345kV 수전 + 11kV/6.6kV 내부 배전을 검토하여야 한다. 그러나 중소형이라면 22.9kV 수전 → 6.6kV/440V의 전압으로 단순화 하는 경우도 있다. 이 경우는 소용량에 해당된다.
- **장비 호환성:** UPS, 발전기, 냉동기 등 주요 부하가 중 전압(6.6kV/11kV)을 지원하는지 확인하여 설계에 반영하여야 하고, 저압(380V/220V)의 경우 서버 랙 표준과 부합하는 지를 하나 하나 검토하여야 한다.
- **예산·허가:** 고압 인입(345/154kV 등)은 건설비, 계통 연결 비용, 주변 민원 등 행정 절차가 복잡할 수 있으므로 기본설계부터 면밀히 검토하여야 한다.

3.4 전압강하

1) 국내 규정

전압강하는 모든 전기설비에서 중요하지만, 특히 데이터센터에서는 대용량으로 24시간 365일 거의 일정한 부하가 운전되고 있으므로 전압강하는 더욱 중요하다. 다음은 데이터센터의 전압강하를 국내와 규정을 통해 정리하였으니 설계 시 참고하기 바란다.

2) 한국전기설비규정(KEC, Korea Electrical Code)

KEC에서는 배선설계 시 전압강하를 제한하는 구체적인 수치를 제시하고 있다. 일반적으로 '수용가인입점부터 부하 말단까지'의 전체 전압강하 허용 한계를 5% 이내로 권장하고 있다. 세분화해서 '간선(Feeder)에서 약 3%, 분기회로(Branch)에서 약 2%'로 관리하는 것을 권고하고 있다. 이는 일반 건축물(건물 전반의 전기설비) 기준이며, 데이터센터와 같은 특수·중요 부하의 경우 3% 이내, 더 엄격하게 2% 이내를 권장하고 싶다.

3) KSC/KS규격

KSC에서 저압 배선 기준(일반 건물 전기설비)을 다룰 때도, KEC와 유사하게 **3% ~ 5% 범위를 가이드라인**으로 제시하고 있다.

4) 한국전기안전공사 자료

한국전기안전공사에서 발간하는 기술자료에서도 일반 건축물의 전압강하 한도를 5% 내외로 안내하고 있다. 다만 UPS, ICT장비, 서버랙, 네트워크 스위치 등 민감·중요 부하를 갖는 시설에서는 전압 안정도를 높이고, 장비 오동작이나 고장을 방지하기 위하여 **2% 이하**로 설계하는 것이 바람직하다는 권장 사항이 제시되어 있다.

3.4.1 해외 규정 및 기술자료

1) 미국 NEC(National Electrical Code, NFPA 70)

NEC 권장 전압강하

NEC(Article 210.19(A) FPN, Article 215.2(A)(4) FPN 등)에서는 '3% 전압강하'를 권장 가이드라인으로 두고 있다. 주요 간선(Feeder) 및 분기회로(Branch Circuit)를 포함한 총합 전압강하는 5%를 넘지 않는 것이 좋다는 권고(Notmandatory but recommended)를 하고 있다.

데이터센터 및 중요 부하

실제 데이터센터에서는 NEC의 권고보다 더 엄격한 기준(1% ~ 2%대)을 목표치로 삼기도 한다. 이유는 서버, 네트워크 장비, 정밀 전자장비 등이 전원전압 변동에 매우 민감하기 때문이다.

2) TIA-942(Telecommunications Infrastructure Standard for Data Centers)

TIA-942에서의 전압강하 제어

TIA-942는 데이터센터의 통신 인프라 측면을 중점적으로 다루지만, 전기설비에 대한 일반 권장사항도 언급한다. 데이터센터 내 주요 분전반(PDU)부터 랙(Rack)까지 전압강하가 2% 이하가 되도록 설계하는 것을 권장한다. 민감 부하(고성능 서버, 스토리지 등)가 밀집된 구역은 최대 1~2% 이내로 더욱 제한하는 것이 바람직하다고 안내한다.

3) Uptime Institute (Tier Standard)

Tier Standard: Design & Facility

Uptime Institute의 Tier 표준에서는 직접 전압강하 수치를 명시적으로 제시하지는 않고 있다. 그러나 Tier III, Tier IV 등급에서는 한 라인(Feeder) 혹은 한 분전반 장애에도 부하에 영향을 주지 않는 이중화 및 안정적 전압공급을 강조한다. 이에 따라 실무적으로 여러 엔지니어링 그룹(또는 컨설팅사)은 Tier III 이상에서는 서버 부하점(최종 설비)에서 전압 편차를 **2% 미만**으로 관리하도록 설계 권장을 한다.

4) IEC 60364 시리즈(국제전기기술위원회)

IEC 60364-5-52 등에서 전압강하에 관한 일반적인 권장치로 4~5%를 제시되고 있다. 하지만 이는 일반 건축물 기준이며, 데이터센터 및 필수적인 중요 부하의 경우, 국제적으로도 3% 이하, 가능하면 2% 이하로 더 엄격히 운용한다.

5) BICSI 002(Data Center Design and Implementation Best Practices)

BICSI 002에서는 데이터센터 내 케이블링 및 전원 분배에 대한 권장사항을 다루며, 전체 전압강하가 3%를 넘지 않도록 명시하고 있다. 심야 전압조정, UPS 연계 시 부스덕트/버스웨이(busway) 사용 등도 고려하여, **최종 랙/서버 노드에서 2% 이하**가 이상적임을 권장한다.

3.4.2 실무적 엔지니어링 관행 및 권장사항

국내·외 법적 최대 허용치는 대략 5%

(간선부 3% + 분기부 2%) 혹은 (간선부 2% + 분기부 3%) 등 조합으로, 전체적으로 5% 이내로 관리하라는 것이 일반적인 법·규정 수준이다.

데이터센터·민감 부하

고가용성이 요구되는 데이터센터에서는 일반 빌딩보다 훨씬 stricter(더 엄격한) 기준이 요구된다. 통상 전원 분배계통 설계 시 **최종 부하(서버, IT장비, UPS, PDU 등)에서 2% 이내**를 목표로 하며, 일부 Tier IV급이나 금융·통신·정부 기관 특급 시설은 **1%대**로 설계하기도 한다.

에너지 효율

전압강하가 클수록 배선에서의 전력손실(선로 손실)이 증가하고, 설비 용량이 과도하게 커질 우려가 있다. 대형 데이터센터는 전력 사용량이 매우 크므로, 전압강하를 줄이면 장기적인 에너지 비용을 절감할 수 있어 경제적으로도 이점이 크다.

부스웨이(Busway) 또는 대형 트렁킹 시스템 활용

부스웨이(버스덕트) 시스템은 케이블 대비 절연, 접속, 설치 간편성 측면에서 장점이 있으며, 전압강하를 줄이는 데에도 이점이 있다. 마찬가지로 저저항 케이블(큰 단면적, 품질 우수한 도체) 사용, 중간 패널 배치를 통해 케이블 길이를 단축하는 설계도 전압강하를 줄이는 핵심 전략이다.

UPS, PDU, RPP, Bus Tap 간 분산화

데이터센터 설계에서 UPS실-배전반(MDP)-분전반(PDU)-RPP(Remote Power Panel)-최종 랙(Rack)으로 이어지는 체계를 최적화하여 케이블 길이를 짧게 하고, 전압강하 요구치를 충족하도록 주의 깊게 레이아웃을 설정한다.

3.4.3 요약 정리

국내(KEC 등)

일반 권고치는 간선/분기회로 각각 3% ~ 2% 또는 합계 5% 이하로 권고하고 있다. 하지만 데이터센터의 경우는 2% 이내로 설계하는 것을 권장한다.

미국(NEC), 유럽(IEC) 등 해외
일반 시설에는 3% ~ 5%를 권장하고 있지만, 데이터센터와 같이 민감한 부하에서는 2% 이하(종종 1 ~ 2%)로 설계하는 것을 권장한다.

TIA-942, BICSI 002, Uptime Institute Tier Standard
데이터센터 권장기준으로 최종 서버/랙 단에서 2% 이하가 이상적이다.

실무 설계 시
케이블 굵기 증대, 부스웨이 시스템 적용, 분산 배치 전략 등을 통해 전압강하를 최소화하도록 해야 한다. 특히 안정적인 전압 공급으로 서버·네트워크 장비 동작 신뢰도를 높이고, 장기적인 에너지 비용 절감 효과도 있다.

대형 데이터센터에서의 전압강하 설계 기준은 단순 법적 최대 허용치(약 5%)보다 훨씬 엄격하게 **2% 혹은 그 이하**로 맞추는 것이 일반적이며, Tier 등급이 높은 시설은 1 ~ 2% 수준으로 관리하는 사례도 많다. 국내 KEC와 미국 NEC에서 제시하는 전압강하 권장치(3% ~ 5%)는 '전반적인 전기설비'를 대상으로 하는 것이나, 데이터센터처럼 전원 품질이 중요한 곳에서는 '가능한 낮은 전압강하' 설계를 권장하고 있다.

참고 문헌 및 자료
한국전기설비규정(KEC), 한국전기설비기술기준위원회(대한전기협회)
한국산업표준(KS C IEC 60364 시리즈)
NEC(NFPA 70): National Electrical Code, NFPA
TIA-942: Telecommunications Infrastructure Standard for Data Centers
Uptime Institute: Tier Standard: Design & Facility
BICSI 002: Data Center Design and Implementation Best Practices
IEC 60364-5-52: Cable selection and installation

한국전기안전공사 기술자료 (전기설비 설계지침서, 일반 건축물 및 특수 건축물 전압강하 가이드라인), 이상으로 대형 데이터센터 전기설계 시 전압강하 허용범위에 대한 국내외 규정 및 실무적 기준을 종합하여 정리하였다. 데이터센터 특성을 고려할 때는 표준 권장사항보다 더욱 엄격한 전압강하 관리가 중요하오니, 설계 초기 단계부터 충분히 고려해주시길 권장한다. 다음 표는 앞에서 설명한 자료를 기반으로 설계 시 적용하기 쉽도록 표 3.8로 정리한 것이다.

<표 3.8> 전압강하 허용범위 (국내 및 해외 규정/기준 비교표)

구분	규정/표준명	전압강하 한도(권장%)	대상/환경	비고
국내	한국전기설비규정(KEC)	- 일반 건축물: 간선(Feeder) 3% + 분기회로(Branch) 2% → 합계 5% 이내 - 데이터센터 등 중요 부하: 2% 이내 권장	- 국내 전기설비 전반에 적용되는 기본 규정 - 데이터센터는 민감 부하로 분류 가능	- 법적 의무기준보다는 '권장' 성격이지만, 실제 설계·감리에서 중요 참고 사항 - 2% 이하 목표 시 케이블 굵기/길이, 분산 배치(분전반·UPS실 등) 고려 필요
국내	KS규격(KSC/KS C IEC 시리즈)	- 일반적으로 KEC와 유사(5% 이내) - 데이터센터 등 특수 부하: 2% 이하 권장	- 국내 산업표준에서 전선 규격, 설치 기준 등을 다룸	- KEC와 거의 동일한 수준의 가이드라인 - 데이터센터 전원 품질 향상을 위해 2% 이하(엄격) 적용 사례 증가
국내	한국전기안전공사(KESCO) 기술자료	- 일반 건축물: 5% 이내 권장 - 민감·중요 부하(UPS, 서버 등): 2% 이하 권장	- 전기 안전·설비 기술기준 정리·교육 목적	- 권장사항 형태로 제시 - 대형 데이터센터, 금융기관, 통신사 등에서도 실무 적용 시 2% 이하 목표 - 전압 편차가 크면 IT장비의 오작동 및 에너지 손실 초래 가능
해외	NEC (미국 국립전기규정, NFPA 70)	- Article 210, 215에서 3% ~ 5% 가이드 - 통상 간선 3% + 분기 2% (합 5%) 권고 - 데이터센터: 2% 이하(실무) 목표	- 미국 내 전기설비 전반(민간·산업·특수시설 포함) - 데이터센터는 Tier 등급, Uptime 요구사항 등과 연계	- NEC는 직접적 '의무 규정'은 아님(설계가이드 형태) - 민감 부하가 많은 데이터센터에서는 실무적으로 1 ~ 2%대 유지
해외	TIA-942 (Telecommunications Infrastructure Standard for Data Centers)	- 데이터센터 내 주요 부하: 2% 이하 권장	- 데이터센터 통신 인프라 표준(ANSI/TIA-942) - 케이블링 및 전기 분배 구성 시 참조	- 주로 통신·IT 인프라에 집중된 표준 - 전기설비 자체 규정은 아니지만, 데이터센터 신뢰도 제고를 위해 2% 이하 전압강하를 제시
해외	Uptime Institute Tier Standard (Tier I ~ IV)	- 직접 전압강하 수치는 명시하지 않음 - Tier III, IV의 고가용성 요건 충족 위해 실무에서 2% 이하	- 데이터센터 설계, 운영, 유지보수를 위한 등급 기준	- 설비 이중화, 무정전, 장비 신뢰성 강조 - Tier III, IV급에서는 전원 품질(전압강하 포함)을 엄격 관리

구분	규정/표준명	전압강하 한도(권장%)	대상/환경	비고
		설정		- 1~2% 수준 설계로 안전 마진 확보
	BICSI 002 (Data Center Design and Implementation Best Practices)	- 총 전압강하 3% 이내, - 가능하면 최종 부하단(서버랙 등) 2% 이하	- 데이터센터 설계·구현 가이드 - 케이블링, 전력 분배, 냉각, 운영 등 종합 지침	- 전력분배 구조(UPS-PDU-RPP-랙)에서 케이블 길이 단축, 굵기 조정, 부스웨이 적용 등의 전략 사용 - 전압강하 최소화로 에너지 효율 및 장비 안정성 개선
	IEC 60364 시리즈 (IEC 60364-5-52 등)	- 일반 건축물 기준으로 4~5% 권고 - 데이터센터, 중요 부하는 더 낮은 수치(3% 이하, 가능하면 2%)	- 국제전기기술위원회 (IEC) 표준 - 유럽·국제적으로 널리 사용되는 전기설비 지침	- IEC 60364는 광범위한 전기설비 안전·설계 규정 포함 - 데이터센터 등 특수 부하는 일반 기준보다 엄격 적용 (2~3%)
설계 시 실무 권장 사항	설계 엔지니어링 관행	- 국내외 법적·표준 최대 허용치는 5% 내외 - 데이터센터 민감 부하는 2% 이하 (고급 시설은 1~2%)	- 대형 데이터센터, 하이퍼스케일, 코로케이션, 엔터프라이즈 등 대상	- 부스웨이(busway), 대규모 트렁킹 시스템 사용으로 전압강하 저감 - 케이블 굵기, 중간 배전반 분산배치, UPS-배전반-서버 구간별 설계 최적화 - 전압강하 감소로 장비 안정도·에너지 효율 제고
에너지 효율	전력손실 절감	- 전압강하가 크면 선로손실 증가, 설비 비용 증가 - 데이터센터에서 전기 사용량이 많으므로 전압강하 억제가 중요	- 데이터센터의 장기 운영비용 (OPEX)에 큰 영향	- 높은 효율, 저손실을 위해 설계 단계에서 부하 중심 배치, 케이블 최적화 설계 중요 - PUE(Power Usage Effectiveness) 개선 효과

※ 표 활용 및 주의사항

▶ 데이터센터 민감 부하 기준

단순 '5% 이하' 규정을 적용하기보다는, 실제 운용과 향후 확장성, 고가용성 요구사항을 고려해 2% 이하로 설계하는 것을 권장한다. Tier III·IV 이상의 고등급 데이터센터나 금융·통신·공공 분야에서는 1%대 전압강하를 목표로 설계 사례도 많다.

▶ 케이블 굵기 선정 및 경로 최적화

전압강하를 줄이려면 부하까지의 거리(배선 길이)와 케이블(버스덕트 등)의 단면적 설계가 중요하다. 시스템 효율과 시공·운영 비용을 종합적으로 검토하여 가장 합리적인 전압강하 목표치를 수립해야 한다.

▶ **UPS, PDU, RPP, 배전반 구성**
대형 데이터센터에서는 UPS실-배전반(MDP)-PDU-RPP-서버랙으로 이어지는 분산형 전력 공급 구조로 되어 있다. 단계별 전압강하 합계를 관리하여, 최종 부하단(서버, 스위치 등)에서의 전압 변동을 최소화한다.

▶ **에너지 효율 (PUE, Power Usage Effectiveness) 연계**
전압강하를 줄이면 전선에서 발생하는 열 손실이 줄어들고, 장비 동작이 안정화되어 전체 PUE 개선에 효과가 있다. 이 외에 운영 비용(OPEX) 및 냉각 부담 감소 측면에서도 유리하다.

▶ **관련 표준·규정 최신 판본 확인**
각 표준·규정(NFPA, IEC, TIA, BICSI, KEC 등)은 정기적으로 개정된다. 반드시 최신 버전을 확인 후 설계에 반영하기 바란다.

3.5 접지시스템 설계 및 유지관리

3.5.1 접지설계의 중요성

■ **안정적 전력계통 운영**

데이터센터는 고밀도 서버와 전력·통신 장비가 밀집되어 있어, 접지 미비 시 **누설전류, 지락사고, 정전기** 등에 의해 장비 손상 및 서비스 장애가 발생할 수 있다. 적절한 접지시스템은 이 같은 전기적 위협을 빠르게 해소하고, 장애 파급 범위를 최소화한다. 그렇기 때문에 접지설계는 건축공사 이전에 토목공사 단계부터 대지저항율 측정을 통한 접지설계를 완벽히 실시해야 한다. 그렇게 하기 위해서는 반드시 이 분야 전문업체에 엔지니어링을 의뢰하여 수준 높은 접지시스템을 구성하여야 한다. 데이터센터의 접지시스템은 전기설계의 가장 기본이 되는 부분이며 정말 소홀히 해서는 안 된다.

■ **인명 보호 및 화재 예방**

접지 시스템이 없거나 부실하면, 지락 시 차단기나 계전기가 즉시 작동하지 않아 **인명사고나 화재** 위험이 커진다. NFPA, IEC, KEC 등 국제·국내 규정에서도 인명 안전

을 위한 적정 접지저항 유지와 보호장치 협조 시스템을 구축한다.

- **EMI/RFI 전자기장 장애 방지**

    데이터센터는 서버·UPS·발전기 등 고출력 장치가 다수 존재하여 전자파 간섭(EMI/RFI)이 빈번할 수 있다. 접지시스템을 올바르게 설계하면, **전위차 억제**와 **등전위본딩**을 통해 통신·네트워크 품질을 안정적으로 유지할 수 있다.

- **글로벌 표준 및 신뢰성**

    TIA-942, IEEE Std 1100(에메랄드 북), IEC 60364 등에서 접지 체계와 등전위본딩을 데이터센터 필수 사항으로 규정한다. 대형 클라우드·금융 IDC는 **1Ω 이하**의 엄격한 접지저항 목표를 운영하고 있으며, 이를 충족하는 설계·시공·유지관리 체계를 마련해야 국제적 경쟁력과 신뢰도를 얻을 수 있다.

3.5.2 주요 접지 방식 비교표

표 3.9는 **데이터센터**에서 흔히 검토하는 **TN-S, TN-C-S, TT, IT** 방식의 개념, 장단점, 적용 사례 등을 비교해 놓은 것이다. 특히 데이터센터에서는 **TN 계통**이 가장 많이 사용되며, **1Ω 이하**의 접지저항을 목표로 삼는 경우가 일반적이다.

〈표 3.9〉 주요 접지 방식 비교

구분	TN-S	TN-C-S	TT	IT
개념/배선 구성	- 전원선(3∅ 또는 1∅)+중성선(N)+보호선(PE)이 물리적으로 분리된 방식 (N선≠PE선)	- 공급 측에서 PEN(중성+보호 결합)을 사용하다가 분전반 이후 N선과 PE선을 분리 (수전부 TN-C → 내부 TN-S)	- 중성선(N)와 대지(Ground)가 전기적으로 연결되지 않으며, 각 기기마다 독립 접지	- 전원계통이 대지와 직접 연결되지 않고, 설비 측에 높은 절연을 유지 (Isolation Transformer 등 사용)
국내·국제 표준	- 국내: 전기설비기술기준(KEC), 1Ω 이하 설계 권장 - IEC 60364, IEEE 1100, TIA-942 등에서 선호됨	- 국내 대형 시설에서(22.9kV 수전 → 변압기 후 TN-C-S)로 설계되는 사례 많음 - IEC, NEC 등에도 명시	- 국내는 잘 쓰지 않음(주택이나 간단한 설비에 적용 가능) - 프랑스 등 일부 EU 국가 주류	- 의료시설, 특수 연구소, 일부 산업용 설비에서 사용 - 데이터센터에는 희소하나, 초고신뢰 환경에서 간혹 채택

구분	TN-S	TN-C-S	TT	IT
장점	- EMI/RFI 간섭 억제에 유리 - 보호선(PE)과 중성선(N) 분리 전위차 관리 용이 - 데이터센터에 가장 많이 권장	- 기존 전력망과 쉽게 연계 가능 - 단일 PEN 선로 사용 후 내부에서 TN-S로 분리 - 공사비 절감 효과	- 설비 고장 시 대지 전위 상승 작아 감전 위험 비교적 낮음 - 독립 접지로 단순 구조	- 지락전류가 매우 낮아 장비 손상 위험↓ - 절연 운용으로 특수 분야에 적합
단점	- 중성선·PE선 모두 배선 분리가 필요 - 초기 공사비 다소 높음	- PEN 구간에서 과도전류·전압 발생 시 N선 전위 불안정 가능 - EMI 억제 성능 TN-S 대비 낮을 수 있음	- 각 기기별 접지극 관리 유지보수 부담↑ - 보호장치 동작 지연 우려	- 절연 계통 유지 계전기·차단기 설계 복잡 - 데이터센터 표준 아닌 특수 용도(의료, 연구) 한정
추천 접지 저항	- 1Ω 이하(권장) 민감 전자장비는 0.5Ω 목표도 가능	- 1~2Ω 이하(1Ω 이하로 운영 권장) 내부 TN-S 전환 시 더 안정적	- 2~10Ω 이하(장비별 다름) 데이터센터 거의 적용 안 함	- 1~5Ω 이하 유지·점검 비용↑
데이터 센터 적용 사례	- 국내외 대형 IDC, 금융·공공·통신사 클라우드 센터 - TIA-942 Rated 3~4 표준 적용	- 중소형 IDC, 22.9kV 수전 후 변압 설계	- 주택·소규모 건물용 - IDC에는 거의 적용하지 않음	- 극히 드문 사례 (군사·의료 특수 시설 등)
유의 사항	- 등전위본딩(EPB) 철저 - N·PE 오류 연결 주의	- PEN 구간에서 부식·결상 등 관리 중요 - N·PE 분리 접촉저항 점검 필요	- 접지극 부식·저항 상승 정기 측정·보수 필수	- 절연감시장치(IMS) 필요 계전기 협조 복잡

3.5.3 접지설비 유지관리 방안

1) 정기 점검 및 계측

■ **접지저항 측정(연 1회 이상)**

3극법(포인트-투-포인트 방식) 또는 클램프 메터 등을 활용하여 **1Ω 이하** 유지를 목표로 한다. 토양 특성이 변하거나, 장마·동결 등 환경 변화에 따라 접지저항이 급격히 변할 수 있으므로, 계절별 변화도 고려하여 설계하여야 한다.

- **부식·접촉 상태 점검**

    접지봉(접지극), 접지선(케이블), 접지부스바 연결부는 **부식·산화** 가능성이 크므로, 육안 및 접촉저항 검사 등을 통해 **주기적 점검**이 필요하다. 옥내·옥외 구간의 매립 배선, 금속 배관, 서지 보호기(SPD) 접속부 등도 함께 점검하여 전기 연결이 불안정해지지 않도록 관리한다.

2) 장비 증설 및 배치 변경 시 재설계

- **새로운 부하(서버 랙, UPS 등) 추가**

    AI/HPC 등 고밀도 서버를 새로 도입하거나, UPS 용량을 늘리면 **누설전류 경로**와 **EMI 간섭**이 크게 달라질 수 있다. 해당 구간(서버룸, 전원 라인, 발열 부하 등)에 대한 **등전위본딩**(Equipotential Bonding)과 접지망 용량을 재검토해야 한다.

- **해외 모듈형 사례**

    북미·유럽에서는 **컨테이너형 모듈 IDC** 확장 시, 각 모듈마다 독립 접지판 설치 후 '주 접지부스바(MGB)'와 연결하여 1Ω **이하**를 유지한다. 증설 시 마다 토양저항률 조사, 지반 개량, 접지저감제 보충 등을 병행하여 **일관된 접지 품질**을 확보한다.

3.5.4 종합 정리 및 시사점

- **1Ω 이하 목표**

    데이터센터는 민감 전자장비가 밀집되어 있으므로, 국내외 표준(TIA-942, IEEE 1100 등)에서는 1 ~ 2Ω **이하**를 제시하지만, 실무적으로 1Ω **이하**를 달성하는 것이 바람직하다.

- **TN-S 또는 TN-C-S 혼합 권장**

    대형 센터는 건물 내부 배전망에서 **TN-S 방식**을 적용해 **EMI 억제**와 **안전성**을 확보하는 것이 일반적이다. 수전부(고압·특고압)부터 TN-C-S로 구성된 경우에도, 데이터센터 내부는 TN-S로 전환하는 사례가 많다.

- **등전위 본딩(EPB)과 유지관리**

    서버, UPS, 발전기, 냉각장치 등 **중요 장비**는 구조체 및 메인 접지부스바(MGB)에 철저히 본딩하여 **전위차**를 최소화해야 한다. 환경 변화와 장비 증설 시마다 **주기적**

점검을 통해 접지 품질이 저하되지 않도록 지속 관리한다.

- **해외·국내 표준 사례**

 국내는 전기설비기술기준(KEC), KEPIC(한국전력산업기술기준)을 기반으로 하며, 해외 표준(IEC, IEEE, TIA-942)과의 호환성을 높이려면 **글로벌 하이퍼스케일 IDC** 설계 경험이 있는 전문 엔지니어의 협조가 필수적이다.

제 4 장

데이터센터의 전력계통 연계와 운영

제4장 데이터센터의 전력계통 연계와 운영

Data Centers Power Systems

4.1 계통연계 설비의 설계의 전략 및 기술 동향

4.1.1 계통연계 설비의 설계 및 운영기준

1) 데이터센터 계통연계의 중요성 재정의

- **연속적인 전력공급 중요성:** 데이터센터는 전력 공급이 단 몇 초라도 중단될 경우 막대한 경제적 피해와 서비스 장애가 발생한다. 따라서 전력회사 전력망과의 안정적인 연계 및 비상 전원 설비(UPS, 발전기 등) 운용이 필수적이다.
- **계통 부하 특성 변화:** 데이터센터의 부하 특성은 IT 장비 특성상 고조파(Harmonics)가 많이 발생하고, 무효전력 보상이 필요할 수 있다. 최근에는 에너지 효율화 설비를 도입하여 부하 특성이 개선되고 있으나 동시에 새롭게 발생하는 문제(고주파 노이즈, 전력품질 관리 등)도 고려해야 한다.
- **전력 품질(Quality) 확보:** 일반 상용전력 이상으로 높은 품질(Voltage, Frequency, THD 등)이 요구되므로 전력계통과 데이터센터 사이에는 정교한 모니터링 및 보호설비가 필요하다.

4.1.2 계통연계 설비 구성 및 고도화 전략

1) 수배전반 및 변압기 설비

(1) 변압기(Transformer)

데이터센터에서는 특별고압이나 고전압 전기를 받아서, 서버, 내동기 등에서 사용할 수 있는 저전압으로 바꿔주는 역할을 한다. 주요 요구사항으로는 고신뢰성(데이터센터는 24/7 무중단 운영이 필수이고 변압기 고장이 곧 서비스 장애로 직결되므로, 이중화(Redundancy) 또는 Hot standby 구성한다. 그리고 저손실, 고효율변압기 적용이 중요한데, 고효율 변압기(KS C IEC 60076-20, 고효율 등급) 사용한다.(손실: 무부하 손실(No-load loss), 부하 손실(Load loss) 모두 엄격히 관리하고 온도 상승 억제 서버 열기 발생이 많아 변압기 자체 발열 억제 필요하다.(온도 센서, 열 보호장치, 팬 냉각 시스템 등을 적용), 고조파 전류와 전압을 줄이기 위하여 지그재그(Zigzag)변압기 또는 활성 고조파 필터가 장착된 변압기를 사용하여야 한다. 변압기에는 고조파를 최소화하는 것이 변압기 효율을 향상시키고 변압기의 발열을 줄일 수 있다.

〈그림 4.1〉 154kV 변압기

〈표 4.1〉 사용되는 변압기 유형

구분	특징	데이터센터 적용 적합성
유입식 변압기 (Oil-immersed)	냉각효과 우수, 대용량에 적합	메인 수전설비에 주로 사용
건식 변압기 (Dry-type / 몰드)	화재 안전성 높음, 유지보수 용이	실내 설치 시 적합 (MDF, IDF 전원 공급용)
패드마운트 변압기 (Pad-mounted)	외함 일체형, 야외 설치 가능	중소형 데이터센터 외곽 수전용

▶ **특별 고려사항**
- **EMI / RFI 차폐**: IT 장비의 민감성 때문에 전자파 간섭 억제 설계 필요
- **절연 시스템**: 고온 내열 특성 강화, Monitoring: IoT 기반의 실시간 온도, 부하 모니터링 시스템 탑재, 참고로 과전류방지장치(TVSS)를 선로의 길이가 200m 이

내의 경우 이 장치를 배전반이나 분전반 등에 설치하게 되면 좋은 효과를 나타낼 수 있다.

▶ 관련 기준
- KS C IEC 60076 (변압기 일반)
- KS C 4311 (고효율 변압기)
- IEC 60076, IEEE C57 (국제 기준)

전압별 변압기 표준 용량

《표 4.2》 전압별 표준 변압기 용량(예)

전압 등급	표준 용량 (MVA)	비고
345kV급	100, 150, 200, 300, 400, 600, 800	초고압 송전 계통용 (G/T, S/T)
154kV급	20, 30, 40, 60, 75, 100, 150, 200	일반 송배전 변전소용
22.9kV급	0.1, 0.2, 0.3, 0.5, 0.75, 1, 1.5, 2, 3, 5, 10	수용가용, 배전용 몰드/유입형 포함

※ 보충 설명

▶ 345kV급 변압기는 주로 발전소 연결(G/T), 대규모 변전소(S/T) 등에 사용되며, 통상 단상 또는 삼상 변압기로 구성된다.
▶ 154kV급 변압기는 광역 계통 연계 및 변전소용으로, 가장 보편적인 송전용 전압기이다.
▶ 22.9kV 변압기는 배전선로 말단 수용가 공급용으로, 주로 지상형/주상형 몰드 또는 유입형이다.
▶ 데이터센터의 경우 대용량이나 초대형의 경우 345kV나 154kV 변압기를 사용하는 경우가 늘어나고 있다.(변압기도 표준 용량 외에 비표준도 주문 제작이 가능함)

(2) 수배전반(Distribution Panel)

- **모듈러형 수배전반 채택**: 최근 데이터센터는 가용성이 높고 유지보수가 용이한 '모듈러(Modular)형' 수배전반을 도입하는 추세이다. 모듈 단위로 교체·증설이 가능해, 향후 IT 부하 증가나 시설 확장에 빠르게 대응할 수 있다.
- **디지털화/스마트화**: 각 모듈에 전력품질 측정, 보호계전기 상태, 온도·습도 센서 등을 내장하여, 실시간으로 설비 상태를 모니터링하고 이상징후를 조기에 감지할 수 있도록 한다. 향후 데이터센터용 전용 수배전반이 개발될 것으로 보고 있다.

〈그림 4.2〉 수배전반

(3) 차단기(Circuit Breaker)

- **고속 차단기(초고속 진공차단기 등) 도입:** 대규모 데이터센터에서는 과전류 발생 시 전류를 빠르고 안전하게 차단하는 기술이 중요하다. 진공차단기(VCB)를 비롯해 SF_6 가스 대신 친환경 절연가스(e.g. G^3, C5-PFK 등)를 사용하는 차단기도 연구 및 현장 적용이 늘고 있다.
- **지능형 차단기(Intelligent Circuit Breaker):** 보호계전기와 연동해 다양한 고장 상황에 따라 차단 메커니즘을 자동으로 조정하는 차단기가 도입되고 있다. 이를 통해 고장구간을 선택적으로 차단하여 영향 범위를 최소화한다.

2) 계통 보호 및 제어 설비

(1) 보호계전기(Protection Relay)

- **다기능 디지털 보호계전기:** 과전류(OCR), 지락(GR), 과전압(OVR), 저전압(UVR) 등 개별 보호 요소를 하나의 디지털 보호계전기에 통합함으로써, 설치 공간 절약과 유지보수 편의성이 높아진다.
- **AI 기반 고장 진단:** 최근에는 고장 파형 분석을 위해 AI 알고리즘을 적용하는 연구

도 활발하다. 학습된 모델을 통해 단순 계전기 동작 신호만으로는 잡아내기 어려운 고장 유형(불규칙적 지락, 중성선 단락 등)을 조기에 감지한다.

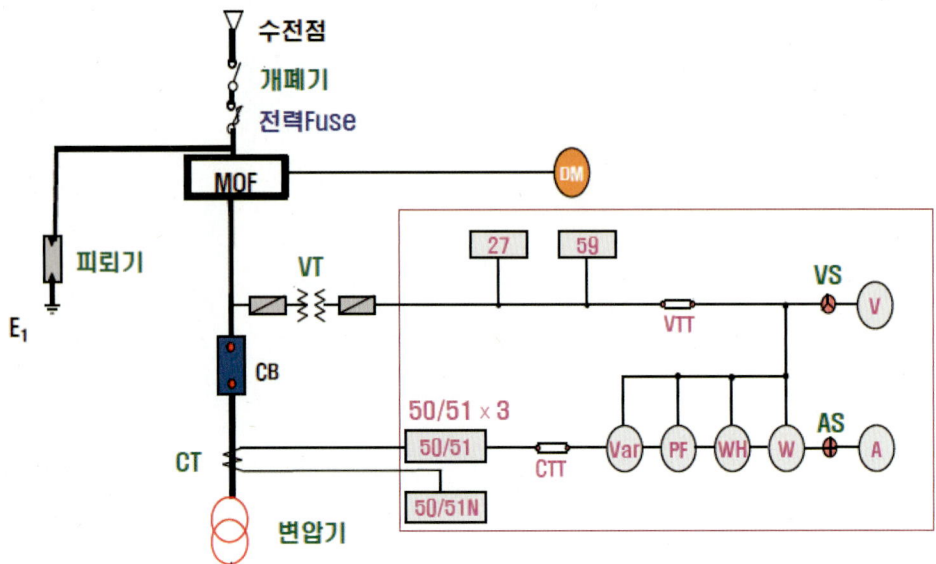

〈그림 4.3〉 계통보호 및 제어설비

(2) 전력품질 모니터링(EMS, PQ Metering)

- **통합 에너지관리시스템(Energy Management System, EMS)**: 실시간으로 계통 상태(전압, 주파수, 무효전력, 역률 등)를 모니터링하고 제어하는 중앙집중형/분산형 EMS를 구축한다. 최근에는 클라우드 기반으로 확장하여 글로벌 규모의 데이터센터를 통합 관리하는 사례도 늘고 있다.

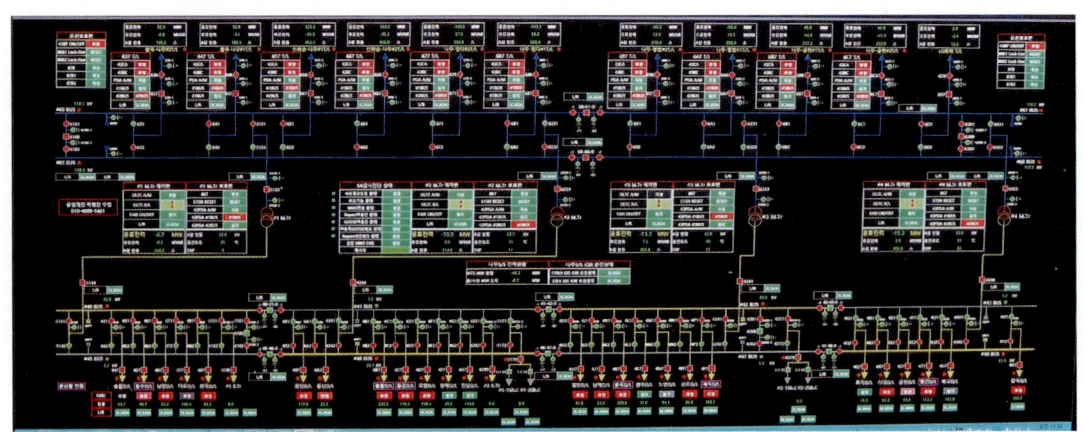

〈그림 4.4〉 전력품질 모니터링

- **고주파 잡음 및 고조파 측정 장치:** IT 장비에서 발생하는 다양한 고조파를 즉시 측정하고 분석하여 적절한 필터(LC Filter, Active Filter 등)를 적용함으로써 전력품질 저하를 방지한다.

3) 전력 품질 향상 설비

(1) 무효전력 보상장치(콘덴서 뱅크, STATCOM, SVC 등)

- **지능형 무효전력 보상:** 데이터센터에서는 짧은 시간에 부하 변동이 발생할 수 있다. 이를 신속하게 보상하기 위해서는 콘덴서 뱅크 외에도 STATCOM(Static Synchronous Compensator), SVC(Static Var Compensator) 등 능동형 무효전력 보상장치를 병행 적용하는 것이 효과적이다.
- **자동 제어 알고리즘:** 전력계통의 역률, 전압 변화 등을 실시간 측정하여 자동으로 무효전력을 제어함으로써 전압 강하 및 계통 손실을 최소화한다.

(2) 고조파 필터링 장치

- **패시브 필터 vs 액티브 필터:** 전통적으로는 L-C 필터 등의 패시브 필터가 주로 사용되어 왔으나, 최근 액티브 필터(Active Power Filter, APF)가 각광받고 있다. APF는 부하 변화에 따라 능동적으로 보상하여, 보다 넓은 주파수 대역의 고조파를 효과적으로 제거한다.
- **하이브리드 필터링 시스템:** 데이터센터와 같은 대규모 설비에서는 저주파수 고조파는 패시브 필터로, 고주파 고조파는 액티브 필터로 제거하는 '하이브리드 필터링' 기술이 적용되어 효율성을 높이면서도 안정적인 전력품질을 보장한다.

4.1.3 최근 데이터센터의 최고급 설비 및 기술 동향

1) UPS(무정전 전원장치)의 고도화

- **모듈형 UPS:** 향후 부하 증가에 유연하게 대응하고, 장애 시 신속한 모듈 교체가 가능한 구조를 갖춘다.
- **이중화(N+1, N+2) 설계:** 고장에 대비하여 여러 대의 UPS를 병렬 연결하거나, UPS와 발전기를 병행 운용하여 무정전 운영을 최대치로 높인다.
- **리튬이온 배터리 적용:** 중대형 UPS에도 리튬이온 배터리(Li-ion)를 적용해 부피 감소와 긴 수명, 높은 충·방전 효율을 확보한다.

2) 배터리 에너지저장시스템(BESS)과 연계

- **피크 저감 및 그리드 지원:** 부하 피크 시 BESS를 사용하여 계통 부하를 줄이고, 전력요금을 절감함과 동시에 계통안정화 서비스(주파수 조정 등)에 기여할 수 있다.
- **재생에너지 연계:** 데이터센터 옥상이나 부지 내 태양광·풍력 등 재생에너지를 설치해 BESS와 연계하면, 그린 에너지를 자가 소비하며 전력 품질을 향상시키고, 동시에 ESG(환경·사회·지배구조) 측면에서 이미지를 제고할 수 있다.

3) 고급 냉각시스템 및 에너지 효율화

- **액침냉각(Immersion Cooling):** 서버 랙 전체를 냉각액에 담가 열을 효과적으로 제거하는 기술로, 전력 사용량을 크게 절감할 수 있다. 전력계통 차원에서는 냉방부하가 크게 감소하므로 전력 소모가 줄고, 계통안정성에 기여한다.
- **프리 쿨링(Free Cooling):** 외기조건이 적절할 때에는 외부 공기를 직접 활용하거나, 수냉식 냉각탑을 통해 냉각 에너지를 절감한다.

4) 디지털 트윈(Digital Twin) 및 예측 진단(Predictive Maintenance)

- **디지털 트윈 기반 설계:** 데이터센터 전체를 가상공간에서 시뮬레이션하여, 부하 변화와 전력 계통 상호 작용을 미리 예측하고 최적화된 설비 용량과 운용 방안을 도출한다.
- **예측 진단 시스템:** AI/빅데이터를 활용하여 주기적인 데이터(전류, 전압, 온도, 진동 등)를 실시간으로 분석함으로써, 고장 발생 전 징후를 포착하여 점검 일정을 자동으로 계획한다.

4.1.4 미래 전망 및 혁신 방향

1) 자율형 마이크로그리드(Microgrid)로의 진화

- **데이터센터 전용 마이크로그리드:** 대형 데이터센터는 자체적으로 전력을 생산(태양광, 연료전지 등)하고 저장(BESS)하여, 마치 하나의 독립된 전력 계통처럼 운영하는 방향으로 발전하고 있다. 외부 계통 장애에 대한 독립성을 높이는 동시에, 필요시 국가 전력망과의 연계도 유지한다.
- **자율 분산 제어:** 고장 및 부하 급변 상황에서 중앙집중제어 방식은 지연과 병목이 발생할 수 있다. 이를 해결하기 위해 각 설비가 스스로 판단하고 제어를 수행하는 분산 제어 기법이 연구되고 있다.

2) HVDC(High Voltage Direct Current) 연계 가능성

- **DC 전력망 적용:** 일부 차세대 데이터센터는 서버 내부에서도 DC 전원을 사용하기 때문에, 계통의 AC → DC 변환 과정을 줄이기 위한 HVDC 연계 연구가 진행 중이다. 특히 동일 캠퍼스 내 복수 데이터센터 간 전력공유 시 DC 배전의 효율성을 높일 수 있다.
- **전원 다원화:** 해상풍력 등 원거리 재생에너지를 HVDC 방식으로 직접 연계하여, 데이터센터에서 직류 전력을 바로 활용하는 시나리오도 제시되고 있다.

3) AI 기반 최적 운용 및 자가 치유(Self-Healing) 기술

- **AI 수요예측 및 실시간 제어:** AI를 활용해 데이터센터의 부하를 예측하고, 전력 설비(UPS, BESS, 무효전력 보상 장치 등)를 지능적으로 제어하여 가장 효율적인 운용 지점을 찾는다.
- **자가 치유(Self-Healing) 기능:** 계통 내 설비 고장 발생 시, AI가 즉시 판단하여 백업 라인을 투입하고, 오작동 구간을 격리하는 등 무정전 운영을 지속할 수 있는 체계를 구축한다.

4) 친환경·지속가능성 추구

- **탄소중립 대응:** 글로벌 데이터센터 기업들은 100% 재생에너지 전력 사용을 목표로 하고 있으며, 이를 달성하기 위해 전력계통과의 연계를 유연하게 활용하고 있다.(PPA 계약, RE100 등)
- **수소 에너지 활용:** 데이터센터의 보조전원으로 연료전지를 활용하거나, 향후 그린수소 기반의 분산전원을 도입함으로써 화석연료 의존도를 낮추고 친환경성을 높인다. 데이터센터의 계통연계설비는 단순히 안정적 전력 공급만을 목표로 하지 않고, 미래지향적인 고품질 전력공급, 효율성, 그리고 친환경성을 동시에 달성해야 하는 복합적인 과제가 되었다. 이를 위해 다음과 같은 전략적 접근이 필요한다.
- **모듈형·지능형 설비 도입:** 수배전반 및 차단기, UPS 등을 모듈형·지능형으로 업그레이드하여 확장성과 유지보수성을 확보한다.
- **보호·제어 시스템의 디지털화:** 고장 진단 및 전력품질 모니터링에 AI·빅데이터를 활용한 디지털 보호계전기를 적용해, 보다 정교하고 신속한 보호 및 제어가 가능하도록 한다.

- **무효전력·고조파 관리 고도화**: STATCOM, SVC, 하이브리드 필터 등 최신 전력품질 향상 장치를 활용해 데이터센터의 특수 부하 특성에 대응한다.
- **에너지저장시스템(BESS)·재생에너지 연계**: 계통안정화와 친환경성을 동시에 추구하기 위해, BESS와 재생에너지를 통합 운용하는 설계가 필요하다.
- **미래지향적 설계(마이크로그리드, HVDC, AI 연계)**: 데이터센터를 하나의 자율형 마이크로그리드로 진화시키고, 필요 시 HVDC 전력망, AI 기반 자동화 제어 등 첨단 기술을 적용해 혁신을 지속한다.

4.2 데이터센터 전력계통 연계 시 고려 사항

4.2.1 데이터센터 전력계통 연계방식 개요

1) 직접 연계 방식

- **개념**: 전력회사 계통(변전소 등)과 데이터센터가 직접 연결되어 전력을 공급받는 방식이다.

특징

- **안정성 및 신뢰성 중시**: 대규모 데이터센터가 주로 채택하며, 전력계통의 품질과 공급 신뢰도가 결정적이다.
- **전력회사와의 긴밀한 협의 필요**: 단순히 수전 설비만 설치하는 것이 아니라, 데이터센터의 부하 특성을 전력회사 측과 공유하여 계약 전력, 보호 협조 등을 확정해야 한다.
- **계통 연계 설비 확대**: 필요 시 고압(22.9kV, 66kV, 154kV 등) 또는 초고압(345kV)으로 직접 수전을 구성하여, 안정적인 전력 공급 경로를 확보한다.

2) 간접 연계 방식

- **개념**: 분산형 전원(ESS, 발전기, 연료전지 등)을 중간 매개체로 두고, 데이터센터가 계통과 간접적으로 연결되는 구조이다.

특징

- **독립 운전 가능성**: 계통 이상(정전, 장애) 시에도 ESS나 발전기를 통해 데이터센터가 독립운전을 유지할 수 있다.

- **신·재생에너지 연계 장점:** 태양광·풍력 등 자체 재생에너지를 ESS와 연동함으로써 전력품질 관리와 비용 절감, 그리고 친환경성까지 고려할 수 있다.
- **설계 유연성:** ESS·발전기 용량, 연계방식 등에 따라 초기 투자비와 운영비가 달라지므로, 중소규모 또는 특수 용도의 데이터센터에 적합할 수 있다.

4.2.2 계통연계 시 필수 고려사항

1) 부하의 특성 분석

데이터센터 부하율 및 피크 부하 예측

IT 장비 부하 특성, 서버 랙 증설 계획, 냉각설비 부하 등을 종합적으로 파악한다. **미래 부하 증가량**을 반드시 고려하여 초기 설계 용량을 결정하고, 중장기적으로 설비를 확장할 수 있는 모듈형 구성을 권장한다.

보호 협조(Protection Coordination)

데이터센터 내부와 계통 사이에 발생할 수 있는 다양한 고장 상황(단락, 지락, 과전류 등)에 대해 **적절한 보호계전기 세팅** 및 차단기 동작 순서를 구성한다. 데이터센터의 고장으로 인해 계통 전체가 영향을 받지 않도록 **계통 보호**와 **부하 보호** 간 장벽(Selective Coordination)을 확실하게 구축한다.

2) 전력계통 신뢰성 확보

(1) 이중 수전 구성

가장 흔하게는 2회선 이상으로 외부 전원을 받아서, 한 선로에 이상이 생겨도 다른 선로를 통해 전력을 공급할 수 있도록 한다. 경우에 따라서는 2중 이하(N+1)로도 부족하다고 판단하면 **N+2 이상**으로 확장하기도 한다.

(2) 설비 이중화(Redundancy)

수배전반, 변압기, UPS, 냉각설비 등 주요 설비를 이중화하여, 한쪽 고장 시 즉시 다른 쪽 설비가 동작하도록 설계한다. **Hot-Standby**(실시간 대기), **Cold-Standby**(비상 시 투입) 등 운전 전략을 상황에 맞게 선택한다. 다음 그림은 이중 모선에 대한 다양한 방식을 소개한다. 이런 방식들은 건설되는 데이터센터 규모나 중요도 등 특성에

맞도록 설계에 반영하면 된다.

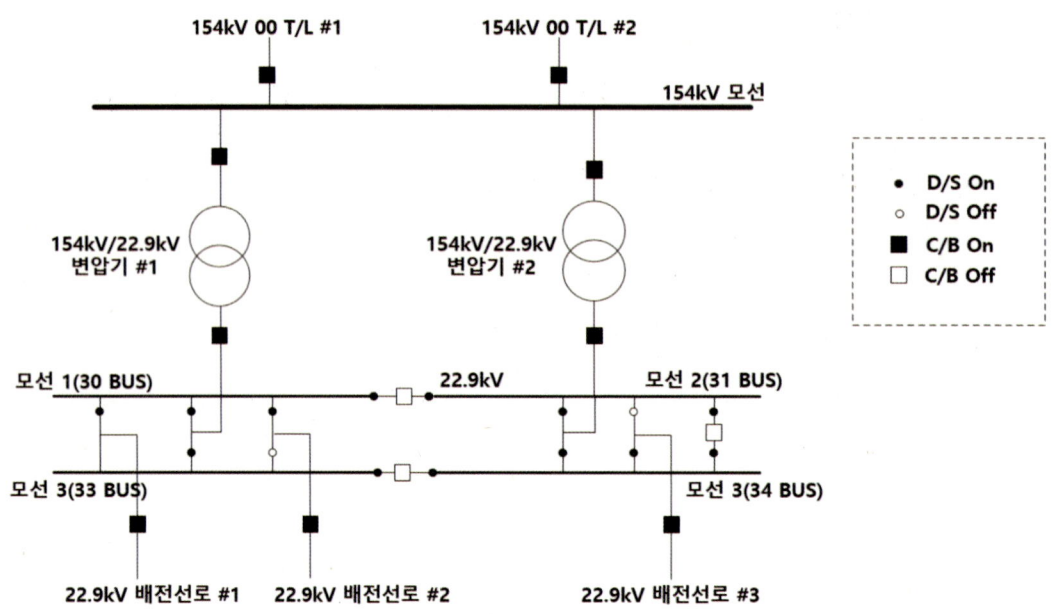

<그림 4.5> 154kV 변전소와 모선구성 방식

<표 4.3> 변전소설비의 최대 규모

전압	154kV	345kV	765kV
변압기용량	60MVA×4뱅크	500MVA×4뱅크	2,000MVA×5뱅크
송전선로 수	154kV 12회선	345kV 10회선	765kV 8회선
배전선로 수 (송전선로 수)	22.9kV 28회선	(154kV 18회선)	(345kV 12회선)

주) 154kV 복합변전소 : 60MVA×4뱅크, 지중송전 8회선, 배전 28회선
　 154kV 허브변전소 : 60MVA×8뱅크, 지중송전 8회선, 배전 45회선

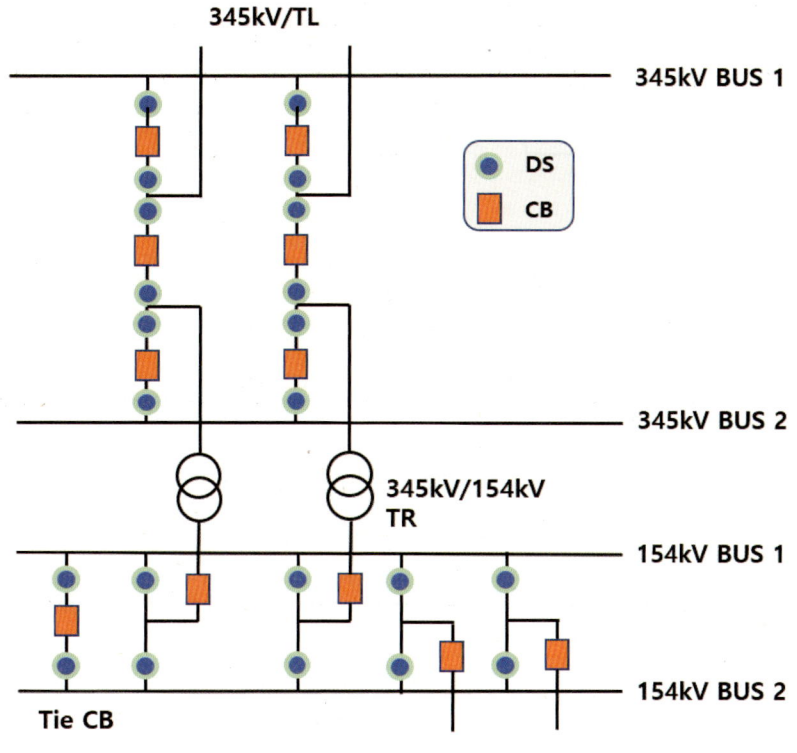

〈그림 4.6〉 이중모선 구성

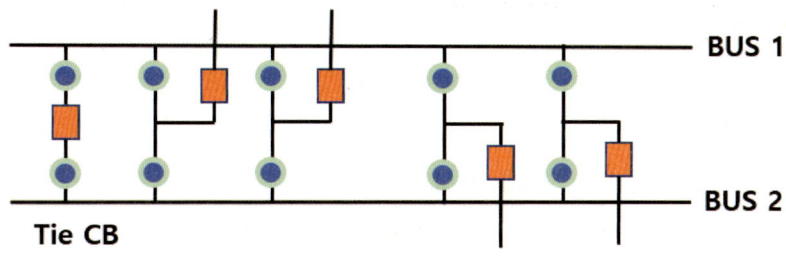

〈그림 4.7〉 1차단 방식(2B-1CB)

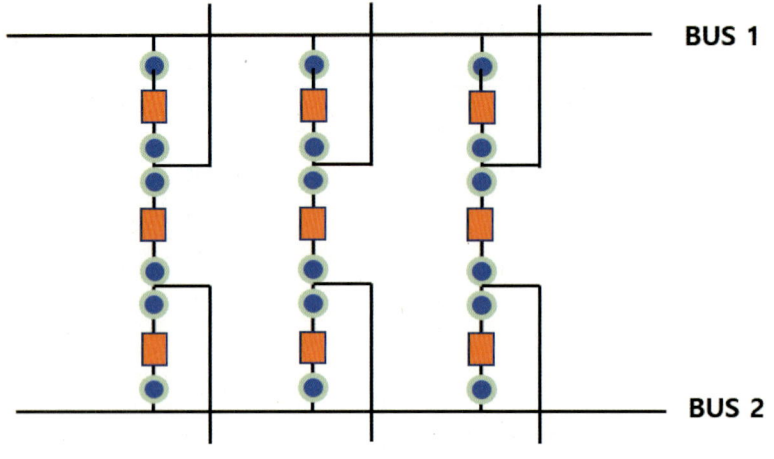

〈그림 4.8〉 1.5차단 방식(2B-1.5CB)

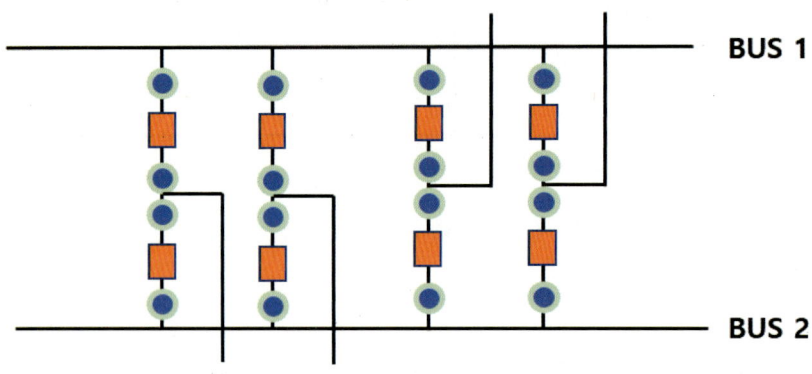

〈그림 4.9〉 2차단 방식(2B-2CB)

(3) 비상 발전기, UPS, ESS 연계

- **비상 발전기(디젤, 가스터빈, 연료전지 등)**: 전력회사 계통이 불안정할 때나 장기 정전 발생 시, 장시간 운전이 가능하도록 충분한 연료 저장 및 자동 운전 시스템을 갖춘다.
- **UPS(Uninterruptible Power Supply)**: 단기 무정전 전원 공급을 위한 핵심 설비로, 주로 서버·네트워크 장비와 연동된다. 최근에는 Li-ion 배터리를 통한 고효율·경량 UPS가 각광받고 있다.
- **ESS(Energy Storage System)**: 피크 저감, 전력 품질 개선, 신·재생에너지 연계 등 다목적으로 활용 가능하다. 계통연계형(PCS) ESS를 도입하면, **프리퀀시 제어**나 **무효전력 보상** 등 추가 기능도 수행할 수 있다.

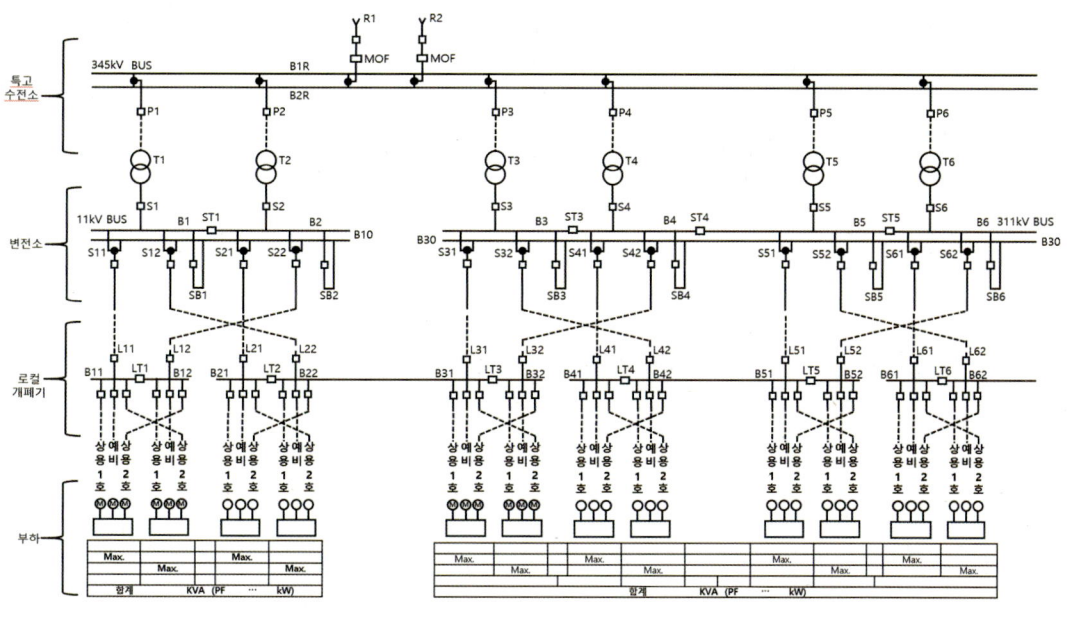

<그림 4.10> 안정적 공급을 위한 전력계통 모선 방식

3) 전력 품질 유지

무효전력 및 역률 관리

역률 저하는 송배전 계통의 손실을 증가시키며, 전압 변동을 유발한다. **콘덴서 뱅크** 또는 **SVC(Static Var Compensator), STATCOM(Static Synchronous Compensator)** 등을 적용하여 역률을 95% 이상(일반 권장치)으로 유지한다.

고조파 저감 및 필터링

데이터센터 내 IT 장비는 고주파 스위칭이 잦아, 특정 고조파가 크게 발생할 수 있다. **패시브 필터**(LC Filter)와 **액티브 필터**(APF, Active Power Filter)를 복합적으로 적용하여, 다양한 주파수 대역의 고조파를 효율적으로 제거한다. **IEEE 519** 등 국제 표준에 따른 고조파 제한을 만족하도록 설계·운영하는 것이 중요하다.

4) 법적 기준 및 절차 준수

전력품질 기준, 전기사업법, 전기설비기술기준 등

정격전압, 주파수 허용오차, 역률, 고조파 총왜곡율(THD) 등에 대해 국내외 표준을 참고하여 설계·운영한다. 국내의 경우 '전기설비기술기준' 및 '전기안전관리법'을 철저히 이행

해야 한다.

계통 연계 승인 및 검사 절차

대규모 데이터센터가 계통에 접속할 때에는 전력회사(송·배전사)의 연결 허가, 계획 협의, 설비검사 등을 받아야 한다. ESS, 발전기 등 분산형 전원이 계통에 병렬 연결될 경우, 추가적인 요구 사항(주파수 추종, 보호협조, 역률 유지 등)을 충족해야 한다.

4.2.3 데이터센터에 가장 적정한 기술적 접근 방안

위에서 언급된 사항을 토대로, 데이터센터를 설계·운영할 때 염두에 두어야 할 '적정 기술적 구성'을 제안하면 다음과 같다.

1) 하이브리드 연계 방안

- **기본은 직접 연계**: 대형 데이터센터의 경우, 계통 안정성과 고용량 공급을 위해 고압(또는 초고압)으로 직접 수전받는 것이 일반적이다.
- **간접 연계(분산형 전원) 보완**: 계통 장애 시 독립 운전을 위해, ESS와 비상 발전기를 병행 운용한다. ESS는 단기 피크 부하나 전력품질 보상에 대응하고, 발전기는 장시간(몇 시간 ~ 며칠 단위) 무정전 운영을 담당한다.

2) 이중화/다중화된 설비 구성

수배전반, 변압기, UPS, 쿨링 설비 등 핵심 인프라에 N+1 이상 이중화 설계를 적용한다. 중요 서버실이나 냉각 구역은 물리적으로 독립된 라인을 통해 공급받도록 구성하여, 한쪽 라인 고장 시 타 라인으로 신속히 전환 가능하다.

3) 지능형 전력품질 관리

STATCOM, 액티브 필터 등을 적용하여 고조파와 무효전력을 실시간으로 보정한다. 전력품질 모니터링(EMS 또는 SCADA 시스템)으로 전압, 주파수, 고조파 변동을 실시간 확인하며, 문제가 발생하면 즉시 제어 장치가 작동하도록 '자동 보상 알고리즘'을 구축한다.

4) 법규 및 인증 대응

전기사업법, 전기설비 기술기준을 충족하는 것은 필수이자 기본이다. 추가로, 글로벌 스탠더드(예: Uptime Institute Tier 등급, ISO 50001 에너지 경영 시스템 인증)를 만족하여 데이터센터의 신뢰도·효율성을 객관적으로 증명할 수 있다.

5) 향후 확장성 고려

클라우드 컴퓨팅, AI 연산, 빅데이터 처리 등이 폭발적으로 늘어남에 따라, 데이터센터 전력소비량은 지속적으로 증가할 전망이다. 초기 설계 시 **향후 10~20년 간의 부하 증가 추세**를 예측하고, 간단한 모듈 추가만으로 용량을 확장할 수 있는 구조(모듈형 UPS, 모듈형 수배전반 등)를 고려한다.

데이터센터가 **안정성, 고품질 전력 공급**, 지속가능성(친환경)을 모두 만족하기 위해서는 위에서 정리한 직접 및 간접 연계 방식을 적절히 혼합한 설계가 필수적이다. 구체적으로는 고압 직수전을 통한 대용량 안정 공급에 더해, ESS와 비상 발전기를 중간 매개로 둔 독립 운전 및 전력품질 관리가 어우러진 '하이브리드 계통연계'가 가장 바람직하다. 또한 설비 이중화 및 전력품질 보상 기술(역률, 고조파 관리)을 적절히 도입함으로써, 고장·정전 등의 위험요소를 효과적으로 최소화할 수 있다. 추가로, 데이터센터 규모가 확장되면서 **재생에너지 연계, 마이크로그리드 운영, AI 기반 수요예측 및 자율제어** 기술 등이 중요한 키워드가 될 전망이다. 따라서 초기 설계부터 이들 기술을 수용할 수 있는 인프라(예: PCS, 통합 EMS, 디지털 보호계전기 등)를 구축해 두면, 미래에도 경쟁력 있는 최고 수준의 시스템을 유지하실 수 있을 것이다.

4.2.4 계통 안정성 확보와 운영 전략

1. 부하 관리 및 계통 안정화 전략

1) 피크 부하 관리

(1) 실시간 모니터링 및 부하 예측

- **계통 모니터링**: 데이터센터의 전력 소비 패턴, 서버 부하율, 냉각 설비 동작 등을 종합적으로 모니터링할 수 있는 '통합 에너지관리시스템(EMS)' 또는 'SCADA 시스템'을 구축해야 한다.
- **AI/빅데이터 기반 예측**: 최근에는 과거 부하 데이터와 현재 운영 상황(IT 장비 증설, 계절·시간대별 부하 패턴 등)을 AI 알고리즘으로 분석·예측하여 피크 시점을 사전에 파악하는 방식이 널리 적용된다.

2) ESS 등을 활용한 부하 평준화(Peak Shaving)

- **배터리 에너지저장장치(BESS):** 데이터센터 부하가 갑작스럽게 증가할 때(피크 발생 시점), 배터리에 저장된 전력을 방전함으로써 외부 계통에서의 전력 요청을 줄인다.
- **부하 이동(Load Shifting):** 심야 전력이나 요금이 저렴한 시간대에 배터리를 충전하고, 전력요금이 높은 시간대나 피크 시간대에 방전하여 **전력요금 절감** 효과도 노릴 수 있다.

3) 에너지 효율화 전략

(1) 고효율 설비 도입

- **고효율 서버 및 IT 장비:** 전력 소모가 적은 CPU, GPU, 스토리지 장비 등을 선정하며, 필요 시 가상화·클라우드 등으로 서버 리소스를 집약하여 부하를 최적화한다.
- **고효율 냉각(Cooling) 시스템:** 공조 설비에 팬, 펌프, 냉동기 등 고효율 장비를 적용하고, 냉수 온도 제어 최적화, 외기냉방(Free Cooling) 등의 기술로 전력소모를 줄인다.

(2) 운영 효율 최적화

- **PUE(Power Usage Effectiveness) 개선:** IT 부하 대비 총 전력 사용량을 최소화하기 위해, 모니터링 시스템을 통해 냉각 효율·부하 밸런스 등을 실시간 분석하여 설정값을 조정한다.
- **동적 부하 제어(Dynamic Load Control):** 서버별 실시간 활용률에 따라 전력을 세분화하여 공급하거나, 부하가 낮은 서버 랙은 일시적으로 전력을 낮춰 사용(전압/클록 스케일링)할 수 있는 방안을 적용한다.

(3) 에너지 사용량 최적화 시스템 구축

- **EMS(에너지관리시스템) 통합 운용:** 전력·냉각·IT 운영·건물관리(BMS) 등 모든 시스템을 통합 모니터링하여, 에너지 사용량을 가장 효율적으로 관리한다.
- **데이터센터 인프라 관리(DCIM) 솔루션:** 랙 단위 전력 사용량, 온도 분포, 서버 부하 상태 등을 통합 추적·분석하여, 효율적인 자원 배분과 부하 관리에 활용한다.

4.2.5 ESS(에너지 저장장치)의 활용

1) ESS의 핵심 역할

(1) 피크 부하 저감 (Peak Shaving)
- **계통 부담 완화**: 부하가 최고조에 달할 때 ESS를 방전하여, 외부 전력망으로부터의 순간 부하 요구량을 낮춘다. 이로써 전력요금을 절감하고, 데이터센터 주변 전력계통의 안정성도 제고할 수 있다.

(2) 정전 시 비상 전력 공급
- **단기 무정전 운영**: UPS와 결합하거나 별도로 ESS를 구축해 두면, 외부 계통이 완전히 단전되었을 때에도 일정 시간동안(수 분 ~ 수십 분) 전력을 공급해 서버 및 핵심 장비의 다운타임을 최소화한다.
- **확장된 비상 운영**: 일반적인 UPS 배터리보다 대용량의 ESS를 적용하면, 발전기가 기동되기 전 또는 계통 복구 시점까지 데이터센터 운영을 버틸 수 있는 시간을 늘릴 수 있다.

(3) 신·재생에너지와의 결합
- **친환경 전력 공급**: 태양광·풍력 등 재생에너지를 ESS에 저장해 두었다가, 계통 부담이 큰 시간대에 전력을 공급하거나 자체 소비함으로써 탄소배출을 저감할 수 있다.
- **그린 PPA(Power Purchase Agreement) 모델**: 데이터센터가 재생에너지 사업자와 전력 구매 계약을 맺고, 이를 ESS와 함께 운용하여 에너지 자립도를 높이고 ESG 목표에도 기여한다.

2) ESS 설계 및 운영 시 주요 고려사항

(1) ESS 용량 산정
- **데이터센터 부하의 10 ~ 30% 규모**: 일반적으로 데이터센터 전체 부하 대비 10 ~ 30% 정도의 ESS 용량을 확보하면, 피크 저감 효과나 단기 비상 전력 공급에 충분히 대응할 수 있다는 업계 권고치가 있다.
- **확장성 고려**: 추후 부하 증가나 재생에너지 연계 확대에 대비하여, 모듈형 배터리 시스템으로 설계하면 용량 증설이 용이한다.

(2) 배터리 관리 시스템(BMS) 적용
- **안전성**: 대용량 리튬이온 배터리 운영 시 온도, 전압, 전류를 정밀 관리하는 BMS가 필수이다. 과충전·과방전을 방지하고, 셀 간 균등화(밸런싱)를 통해 수명을 늘리며 안전사고를 예방한다.
- **상태 모니터링 및 진단**: BMS 데이터를 통합 EMS나 DCIM과 연동하면, 배터리 열화 정도나 이상 징후를 실시간으로 파악할 수 있어, 사전 정비 계획을 세울 수 있다.

(3) 법적 기준 준수
- **화재 안전 규정**: 대용량 배터리 화재 위험성을 최소화하기 위해, 국내 전기설비 기술기준(또는 NFPA 855 등 해외 표준)에 맞춘 화재 감지·소화·격리 설비를 구비한다.
- **전력계통 연계 규정**: ESS가 계통에 병렬로 연결될 경우, 관련 전력회사 규정(주파수 추종, 계통 보호, 역률 유지 등)을 충족해야 한다.
- **전기사업법 및 기타 인허가 절차**: 데이터센터가 발전사업과 유사하게 취급될 여지가 있는 경우, 에너지저장장치의 운영 형태에 따라 별도의 인허가가 필요할 수 있으므로 사전에 확인·준비해야 한다.

4.2.6 데이터센터에 적정한 기술적 구성 및 전략

위 내용을 종합하여 데이터센터 설계 및 운영을 할 때 다음과 같은 사항을 고려한다.

1) 부하 관리 시스템(EMS/SCADA + AI) 고도화
- **실시간 모니터링 & 예측**: 부하 데이터 및 계통 정보를 AI/빅데이터로 분석해, 피크 부하 시점을 정확히 예측한다.
- **자동 부하 제어**: 예측 결과를 토대로 ESS, UPS, 분산 발전기 등을 연계해 즉각 부하를 평준화하고, 계통 안정성을 높인다.

2) 효율 극대화를 위한 인프라 구성
- **고효율 IT 장비 + 냉각 시스템**: 전기·기계 설비부터 서버·스토리지까지 고효율 제품을 선택하고, PUE를 지속적으로 낮추기 위한 최신 냉각 기법(액침냉각, 공조 최적화 등)을 적용한다.
- **DCIM & BMS 연동**: 전력, 열, 장비 상태 데이터를 한꺼번에 모니터링하여, 종합적으

로 제어할 수 있는 시스템을 구축한다.

3) ESS 최적 설계 및 운영

- **용량 및 배터리 유형 선정:** 데이터센터 특성, 부하 패턴, 발전기 운용 전략 등을 고려해 ESS 용량(전체 부하의 10 ~ 30%)과 배터리(리튬이온, 납축전지, 레독스 흐름전지 등)를 결정한다.
- **배터리 안전·수명 관리:** BMS 기술 도입, 냉각 시스템 최적화, 정기 점검으로 화재 및 폭발 위험을 줄이고, 배터리 수명을 연장한다.

4) 지속가능성(친환경) 및 에너지 비용 절감

- **재생에너지 연계:** 태양광·풍력, 연료전지 등과 ESS를 결합하여 전력 자립도를 높이고, 탄소 저감을 실현한다.
- **그린 PPA:** 외부 재생에너지 사업자와 전력 구매 계약을 맺어, 데이터센터에서 필요한 전력을 친환경 원천으로 조달하고, ESS를 통해 간헐적 공급 문제를 보완한다.

5) 법적 준수 및 리스크 관리

- **안전 규정 준수:** 화재 안전, 배터리 취급, 계통 연계, 전기설비 기술기준 등을 철저히 준수한다.
- **재해·재난 대응 시나리오:** ESS/UPS/발전기 등 비상 전원 운용 매뉴얼을 작성하고, 정기적으로 시뮬레이션 및 훈련을 실시하여 **무정전 운영 시나리오**를 완벽히 준비한다. 결국 데이터센터는 **부하 예측 및 제어, ESS 활용, 고효율 인프라**가 유기적으로 결합되어야 **높은 안정성**과 **에너지 효율**을 동시에 달성할 수 있다. 특히 대규모 데이터센터일수록 전력소비량이 매우 커지므로, **피크 부하 억제**와 **에너지 비용 절감** 측면에서 ESS는 필수적인 요소가 되어가고 있다.
- **부하 관리:** AI 기반 실시간 모니터링 및 예측 기능으로 피크 부하를 최소화
- **ESS 전략적 설계:** 10 ~ 30% 용량, 안전·BMS, 재생에너지 연계 등을 체계적으로 고려
- **지속가능성 추구:** PUE 개선, 재생에너지 적용, 그린 PPA 등 다양한 방안을 병행
- **법적 기준 충족 및 안전 설계:** 화재 안전, 계통 연계, 전력사업 관련 법규를 엄수

앞으로 데이터센터는 규모가 더욱 커지고, IT 장비의 전력밀도도 꾸준히 높아지는 추세이다. 이에 따라 **부하 변동성 증가**와 **전력계통 안정화 필요성**이 더욱 대두되고 있다.

4.3 전력 계량 체계 개요

4.3.1 전력 거래와 계량의 중요성

전력거래(정산)는 한전(한국전력공사) 또는 전력거래소에서 전력 사용량(수용가)과 전력 생산량(발전소, 신·재생에너지 등)을 정확히 측정하여 정산하는 것이 핵심이다. 정확한 계량이 되지 않으면 전력량에 대한 금전 정산이 불투명해지며, 특히 분산형 전원(태양광, 풍력 등)이 접속될 경우 양방향 에너지 흐름이 발생하기 때문에 더욱 정밀한 계량 체계가 필요하다.

4.3.2 MOF(Metering Outfit)란?

MOF는 'Metering Outfit'의 약자로, 고압 계량 또는 특고압 계량 시 사용하는 계기용 변압기(PT)와 계기용 변류기(CT)를 하나의 금속함(함체)에 일체화하여 설치한 장치이다. 흔히 고압(22.9kV급) 이상의 계통에서 사용하는데, PT·CT를 별도로 설치하지 않고 MOF 안에 집약하여 공간 효율 및 안전성을 확보한다. MOF는 주로 변전실(또는 수변전 설비 내)에서 계량계(Meter)와 연결되어 실제 전압과 전류를 측정 가능하도록 2차 출력을 공급한다.

4.3.3 모자계량(母子計量) 방식

1) 모자계량이란?

모(母)와 자(子), 즉 '부모 계량기와 자식 계량기' 개념으로, 상위계량기(어떤 지점에서 전체 흐름을 측정)를 모(母), 하위 지점에서 분기된 전력 흐름을 측정하는 계량기를 자(子)라고 한다. 예를 들어 데이터센터 내에서 A라는 지점에서 총 전력 사용량(모)을 먼저 계량하고, 그중 일부분이 나뉘어 별도의 계통이나 고압 계통 등에서 사용되는 전력량을 자 계량기로 측정할 수 있다.

2) 모자계량의 특징

중복 계량 방지

전체(모)에서 일부분(자)만 별도 청구 혹은 별도 정산이 필요한 경우에 유용하다. 만약

자 계량기가 없는 경우, 하위 사용량에 대해 별도 요금 산정이 힘들거나 부정확할 수 있다.

배전 계통 구조에 따른 유연성

모자계량은 단순히 사용량 측정뿐만 아니라, 모계측점에서의 전력품질 관리, 전체 최대 수요전력 제어 등에 응용될 수 있다.

설치 방법

일반적으로 변압기(수변전 설비)의 2차 측 혹은 배전반에서 '모 계량기(주계량기)'를 설치하고, 하위 분기 패널별로 자 계량기를 설치한다. 이때 MOF가 필요한 고압 계량은 모 계량기에 주로 사용되고, 자 계량기(저압 구간)는 별도의 변류기(CT) 또는 간단 계량기를 사용할 수도 있다.

3) 모자계량과 전력거래

데이터센터 자체적으로 태양광발전(자체발전)이 있어서, 건물 전체(모)로는 한전에서 구매(수전)하는 양과 자체 발전하여 사용 혹은 판매(역송)하는 양이 혼재될 수 있다. 이때 모 계량기를 통해 총 출입 전력을 파악하고, 자(子)계량기로 각 부속 설비나, 각 세대(임대 구역) 또는 태양광 설비 출력을 별도 측정하여 정산할 수 있다.

4.3.4 2회선 계량 방식

1) 정의

2회선 계량 방식은 말 그대로, 한전에서 공급받는 2개의 회선(Line) 각각에 대해 별도의 계량기를 두어 각각의 전력 사용량을 측정하는 방법을 의미한다. 일반적인 수용가는 1회선으로 전력을 공급받는 경우가 많지만, 전력 사용량이 많거나, 설비 운영상의 신뢰도를 높이기 위해 2회선을 도입하는 경우가 있다.

2) 특징

신뢰도 제고

A회선에 문제가 생겨도 B회선으로부터 전력을 공급받을 수 있어 전력 공급이 중단되지 않도록 구성할 수 있다. 특히 수요처가 병원, 데이터센터, 대형 산업시설처럼 무정전이 매우 중요한 곳일 때 유리하다.

계량구성

각각의 회선에 대해 MOF(PT, CT 일체형)와 전력량계(Meter)를 설치하여 별도로 전력 사용량, 역률, 최대수요전력 등을 계측한다. 2회선이 단순 병렬 운전인지, 혹은 서로 독립 운전 중 백업 개념인지는 현장 구성에 따라 달라진다.

전력거래 및 요금 산정

한전으로부터 2개의 회선으로 각각 공급받으면, 계약전력, 기본요금, 사용량 요금 등에 대한 합산 계산이 이뤄진다. 때로는 '하나의 수용가=단일 계약'으로 묶어도 물리적 회선이 두 개인 경우가 있어, 이를 어떻게 합산 처리하는지는 한전의 계약 조건(전기공급약관)에 따른다.

4.3.5 스폿네트워크(Spot Network) 계량 방식

1) 스폿네트워크의 개념

스폿네트워크(Spot Network)는 도시 중심부(다운타운) 또는 대형 빌딩 구역, 공항 등 부하 밀도가 높고, 고신뢰도가 필요한 곳에 사용되는 배전 형태이다. 여러 개의 피더(Feeder)로부터 동시에 전력을 공급받아 하나의 '네트워크 트랜스포머(변압기) 그룹'을 통해 부하에게 전력을 공급한다. 각 변압기 2차 측은 네트워크 protector를 통해 부하 측 버스와 연결되며, 한 피더가 정전되더라도 나머지 피더로부터 전력을 공급받아 무정전 공급이 가능해진다.

2) 스폿네트워크 계량 방식의 특징

다중 회선 → 단일 버스

여러 회선으로부터 공급되나 수용가는 하나의 저압측 버스(또는 네트워크 버스)를 통해 전력을 사용하게 된다. 이 경우 계량은 네트워크 버스 측 전체 유입 전력을 측정함으로써 이뤄진다.

계량 위치와 MOF

고압 측(22.9kV 등) 또는 특고압 측(66kV 이상)으로부터 들어오는 각 회선마다 MOF를 설치할 수 있으며, 그 출력(2차) 신호를 네트워크 보호(Protector)와 함께 계량 시스템으로 전송한다. 일반적으로 스폿네트워크 계통에서는 '각 변압기별 계량'과 '네트워크 전체 계량' 두 가지 방법을 모두 활용하는 경우도 있다.(운영 및 정산 목적)

전력거래 및 요금

스폿네트워크로 공급받는 수용가는 여러 개의 회선이 사실상 병렬로 연결되어 있지만, 한전과의 계약상으로는 (부하 합산에 대한) 단일 수용가로 묶여 정산하는 것이 일반적이다. 스폿네트워크 내부에서 분산형 전원이 접속되는 경우에도, 전체 전력흐름을 정확히 파악해야 하므로 네트워크 각 지점의 CT/PT(혹은 MOF) 배치가 중요하다.

4.3.6 각 방식별 비교 및 고려사항

〈표 4.4〉 계량 방식별 비교표

구분	모자계량	2회선 계량	스폿네트워크 계량
적용 대상	다수 계량점(모/자)으로 세분화된 곳	비교적 대형, 이중화 필요한 시설	초고층 빌딩, 도시 중심부, 무정전 요구가 높은 부하
계량 목적	상위-하위 분할 청구/정산	각 회선별 독립 계량/합산	네트워크 전체 흐름 계량(복수 회선 병렬)
장점	- 세부 사용량 파악 용이 - 불필요한 중복 부담 방지	- 신뢰도/이중화 보장 - 회선별 정밀 모니터링	- 무정전에 가까운 고신뢰도 - 대규모 부하에 안정 공급
설치 난이도	중간(분기점마다 자 계량)	중간(회선 2개 각각 MOF + Meter)	상대적으로 높음(네트워크 프로텍터, 복수 변압기)
MOF 사용	고압 모 계량 시 사용(자 계량은 저압 CT 등)	각 회선별로 MOF 사용	각 피더 또는 변압기별 MOF 설치 후 집계
전력거래 정산	모-자 간 별도 정산 한전은 모 계량 기준	각각 사용량 합산 or 개별 계약	스폿네트워크 전체 수용가로 계약 (집계)

4.3.7 추가 유의사항

선정 시 주의점

사용하는 PT, CT의 정격 및 정확도 등급(Class)을 설계 부하에 맞추어 선정해야 한다. 특히 분산형 전원(태양광, ESS 등)이 접속될 경우, 양방향 전류 흐름을 고려하여 CT/PT 방향성, 계량기 특성 등을 검토해야 한다.

계약전력 및 요금체계

2회선, 스폿네트워크 등에서 가장 많이 논란이 되는 부분은 '기본요금 부과 기준'이다.

회선이 두 개 이상이라고 기본요금이 단순히 2배가 되는 것은 아니며, 실제 부하 구성이 어떻게 운전되는지(병렬·독립)에 따라 달라진다. 한전 약관에서 규정한 계약방식(단일계약, 분할계약, 모자계약 등)을 반드시 확인해야 한다.

안전 및 유지관리

MOF가 설치된 배전반, 스폿네트워크 프로텍터, 2회선 변전 설비 등은 고전압 환경에서 운영되므로, 주기적인 점검과 시험(絶연시험, 변류비 오차 시험 등)이 필수이다. 계기용 변압기(PT), 변류기(CT)의 정확도 유지가 곧 요금 정산의 정확성과 직결된다.

향후 전망

스마트 계량기(AMI: Advanced Metering Infrastructure) 도입이 확대되면서, 고압·특고압 수용가도 보다 정밀하고 실시간으로 계량 데이터를 수집·분석할 수 있는 체계가 보급될 전망이다. 모자계량이나 2회선, 스폿네트워크 내부에서도 양방향 전력 흐름(프로슈머 개념)을 지원할 수 있는 계량 솔루션이 주목받고 있다.

한국전력공사에서의 전력거래 계량 방식—모자계량, 2회선 계량, 스폿네트워크 계량 및 MOF에 대해 개념부터 특징, 구성 방식, 유의사항 등을 살펴보았다.

모자계량은 상위(모)와 하위(자)로 분리하여 세부적 사용량 정산과 효율적 청구에 최적화된 방식이다.

2회선 계량은 설비 이중화와 신뢰도 제고를 목적으로 하며, 고압 이상 수용가에서 자주 적용된다.

스폿네트워크는 대규모 도심이나 초고층 빌딩 등에 쓰이는 고신뢰도 배전망으로, 여러 피더를 병렬로 연결해 무정전에 가깝게 전력을 공급하는 특징이 있다.

제 **5** 장

UPS(무정전 전원공급장치) 설계 및 운영

제5장 UPS(무정전 전원공급장치) 설계 및 운영

Data Centers Power Systems

5.1 UPS의 개요 및 중요성

데이터센터는 IT 인프라의 핵심을 이루는 시설로서, 365일 24시간 동안 단 한 순간도 장애가 발생해서는 안 되는 높은 신뢰도를 요구한다. 특히 전력 공급에 문제가 발생하면 서버나 네트워크 장비 등 주요 장치가 즉시 동작을 멈추거나 오류를 일으켜 심각한 데이터 손실, 서비스 중단, 금전적 피해가 발생할 수 있다. 따라서 **순간적인 전압 변동과 정전으로부터 민감한 IT 장비를 보호**하기 위해, 무정전 전원공급장치(UPS)가 핵심 기반 설비로서 반드시 적용된다.

일반적으로 데이터센터 운영비용 중 상당 부분은 전력 인프라(전기요금, 냉각비용, 전력설비 유지보수 등)가 차지하며, 그중 UPS는 설비의 초기 투자 비용도 높지만, 신뢰도를 담보하기 위해 반드시 필요하다. 데이터센터 내의 UPS는 다음과 같은 중요한 역할을 담당한다.

- **연속적인 전력 공급**

    외부 전력망에서 단락, 전압 강하(Voltage Sag), 서지(Surge), 순간 정전 등의 문제가 생겨도 배터리와 인버터를 이용하여 서버 및 네트워크 장비에 안정적으로 전원을 공급한다.

- **예비 전력 및 보호 기능**

    정전이 발생하더라도 일정 시간 동안 UPS의 배터리에 저장된 전력을 활용하여 장비를 안전하게 종료하거나, 디젤 발전기(비상발전기) 등 다른 전원원으로 전환할 수 있는 시간을 확보한다.

- **전력 품질 개선**

    입력되는 교류 전원을 정류하여 직류로 변환하고, 이를 다시 인버터에서 **깨끗한 교류 전력**으로 재생산하기 때문에, **고조파, 노이즈, 전압 스파이크 등** 외부 전력 품질의 문제로부터 부하 장비를 보호한다.

결국 UPS는 데이터센터의 가용성과 안정성을 지지하는 중추적 설비이며, 고도화된 IT 인프라 환경에서 서버와 네트워크의 무정전 운전을 구현하기 위한 필수 요소라고 할 수 있다.

5.1.1 데이터센터에서의 UPS 역할

앞서 언급한 바와 같이, 데이터센터는 서비스 연속성이 생명이다. 그리고 모든 서비스 연속성의 기본은 **안정된 전력 공급**이다. UPS는 외부 전력망에 문제가 생겼을 때 즉각적으로 이를 감지하고, 내장 배터리에 저장된 전원을 통해 부하 장비에 단절 없이 전력을 제공한다. 이를 통해 운영 중인 데이터와 프로세스가 손실 없이 유지될 뿐 아니라, 운영자에게 **디젤 발전기와 같은 비상 전원원을 가동**할 시간을 확보해 준다.

- **고가용성(High Availability)**: 데이터센터는 장비와 설비의 이중화, 삼중화 등을 통하여 여러 고장 시나리오에도 대응할 수 있도록 설계된다. UPS 역시 병렬 운전을 통해 이중화, 삼중화 구성으로 운용함으로써, 특정 UPS 모듈에 장애가 발생하더라도 나머지 모듈이 전력을 공급할 수 있도록 하여 **가용성을 극대화**한다.
- **전력 관리 및 효율성**: 최신 데이터센터는 서버 랙 밀도가 매우 높아지고 있어 전력 소모도 증가 추세에 있다. UPS는 단순히 비상전원 공급 장치 역할을 넘어, **전력 변환 효율을 최적화**하고 고장 발생률을 낮추는 방향으로 발전해 왔다. 이를 위해 에너지 저장 장치(ESS)나 DC 전압 변환 단계를 최소화한 아키텍처가 적극적으로 검토되고 있다.
- **운영 및 모니터링**: 데이터센터에서의 UPS는 일반 전산실에서의 UPS와 달리 모듈형 구조 및 고도의 모니터링 시스템을 갖추는 것이 일반적이다. 실시간으로 배터리 상태, 입력 전압 및 전류, 출력 전압 및 전류, 내부 온도 등 주요 파라미터를 점검하며, 장애 또는 이상 징후 발생 시 **관리자에게 즉시 알림**을 주어 빠른 대처가 이루어지도록 한다.

5.1.2 UPS의 기본 원리 및 구성 요소

UPS는 크게 **정류기(Rectifier), 인버터(Inverter), 배터리(Battery), 정적 절체 스위치(STS, Static Transfer Switch)**, 그리고 **제어 및 모니터링 장치**로 구성된다. 이는 전력의 변환 경로와 비상 시 전력 공급 동작을 고려한 필수 요소들이다.

〈그림 5.1〉 UPS 설치 사진

1) 정류기(Rectifier)

- **기능**: 입력 교류(AC)를 직류(DC)로 변환하여 인버터 및 배터리에 공급한다.
- **설명**: UPS의 전력 변환단 중 첫 번째 단계에 해당한다. 일반적으로 6펄스 또는 12펄스 다이오드/사이리스터(Thyristor) 방식이 활용되며, 최근에는 IGBT(Insulated Gate Bipolar Transistor) 기반의 정류기가 널리 사용되어 보다 높은 효율과 낮은 고조파 특성을 구현할 수 있다.

2) 인버터(Inverter)

- **기능**: 정류기를 통해 얻은 DC 전원을 부하가 필요로 하는 안정적인 AC 전원으로 재변환한다.
- **설명**: 인버터는 UPS의 핵심이며, 출력 전압과 주파수를 일정하게 유지하면서 고조파를 최소화해야 한다. 마찬가지로 최신 UPS에서는 IGBT 기반 PWM(Pulse Width Modulation) 인버터 기술을 통해 **높은 효율**과 **출력 품질**을 동시에 만족시키고 있다.

3) 배터리(Battery)

- **기능**: 외부 전력망의 이상이나 정전 상황에서 UPS가 부하에 **무정전 전력**을 공급할 수 있도록 에너지를 저장한다.

- **설명:** UPS에 사용되는 배터리 유형은 전통적으로 VRLA(Valve-Regulated Lead-Acid) 배터리가 많았으나, 최근에는 **리튬이온 배터리**(Li-ion Battery)의 가격이 점차 낮아지고, 수명 및 에너지 밀도의 이점이 부각되면서 적용이 확대되고 있다. 용량이나 안전성, 장기 수명을 종합적으로 고려하여 배터리 선택을 수행한다.

4) 정적 절체 스위치(Static Transfer Switch, STS)

- **기능:** UPS에 이상이 발생하거나 과부하가 걸리는 경우, 우회 경로(Bypass)를 통해 부하에 전원을 직접 공급함으로써 장비를 보호한다.
- **설명:** STS는 UPS 출력과 우회 전원 사이를 빠른 속도로 전자식(반도체 스위치)으로 절체하는 장치이다. 기계식 스위치 대비 절체 시간이 매우 짧아 **순간적인 전압 공백**을 최소화할 수 있다. 다만 우회 전원으로 절체 시에는 'UPS를 거치지 않은 전력'이 부하에 직접 공급되므로, 전력 품질이 저하될 위험이 있으므로 주의해야 한다.

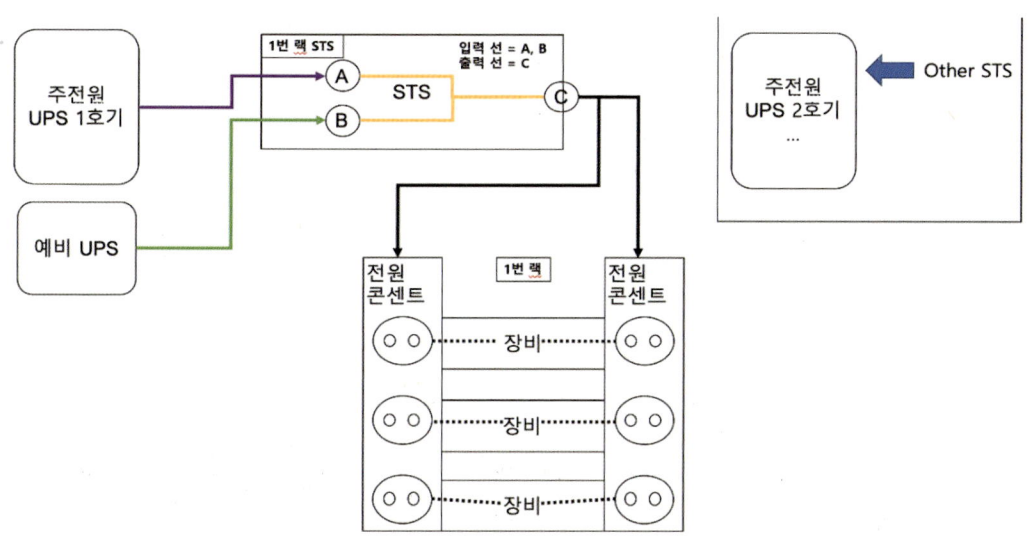

〈그림 5.2〉 UPS와 STS 시스템 구성도

※ 고려사항

- **STS는 전압, 주파수, 위상 차이 5° 이내**에서 절체 가능하도록 설정해야 함.
- '발전기 출력 안정화 시간 (10 ~ 20초)'을 고려해 UPS에 지연 투입 타이머 설정.
- 발전기 용량은 UPS 정격용량 + 여유(보통 125%)로 설계 필요.
- **UPS와 발전기 중성점 처리:** 접지계통(Grounding Scheme)에 따라 3선 or 4선 방식 선택

5) 제어 및 모니터링 장치

- **기능**: UPS 내부 상태 및 부하 상태를 실시간으로 모니터링하고, 안전 동작을 위한 제어를 수행한다.
- **설명**: 최신 UPS 시스템은 네트워크 기반 모니터링, SNMP(Simple Network Management Protocol), Modbus, BACnet 등의 통신 프로토콜을 지원하여 데이터센터 통합 관제 시스템(DCIM, Data Center Infrastructure Management)과 연동된다. 이를 통해 전력 이상이 발생하거나 UPS 배터리 상태가 저하될 경우 즉시 경보를 발령하고, 자동화된 긴급 대처가 가능하도록 한다.

5.1.3 추가적으로 고려해야 할 사항

UPS는 단순히 장비 자체만 설치한다고 해서 완벽한 고신뢰성을 보장해 주는 것이 아니다. 다음과 같은 사항들을 추가적으로 고려해야 한다.

1) 이중화(Availability Configuration)

UPS 자체에 대한 병렬 모듈 구성(2N, N+1 등)을 통해 단일 고장 지점(Single Point of Failure, SPOF)을 제거하는 전략이 필요하다. 데이터센터 설계 단계에서 전원 인입선부터 UPS, 배전반(PDU), 부하 분배 구조까지 전체적으로 중복성을 가지도록 디자인한다.

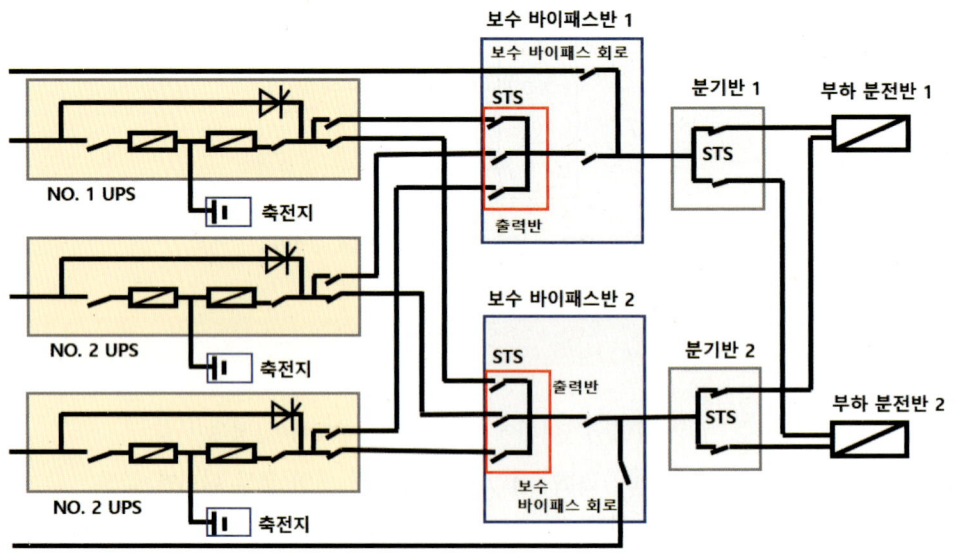

〈그림 5.3〉 UPS 출력계 구성

2) 배터리 관리 시스템(BMS, Battery Management System)

대규모 UPS 시스템에 적용되는 배터리는 여러 셀로 구성되어 있으며, 각 셀이 동일하게 충방전되지 않으면 수명이 줄어들거나 위험 상황이 발생할 수 있다. BMS를 통해 실시간 배터리 상태 모니터링 및 균등 충전, 온도 관리 등의 기능을 수행해야 한다.

3) 환경 조건 및 냉각

UPS 장비 자체도 발열이 상당하며, 특히 배터리는 온도에 매우 민감하다. 따라서 데이터센터의 냉각 설비(CRAC/CRAH 등)와 조화를 이루어 안정적인 온도와 습도 범위를 유지해야 한다. 적정 온도(약 20~25°C)가 유지되면 배터리 수명을 크게 연장할 수 있다.

4) 지속적인 점검 및 유지보수

UPS의 신뢰성은 정기적인 점검, 배터리 교체 주기 준수, 펌웨어 업데이트, 부품 노후화 교체 등의 유지보수 활동에 따라 달라진다. 특히 배터리 교체 시기가 다가오면 전체 모듈 중 일부를 순차 교체하여 장애 없이 운영할 수 있는 방안을 마련해야 한다.

5) 표준 및 인증

주요 국제 표준(예: IEC, IEEE, UL 등)과 업계 인증(Tier 인증 등)을 만족하는 UPS 설비를 적용하면, 데이터센터 신뢰도와 품질을 한층 강화할 수 있다. 예를 들어 TIA-942나 Uptime Institute의 Tier 등급에 적합하도록 전원 이중화와 UPS 구성 방식을 설계해야 한다.

데이터센터의 성공적인 운영은 결국 **안정적인 전력 공급**에 달려 있다. UPS는 데이터센터를 비롯한 고신뢰 인프라에 있어서 전력 보호의 최전선에 서 있으며, 급변하는 IT 환경에서 데이터와 서비스의 연속성을 지키는 **핵심 보루**이다.

최근에는 UPS 기술이 다음과 같은 방향으로 발전하고 있다.

6) 리튬이온 배터리 및 ESS 융합

보다 높은 에너지 밀도와 장수명, 빠른 충전이 가능한 리튬이온 배터리가 데이터센터에서도 점차 보편화되고 있으며, 나아가 에너지저장장치(ESS) 기술과 융합하여 전력 피크 저감(Peak Shaving), 전력 품질 유지(Power Conditioning) 등의 기능을 수행한다.

7) 모듈화(Modular) UPS

한 대의 큰 UPS 대신 여러 소형 모듈을 병렬로 연결하는 구조를 채택하여 **유연한 확장성**과 **유지보수의 편의성**을 확보한다. 이는 데이터센터의 증설이나 부분 폐쇄 등 수요 변동에 실시간으로 대응할 수 있다는 장점이 있다.

8) 고효율 전력 변환 및 DC 데이터센터

전력 변환 단계를 줄이고 변환 손실을 최소화하는 방식이 각광받고 있다. 일부 데이터센터는 AC가 아닌 DC 기반 공급 시스템으로 전환하여 인버터 단계를 생략하거나 감소시킴으로써 에너지 효율을 높이는 실험적 시도를 하고 있다.

결과적으로 UPS는 **데이터센터의 전력 안전망**이자 **필수 보호 장치**로서, 앞으로도 전력 전자 기술, 배터리 기술, 그리고 데이터센터 인프라 기술이 융합되며 꾸준히 진화할 것이다.

5.2 데이터센터용 UPS 설계 및 시공 실무

5.2.1 UPS 용량 산정 방법

데이터센터에서 UPS 용량을 선정하는 과정은 매우 중요하다. 적정 용량보다 **너무 작으면** 정전이나 과부하 상황에서 안정적인 전력 공급이 어렵고, **너무 크면** 초기 투자 비용과 유지보수 비용이 과도하게 증가하여 비효율적이다.

1) 데이터센터 전체 부하 합산

먼저 데이터센터 내 '모든 부하(서버, 스토리지, 네트워크 장비, 냉각 설비, 기타 부하 등)'의 소모 전력을 합산한다. 이때, 명판에 기재된 정격 소비전력만을 단순 합산하기보다, **실제 운영 시 평균 소비전력**(평균 로드)과 **피크 소비전력**(최대 로드)을 함께 고려해야 한다.

예를 들어 '데이터센터'에서 200대의 서버와 스토리지, 네트워크 스위치, 쿨링 장비가 있다고 가정해 보겠다. 서버와 스토리지의 총 최대 부하가 600kW, 냉각 설비가 250kW, 기타 설비(조명, 제어 기기 등)로 50kW가 필요하다면, 이들의 합계는 900kW이다.

2) 여유율(BUF, Buffer) 반영

실제 현장에서는 향후 확장성 및 안전성을 확보하기 위하여, 일반적으로 **20 ~ 30% 정도의 여유율**을 부하에 추가로 가산한다. 위 예시의 900kW에 25%를 더한다고 가정하면, 900kW×1.25=1,125kW가 된다. 이렇게 산출된 값이 UPS의 기본 용량 요구치가 된다.

3) 이중화 구성 고려(N+1 또는 2N 등)

데이터센터는 고가용성을 위해 UPS를 이중화(N+1, 2N 등)로 구성하는 경우가 많다.

- **N+1 구성**: N개의 UPS가 전체 부하를 지탱할 수 있도록 설계하고, 추가 1대는 예비 용도로 둔다. 예를 들어 1,125kW를 커버하기 위해 단일 UPS로 1,125kW를 설계하고, 동일 스펙 장비 1대를 예비로 둔다.
- **2N 구성**: 완전 이중화를 위해 2개의 독립된 UPS 라인을 각각 N 용량으로 구성한다. 즉 2개의 UPS 시스템이 동시에 부하를 나누어 담당하되, 어느 한쪽에 장애가 생겨도 나머지 쪽에서 전체 부하를 처리할 수 있도록 하는 방식이다.

예시로, 2N 방식으로 1,125kW 부하를 2개 라인에 나누어 공급한다면 각 라인별 UPS 용량은 1,125kW가 된다. 초기 투자비가 증가하나, 데이터센터 가용성이 획기적으로 높아진다.

4) 배터리 용량 산정(비상 가동 시간 기준)

UPS가 **정전 시 부하에 전원을 공급하는 시간**은 배터리에 의해 결정된다. 일반적으로 **10 ~ 30분** 가량의 비상 가동 시간을 권장하며, 그 기간 동안 발전기와 같은 비상 전원을 가동하거나, 중요 장비를 안전 종료하는 데 필요한 시간을 확보한다.

예를 들어 1,125kW 부하를 15분간 커버해야 한다고 가정하면, 배터리 총 에너지 용량 (E)는

$$E(\text{kWh}) = 부하\,용량(\text{kW}) \times 비상운전시간(시간)$$

$$E = 1,125\,\text{kW} \times \frac{15}{60}시간 = 281.25\,\text{kWh}$$

실제로는 배터리 방전 특성, 안전율(10 ~ 20% 추가), 배터리 수명 등을 고려하여 용량을 여유 있게 산정한다.

5.2.2 데이터센터용 UPS 용량

〈표 5.1〉 데이터센터의 UPS 용량별 비교표

분류	IT 부하 전력 용량(MW)	UPS 용량 (시스템 기준)	비고
중형 데이터센터	1~3MW	1~3MVA	일반 기업용, 지역 IDC
대형 데이터센터	3~10MW	3~10MVA	통신사, 금융사, CSP 일부
초대형 데이터센터 (Hyperscale)	10MW 이상 (20~100MW 이상)	10~100MVA	글로벌 CSP (AWS, MS Azure, Google, NAVER GAK 등)

※ UPS 용량은 일반적으로 MVA 단위로 표현되며, 역률이 1.0인 경우 kW = kVA

1) UPS 구성 방식에 따른 용량 구성

- **단일 모듈 용량 예시 (동급 최대 용량)**

  개별 UPS 모듈 용량: **400~800kVA (MVA급)**, 초대형 UPS 시스템은 **N+1, 2N, 2N+1** 등의 중복 구성을 통해 총 수백 MVA까지 구성

- **모듈형 UPS의 경우**

  50~100kVA 단위 모듈을 랙 기반으로 조합 (Hot-swappable), Hyperscale은 일부 지역에서 모듈형보다는 대용량 통합형 UPS를 선호 (효율과 공간 고려)

2) 실제 사례 기반 UPS 용량

〈표 5.2〉 UPSA 설치 사례

데이터센터	위치	IT 부하 용량	UPS 시스템 용량	비고
NAVER GAK (춘천)	한국	약 20~30MW	약 30~40MVA	다중 모듈 N+1 구성
AWS 서울 리전	한국	30MW 이상	약 40MVA 이상 추정	전력이중화 설계
Kakao 데이터센터	평택	30MW 이상	약 40~50MVA	최근 건설, 2N 구성
MS Azure 리전	해외	60~100MW	70~120MVA	2N or 2N+1
Google 데이터센터	벨기에 등	100MW 이상	100~150MVA	친환경 설계 포함

3) 설계 고려 요소

Tier 등급 (Uptime Institute 기준)
Tier III: N+1
Tier IV: 2N 또는 2N+1

에너지 효율 (PUE)
효율적 UPS 설계는 낮은 PUE에 기여
최신 UPS는 96~98% 이상 효율 제공

전력 이중화
2개의 UPS 라인(A/B 라인) 구성 필수
필수부하 분산 또는 교차 공급

배터리 종류
VRLA에서 Li-ion으로 전환 추세
Li-ion은 공간 절약, 수명 증가, 온도 내성 증가

4) 요약 및 트렌드

〈표 5.3〉 UPS 용량별 적용 예

항목	내용
일반 대형센터 UPS 용량	3~10MVA 수준, N+1
초대형센터 UPS 용량	20~150MVA 이상 가능, 2N+1 구성
주요 기술 트렌드	모듈형 UPS, 리튬이온 배터리, 스마트 EMS 연동
운영 전략	Tier 등급에 따른 이중화, 자동 전환 시스템

※ 참고 사항

각 UPS 시스템은 부하 용량 외에도 **30분~1시간 이상의 백업 시간, EMS/BMS 연계** 등을 고려해 구성
최근에는 **DC 기반 전원공급 (DCIM, HVDC), ESS 연계, 그리드 인터랙티브 UPS**도 검토 중

5.2.3 UPS 설치 시 고려 사항

1) 위치 및 공간 확보

UPS 본체 및 배터리실은 상당한 공간을 필요로 한다. **환기 및 냉각이 가능한 위치**에 설치해야 하며, 배터리실의 경우 화학 반응에 의해 열이 발생할 수 있어 **공조 설비**가 필수적이다.

예를 들어 '데이터센터'는 1층 전기실에 UPS 본체를 설치하고, 배터리실을 동일 층 혹은 인접 구역에 배치하여 배선 길이를 최소화하는 방안을 고려해볼 수 있다. 이를 통해 배선 비용 및 에너지 손실을 줄일 수 있다.

〈그림 5.4〉 UPS 설치 사례

2) 냉각 및 환경 관리

배터리 수명은 온도와 밀접한 관련이 있다. 일반적으로 **22 ~ 25℃의 온도 범위, 45 ~ 60%의 상대 습도**를 권장한다. 배터리 온도가 높으면 화학 반응이 빨라져 초기 용량은 높아질 수 있으나, **수명이 급격히 줄어든다**. 반대로 온도가 너무 낮으면 배터리 방전 성능이 떨어진다. 실제 현장에서는 일정 온도를 유지하기 위해 CRAC/CRAH(Computer Room Air Conditioning / Computer Room Air Handling) 시스템 또는 별도의 공조 설비를 배터리실에 설치한다. 예를 들어 24시간 냉각을 유지하면서 온도를 23℃로 설정하여 배터리 성능과 수명을 균형 있게 유지할 수 있다.

3) 화재 방지 및 안전 설비

- **배터리실 화재 예방:** 배터리는 내부 화학물질로 인해 화재 발생 시 대형 사고로 이어질 가능성이 있다. '자동 소화설비(청정 가스 소화, Inergen, FM200 등)'나 **고체 에어로졸 소화설비**를 설치하여 화재를 신속히 억제할 수 있어야 한다. 배터리실 화재 시 물 분사가 어려운 점을 고려하여, 습식 스프링클러보다는 청정 소화가스 방식을 선호하는 경우가 많다.
- **UPS실 안전:** 전기실과 마찬가지로, 화재 감지기와 알람 시스템을 UPS실에도 연동해야 하며, 인력 출입 제한 관리도 철저히 한다.

■ 현장 적용 예시

가상의 '데이터센터'를 예로 들어 보겠다.

▸ **부하 분석**
- **서버/스토리지:** 600kW
- **냉각 장치(쿨링 시스템):** 250kW
- **기타(조명, 부속 설비 등):** 50kW
- **합계:** 900kW

▸ **여유율 반영**

여유율 25% 가정
900kW × 1.25 = 1,125kW

▸ **이중화 구성 선택**

데이터센터 신뢰도를 극대화하기 위해 **2N** 방식을 채택(단가가 더 들지만, 높은 안정성 확보)

즉 **각 라인별 1,125kW의 UPS**를 구성하여, A라인과 B라인에서 동시 동작하도록 하여 A라인이 다운되면 B라인 단독으로 1,125kW 전력 공급가능 하도록 한다.

▸ **배터리 용량 산정**
- **목표 비상 운전 시간:** 15분

1,125kW × 1560 = 281.25kWh

보수적으로 320~350kWh 정도 배터리 용량을 확보하여 노후, 온도 영향 등을 감안 한다.

▶ **공간 확보 및 환기**

1층 전기실(UPS룸) 100㎡, 배터리실 80㎡ 등 충분한 공간 할당하여 **온도 관리**를 위해 독립된 공조 장치 설치, UPS룸 및 배터리실을 23℃로 유지하며, 환기구(또는 배기팬) 설치로 내부 열 축적 방지한다.

▶ **소방 설비**

배터리실에 **청정 소화가스**(FM200, NOVEC 1230 등) 도입하고, 화재 감지기, 연기 센서, 온도 센서 연동을 하도록 하며, 스프링클러의 경우, UPS룸은 일반 습식 또는 Pre-action 방식으로 한다. 그리고 배터리실은 중성자재 가스 방식을 병행한다.

■ 마무리 및 조언

▶ **정기 점검**

UPS와 배터리는 주기적인 점검이 필수이다. 배터리 건강 상태(SoH, State of Health)와 온도 분포, 내부 저항 등을 정기적으로 측정하고, 필요 시 예비 모듈과 교체하는 작업이 뒤따라야 한다.

▶ **모듈형 UPS 고려**

향후 확장이 예상되는 데이터센터라면, **모듈형 UPS**를 채택하여 부하 증가에 맞춰 유연하게 시스템을 확장하는 전략을 고려할 수 있다.

▶ **운영 효율 극대화**

최신 UPS 장비는 효율이 96~98%에 달한다. 그러나 주어진 부하 대비 UPS의 가동률이 낮으면 효율이 떨어질 수 있으므로, **운영 부하에 맞추어 UPS 모듈을 최적화** 하거나 Eco-mode 기능 등을 활용하는 방식도 검토할 수 있다.

▶ **안정적인 전력 인입 구조**

이중 전력원(Dual Feed) 확보, 탄탄한 건물 전력 인프라, 디젤 발전기와의 연계도 필수이다. UPS만 잘 구성해두어도, 외부 전력 인입부터 비상발전기 운용까지 전체의 신뢰도가 갖춰지지 않으면 무의미하기 때문이다.

5.3 UPS 유지보수 및 장애 대응 전략

5.3.1 UPS 유지보수 및 비상대응

데이터센터의 핵심 장비인 UPS는 24시간 무중단 서비스를 위한 전력 공급을 책임지므로, 적절한 유지보수 계획 및 비상 대응 체계를 마련하는 것이 필수적이다. 배터리 노후화, 전력 모듈 고장, 냉각 설비 이상 등 다양한 장애가 발생할 수 있으므로, 사전에 이를 대비하고 신속하게 대응할 수 있도록 계획을 수립해야 한다.

1) UPS 유지보수 계획 수립

(1) 정기적인 유지보수 일정 설정

- **월간 점검:** 간단한 외관 및 동작 상태 확인, 알람 로그 점검, 배터리 전압 및 UPS 출력 확인.
- **분기별 점검:** 인버터, 정류기, 충전 시스템, 팬 및 냉각 구성요소, 각종 케이블 접속부 등을 세부적으로 점검. 배터리 셀 간 전압 편차 측정
- **연간 점검:** 종합 리프레시(Refresh) 점검. 전원 공급 차단(정전 테스트)을 전제로 실제 비상 동작 시나리오 확인, UPS 펌웨어(또는 소프트웨어) 업데이트, 시스템 전체 성능 테스트.(배터리 용량 시험 등)

예시)
　월간 점검에서 배터리 각 셀의 표면 온도와 전압을 간단하게 측정. 온도가 지나치게 높거나 셀 전압 간 불균형이 관찰되면 정밀 진단 대상으로 분류한다. **분기별**로는 UPS 실내 온·습도 제어 여부를 확인하고, 먼지·이물질이 쌓이지 않도록 청소 및 청정도(오염도) 평가한다. **연간**으로는 배터리에 방전 시험(Load Bank Test)을 수행하여 실제 용량이 설계 대비 얼마나 유지되고 있는지 평가. 필요시 교체 계획 수립한다.

(2) 주요 점검 항목

배터리 상태
　배터리 전압, 내부 저항, 셀 간 편차, 표면 온도 측정
　배터리 관리 시스템(BMS, Battery Management System) 로그 확인

충전(Charging) 시스템
정류기(Rectifier)의 정상 동작 여부와 충전 전류 확인
충전 전압 셋포인트(Setting)에 문제 없는지 검증

인버터(Inverter) 성능
인버터 출력 전압, 주파수 안정도, 고조파(THD) 수준 측정
부하 변화(가·감)에 대한 응답 속도 및 안정도 모니터링

절체 스위치(Static Transfer Switch, STS) 동작 상태
UPS 장애 시 Bypass 라인으로의 절체 여부, 절체 시간, 서지(surge) 발생 여부 등을 점검
정적(반도체) 스위치 발열 및 동작 로그 확인

상태 기반 유지보수(CBM, Condition Based Maintenance)
각종 센서(온도, 전압, 전류, 누설 전류 등)에서 실시간 데이터를 수집하고, 이를 분석하여 이상 징후를 사전에 포착
데이터센터 통합 모니터링 시스템(DCIM) 연동을 통해 알람 발생 시 즉시 담당자에게 통보

2) UPS 주요 장애 유형 및 대응 방안

데이터센터는 365일 동안 안정적으로 서비스를 제공해야 하므로, 장애 발생 시 신속한 복구와 사후 대책이 매우 중요하다. 다음은 데이터센터 UPS에서 **자주 발생**하거나 **주의해야 할** 주요 장애 유형과 그 대응 방안이다.

(1) 배터리 성능 저하
- **원인**: 사용 기간 경과, 높은 온도 환경, 과도한 충방전 사이클, 배터리 셀 간 불균형 등
- **증상**: 설계 대비 실제 용량 감소(설정된 비상 가동 시간 미달), 배터리 과열, 충·방전 속도 저하

대응 방안
- **정기적인 배터리 용량 테스트**: Load Bank Test 또는 부분 방전 테스트로 실제 배터리 용량 측정
- **조기 교체 계획**: 배터리 노후화가 발견되면 다중 모듈 중 일부씩 순차 교체하여 UPS 무정전 상태를 유지
- **환경 관리 철저**: 온도를 22~25℃ 범위로 유지, 습도 관리(45~60%)로 배터리 수명

148

연장

(2) 정류기 및 인버터 모듈 고장
- **원인:** IGBT, MOSFET, 사이리스터 등 전력 반도체 소자의 열화, 과부하, 내부 팬 고장, 고온 환경 등
- **증상:** 출력 전압 변동 증가, 알람 발생, 모듈 온도 상승, 전력 변환 효율 저하

대응 방안
- **모듈형 UPS 사용:** 고장 난 모듈만 신속 교체(Hot Swap 가능)를 통해 전체 UPS를 중단하지 않고도 복구 가능
- **정기 점검:** 전력 반도체 및 냉각팬 이상 조기 감지, 필요 시 부품 선 교체(Predictive Maintenance)
- **N+1 또는 2N** 병렬 구성으로 한 모듈 또는 한 라인이 고장 나도 안정적으로 공급 유지

(3) 냉각 시스템 장애로 인한 과열
- **원인:** 냉각팬 고장, 공조(AC) 시스템 문제, 먼지/오염물에 의한 열 교환기(Heat Exchanger) 성능 저하
- **증상:** UPS 내부 온도 급상승, 알람 발생, 배터리 온도 상승, 장비 성능 저하

대응 방안
- **냉각 설비 이중화:** 냉동기, CRAH/CRAC, 급기/배기 팬 등을 이중화 구성
- **주기적 청소:** 필터, 방열판, 환기구, 배터리실 환경 청정도 유지
- **온도 모니터링:** UPS/배터리실 상시 온도 센서로 이상 온도 감지 즉시 알람

5.3.2 비상 상황 대응 프로세스

UPS 관련 비상 상황은 정전, UPS 장애, 배터리 화재 등 다양하다. 사전에 명확한 매뉴얼을 마련하고, 관련 인력의 **정기적인 훈련**을 통해 신속하고 체계적으로 대응할 수 있어야 한다.

비상 대응 매뉴얼 작성
- **단계별 조치 절차:** 상황 인지(Alarm 수신) → 1차 조치(장비 점검 및 로그 확인) → 2차 조치(협력업체, 엔지니어 긴급 출동) → 비상 발전기 가동 또는 부하 전환 → 정상화 후 원인 분석

- **연락망 관리**: 내부 인력(데이터센터 운영팀, 전기 담당자, 상위 관리자)과 UPS 공급업체, 유지보수 업체, 외부 발전기 임대업체 등의 긴급 연락처를 빠르게 찾을 수 있도록 체계화

운영 인력의 정기적 모의 훈련 및 교육

- **시나리오 기반 훈련**: UPS 장애 후 Bypass 전환, 디젤 발전기 기동, 배터리실 화재 등 가상 시나리오에 따라 실제 상황처럼 훈련
- **장비 조작 교육**: UPS 인터페이스(제어 패널, HMI 등) 사용법, 모듈 교체 절차, 네트워크 모니터링 시스템 확인 방법 등 운영자가 능숙하게 다룰 수 있도록 교육

UPS 공급업체 및 유지보수 업체와 긴밀한 협력 체계 구축

- **SLA(Service Level Agreement)**: 특정 장애 시 **응답 시간, 현장 도착 시간, 부품 수급** 등의 기준을 명문화
- **원격 모니터링 지원**: 주요 UPS 제조사는 원격 진단 서비스를 제공하기도 하며, 장애 발생 시 제조사 엔지니어가 실시간으로 원인을 파악할 수 있도록 협력
- **정기 미팅 및 현장 방문**: 분기별 혹은 반기별로 전문가와 함께 운영 상황을 검토하고, 예비 부품 보유 상태나 노후화 부품 교체 시점 등을 협의

프로액티브(Proactive) 접근

데이터센터 UPS 운영은 '사후 대처'가 아닌 '사전 예방'이 핵심이다. 상태 기반 유지보수(CBM)를 통해 미세한 징후를 발견하고, 정기 점검에서 이상 징후를 조기 파악하여 장애 발생 확률을 낮춘다.

지속적인 교육 및 시뮬레이션

비상 대응 프로세스를 매뉴얼로 작성하는 것만으로는 부족하다. 실제로 해당 매뉴얼을 따라가며 시나리오를 가정한 훈련을 꾸준히 해야, 예기치 않은 실수를 줄이고 신속한 장애 대응이 가능하다.

협력 업체와 유기적 연계

UPS 제조사, 유지보수 업체, 배터리 공급업체 등이 서로 긴밀하게 협력하여, 예비 부품 확보와 신속한 현장 복구가 가능하도록 지원 체계를 강화해야 한다.

 이를 종합하면, **정기적이고 체계적인 유지보수 계획, 장애 유형별 신속 대응 방안**, 그리고 **명확한 비상 대응 매뉴얼**이 데이터센터 UPS의 안정적 운영을 위한 세 축이라 할 수 있다.

제 **6** 장

비상발전설비 설계 및 운영

제6장 비상발전설비 설계 및 운영

6.1 비상발전설비 개요 및 역할

6.1.1 비상발전설비의 중요성

데이터센터는 전산자원(서버, 네트워크, 스토리지 등)이 상시 가동되어야 하는 핵심 인프라로서, 전력 공급이 중단될 경우 업무 연속성이 심각하게 훼손된다. 금융, 의료, 공공서비스 등 다양한 분야의 필수 업무가 데이터센터를 통해 실시간으로 처리되므로, 정전 발생 시 막대한 경제적 손실과 사회적 혼란이 초래될 수 있다. 특히 비상발전기는 데이터센터의 규모에 따라 수 십 대에서 수백 대를 설치해야 하기 때문에 발전기의 선택과 용량, 전압 방식 등을 사전에 검토하여 전력계통 시스템과 효과적으로 연계될 수 있도록 하여야 한다.

- **중단 없는 서비스 제공:** 데이터센터는 24시간 365일 안정적으로 운영되어야 하며, 정전이나 계통 장애가 발생하더라도 중단 없는 서비스를 보장해야 한다.
- **신뢰도 향상:** 비상발전설비는 서비스 가용성을 극대화하고, 데이터센터의 신뢰도와 신용도를 높이는 데 중요한 역할을 한다.
- **필수적 안전 장치:** 데이터 보존 및 실시간 처리는 물론, 냉각·환기·보안 시스템 등 데이터센터 내 모든 필수 설비를 안정적으로 유지하기 위한 안전장치이다. 이처럼, 비상발전설비는 데이터센터의 중추적인 안정성과 연속성을 보장하는 핵심 요소이므로 필수적으로 설치되고 정기적인 점검과 유지·보수가 이루어져야 한다.
- **용량과 전압:** 최근 데이터센터 건설은 대형화 또는 초대형화되는 추세이다. 이에 따라 전력 공급의 핵심 요소인 발전기의 전압과 용량이 더욱 중요해지고 있다. 일반적으로 고압 발전기는 6.6kV, 11kV, 13.2kV 등의 전압으로 제공되며, 용량은 2,000kW에서 30,000kW까지 다양하다. 이러한 발전기들은 특고압에서 고압으로 전환하는 변압기와 함께 냉동기, 모터, UPS 등과 효과적으로 연계되어 운영될 수 있도록 설계되어야 한

다.(참고로 데이터센터 규모에 따라 수 십 대에서 수백 대의 발전기가 설치되어야 하는 경우도 있음)

<표 6.1> 고압 발전기 주요 제조사별 사양 비교표 (국내 및 해외)

제조사	제품 시리즈/유형	출력 범위 (kW/MVA)	전압 범위 (kV)	주파수 (Hz)	특징 및 용도
HD현대일렉트릭	고압 고속 전동기	~ 50,000kW (50MVA)	최대 15 kV	50/60	고효율, IEC/NEMA 규격 준수, 플랜트·중공업·발전용
효성중공업	IEC/NEMA 고압모터	~ 25,000kW	최대 13.8 kV	50/60	저진동/저소음, 다양한 환경 조건 대응 가능, 산업·발전소·선박 등
대한발전기㈜	맞춤형 발전기 세트	고객 맞춤형	사양에 따라 결정	50/60	중소형 데이터센터 및 산업용, 국내 제작 및 빠른 AS 제공
Caterpillar	3516C / G3520 시리즈	2,000 ~ 4,000kW	480V ~ 13.8 kV	60	고속 시동, 병렬 운전 용이, 디젤 및 가스 모델 다수 보유, **데이터센터 전용 인증 모델 제공**
Cummins	QSK 시리즈, C 시리즈 발전기셋	1,000 ~ 3,500kW	400V ~ 13.8 kV	50/60	디젤 및 가스 겸용 고효율 발전기, **데이터센터 및 응급전원 특화**, 글로벌 서비스망 우수
Siemens	SGen 시리즈	25 ~ 370MVA	(주문 제작)	50/60	고압 터빈 발전기, 대형 발전소 및 중공업용, 고효율 및 장주기 유지보수
ABB	고압 터빈 발전기	1 ~ 8MVA	3.3 ~ 13.8 kV	50/60	컴팩트 구조, 다양한 극수 선택 가능, 터빈·가스터빈·디젤엔진 연계 적합
GE Vernova	발전소 발전기	수십MVA급 이상	맞춤형 제공	50/60	고출력 밀도, 대형 발전소용, 다양한 발전기 냉각 방식 및 터빈 통합 설계

※ 요약 분석

- **전압 범위**: 대부분 **6.6kV ~ 13.8kV** 범위 내에서 데이터센터 등 산업용 부하에 적합한 고압 전압을 지원한다.

출력 용량

- **국내**: 보통 20 ~ 50MVA 이하로 구성되며, 맞춤형 제작이 용이하다.
- **해외**: Siemens, GE 등은 **100MVA 이상 대형 설비** 중심이나, Caterpillar처럼 **2 ~ 4MW급 데**

이터센터 특화 발전기도 강세이다.
- **데이터센터 적용성**: Caterpillar는 특히 **UPS, 병렬운전, 단기 백업** 등 데이터센터 요구조건을 충족하는 제품군이 풍부하다.

〈그림 6.1〉 비상발전기 사진

6.1.2 비상발전설비 구성요소

일반적으로 데이터센터에 설치하는 비상발전설비는 **비상 발전기, 비상 발전기 제어반, 연료 공급 시스템, 환기 및 냉각 시스템, 배기 시스템, 자동 절체 스위치(CTTS, STS)** 등의 요소로 구성된다. 그리고 각 구성 요소별 주요 기능은 다음과 같다.

1) 비상 발전기(Generator)

- **주 동력원**: 디젤 엔진 또는 가스 엔진이 대표적으로 사용되며, 최근에는 바이오디젤이나 천연가스 등 대체 연료 적용 사례도 늘어나고 있다.
- **신속한 전력 공급**: 정전 발생 시 자동으로 발전기가 기동하여, 유휴 시간(Black Start Time)을 최소화함으로써 데이터센터에 즉시 전력을 공급할 수 있다.
- **출력 및 용량 산정**: 데이터센터의 규모, 부하의 특성(IT 부하, 냉각 부하 등), 확장 계획 등을 종합적으로 고려해 발전기 용량과 수량이 결정된다.

2) 비상 발전기 제어반

- **발전기 운전 및 모니터링**: 발전기의 기동, 정지, 속도 제어, 출력 전압 및 주파수 제어 등을 수행한다.
- **보호 장치 및 상태 감시**: 과전류, 과부하, 온도 상승, 오일 압력 저하 등을 감지하는 보호 장치가 내장되어 있어, 이상 상황 시 발전기 및 계통 보호가 가능하다.
- **자동화 시스템 연동**: 데이터센터의 전력관리시스템(PMS) 혹은 자동화제어시스템(BCMS)과 연동하여, 운영자는 실시간으로 발전기 상태 정보를 확인하고, 필요 시 원격 제어할 수 있다.

3) 연료 공급 시스템

- **연료 저장 탱크**: 디젤 또는 가스 엔진용 연료를 일정 기간 이상(일반적으로 최소 8~24시간 이상) 안정적으로 공급할 수 있도록 용량이 설계된다.
- **연료 이송 펌프 및 배관**: 발전기와 연료 저장 탱크를 연결하여 안정적인 연료 공급이 가능하도록 설계되며, 압력 및 유량 제어장치를 통해 연료 공급의 신뢰성을 높인다.
- **이중화 및 안전 설계**: 긴급 상황에서 유지보수가 가능하도록 2중 배관 및 예비 펌프를 설치하거나, 누유·누출 모니터링 시스템을 구비하기도 한다.

4) 환기 및 냉각 시스템

- **엔진 열 배출**: 발전기 엔진은 높은 온도를 발생시키므로, 흡·배기를 통해 엔진실 내부 온도를 적정 수준으로 유지해야 한다.
- **정압 관리**: 엔진실의 압력 차로 인해 외부 오염물이 유입되거나, 엔진 성능 저하가 일어나지 않도록 정압과 배압을 고려한 설계가 필요하다.
- **냉각 수단**: 대형 라디에이터, 쿨러, 냉각 팬 등을 통해 냉각하며, 필요 시 냉각수를 사용하는 수냉 방식도 적용된다.

5) 배기 시스템

- **유해 가스 처리**: 디젤 엔진의 경우 질소산화물(NOx), 황산화물(SOx), 미세먼지 등을 발생시키므로, 배기 후처리 장치를 통해 규제 기준에 맞도록 오염 물질을 저감시킨다.
- **안전한 배기 경로 확보**: 엔진이 배출하는 고온 가스를 외부로 안전하게 방출하기 위해, 배기 통로의 방열 및 단열, 소음 차단, 누출 방지 대책이 마련되어야 한다.

- **소음 제어:** 데이터센터는 주거지역 인근이나 업무시설 내부에 위치하는 경우가 많으므로, 배기구에 머플러(Muffler)나 흡·차음 설비를 설치하여 발전기 소음을 최소화한다.

6) ATS(자동 절체 스위치, Automatic Transfer Switch)

- **정전 감지 및 전환:** 상용전원의 정전 또는 저전압, 주파수 이상 등을 실시간 감지하여, 비상발전기로 빠르게 전환(절체)한다.
- **부하 보호:** 전환 과정에서 전압·주파수의 과도 변동을 최소화하기 위해, ATS 자체 보호 기능과 발전기 측 제어 기능을 함께 운용한다.
- **병렬 운전 및 대체 경로:** 데이터센터 부하가 많은 경우 여러 대의 발전기를 병렬로 연결해 안정적 공급을 보장하거나, 복수의 ATS를 통해 다중 경로를 확보하기도 한다.

7) CTTS(Closed Transition Transfer Switch)

무정전 전원 절체를 가능하게 하는 고급 절체 방식의 전원 전환 장치이다. 일반적인 ATS(Automatic Transfer Switch)와 달리, **CTTS는 주전원과 예비전원이 잠시 동시에 연결되는 '폐로(Closed Transition)' 절체 방식**을 사용한다.

이를 통해 전원 절체 시 순간적인 정전이나 전압 강하 없이, 부하에 **무충격으로 전원을 전환**할 수 있는 것이 특징이다. 주로 병원, 데이터센터, 금융기관, 반도체 공장 등 **정전 허용도가 극히 낮은 핵심 시설**에서 사용되며, 발전기 또는 이중 전원 시스템과 연계하여 신뢰성 있는 전원 연속성을 확보한다.

8) STS(Static Transfer Switch, STS), 정적 절체 스위치

- **기능:** UPS에 이상이 발생하거나 과부하가 걸리는 경우, 우회 경로(Bypass)를 통해 부하에 전원을 직접 공급함으로써 장비를 보호한다.
- **설명:** STS는 UPS 출력과 우회 전원 사이를 빠른 속도로 전자식(반도체 스위치)으로 절체하는 장치이다. 기계식 스위치 대비 절체 시간이 매우 짧아 **순간적인 전압 공백**을 최소화할 수 있다. 다만 우회 전원으로 절체 시에는 'UPS를 거치지 않은 전력'이 부하에 직접 공급되므로, 전력 품질이 저하될 위험이 있으므로 주의해야 한다.

데이터센터 전기설비 계획과 설계

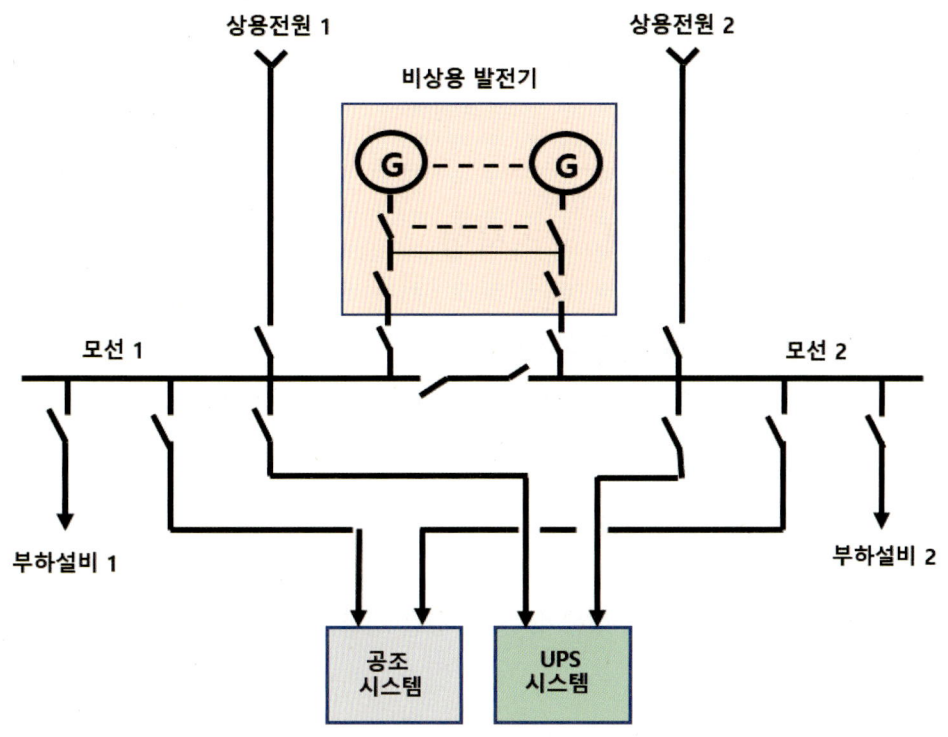

〈그림 6.2〉 변전소 설비 구성

〈표 6.2〉 ATS vs CTTS vs STS 비교표

구분	ATS (Automatic Transfer Switch)	CTTS (Closed Transition Transfer Switch)	STS (Static Transfer Switch)
전환 방식	오픈 전환(기계적 접점)	폐로 전환(기계적 접점 + 병렬 운전 가능)	정적 전환(반도체 소자 이용)
정전 여부	전원 전환 시 짧은 정전 (수백 ms ~ 수초) 불가피	거의 무정전에 가까우나, 극히 짧은 순간(수 ms ~ 수십 ms)	무정전(수 ms 이내, 이론적으로 4ms 이하)
비용	저렴 (단순 구조, 유지 보수 쉬움)	중간 (ATS보다는 비싸나, STS보다는 저렴)	고가 (고성능 반도체, 복잡한 제어, 냉각 시스템 필요)
구조 복잡도	낮음 (전통적인 기계적 전환)	중간 (병렬 운전 제어, 동기화 장치 필요)	높음 (반도체 드라이버, 방열, 초고속 보호회로 필요)
신뢰성/ 안정성	보편적, 안정적인 표준 솔루션	높은 안정성 (병렬 전환으로 전력 중단 최소화)	매우 높음 (무정전 전환, 빠른 보호, 고도화된 중복 가능)

157

적용 분야	- 소규모 시설 - 초기 비용 중요 시설 - 정전 시 큰 문제 없는 부하	- 중규모 ~ 대규모 시설 - 정전 발생 시 리스크가 큰 곳 - 경제성과 무정전을 균형 있게 고려하는 곳	- 대규모 데이터센터 - 반도체, 통신, 금융 등 무정전 필수 시설 - 고가치 부하(서버, HPC, 의료, 산업 자동화 등)

6.1.3 설치 및 운용 시 고려사항

- **신뢰도 및 이중화(Redundancy) 설계**

  비상발전시스템이 단일 장애점(Single Point of Failure)이 되지 않도록, 발전기·연료탱크·펌프·ATS 등 주요 구성요소를 이중화하거나 보완적 설계를 적용한다.

- **정기 점검 및 시험 운전**

  데이터센터 운영 표준(NFPA 110, ISO/IEC 27001, TIA-942 등)에 따라 주기적인 점검과 시험 운전을 수행하여, 실제 정전 상황에서도 신뢰도 높은 동작을 보장해야 한다.

- **냉각·환기·보안 등 환경 요소 통합 관리**

  발전기 구역의 냉각·환기 시스템과 IT 장비실의 공조 시스템 간 간섭이 없도록 시설을 배치하고, 발전기실 접근 통제 및 화재 안전설비를 고려해야 한다.

- **규제 및 친환경 동향 반영**

  환경 규제 강화와 온실가스 저감 정책에 따라, 저공해 엔진 및 배기 후처리 장치를 도입하거나, 천연가스·수소 등을 포함한 친환경 연료를 검토하고 있다.

- **스마트 모니터링 및 자동 제어 기술**

  IoT 센서, 클라우드 기반 모니터링 시스템 등을 활용해, 엔진·배선·ATS 상태를 원격에서 실시간 감시하고 예측 정비(Predictive Maintenance)를 적용할 수 있다.

데이터센터에서 비상발전설비는 단순히 정전 시 백업 전력을 공급하는 역할에 그치지 않고, **데이터센터의 안정성, 가용성, 신뢰도**를 결정짓는 핵심 인프라로 자리 잡고 있다. 따라서 설계 단계에서부터 정밀한 부하 분석, 신뢰도 계산, 표준 준수, 이중화 설계가 이뤄져야 하며, 운영 단계에서도 **정기 점검 및 유지·보수, 지속적인 성능 모니터링**이 필수적이다.

데이터센터 전기설비 계획과 설계

6.2 비상발전설비 종류와 선정 기준

6.2.1 발전기 종류 및 선정 시 고려사항

1) 발전기의 종류 및 특성

데이터센터 운영에서 가장 일반적으로 사용되는 발전기는 크게 디젤 발전기(Diesel Generator)와 가스터빈 발전기(Gas Turbine Generator)로 나눌 수 있다. 각각의 발전기는 에너지 효율, 환경 영향, 초기 투자 비용, 유지보수 편의성 등 여러 측면에서 차이가 있으므로, 데이터센터의 운영 목적 및 위치, 환경 규제 등을 종합적으로 고려하여 선택해야 한다.

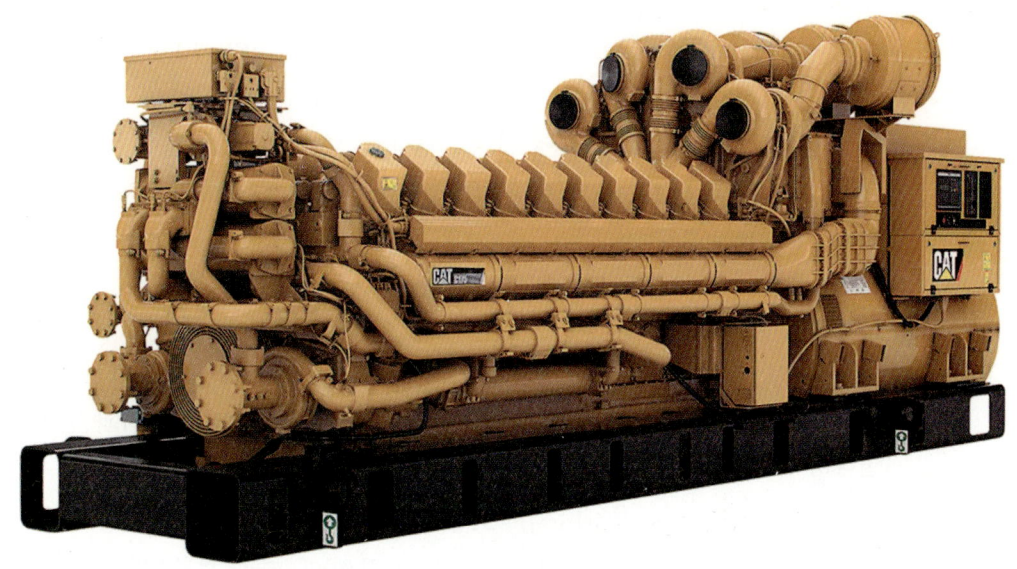

〈그림 6.3〉 비상발전기

(1) 디젤 발전기(Diesel Generator)

- **안정성 및 경제성**: 디젤 발전기는 가장 보편적이고 신뢰도가 높은 비상발전원으로 꼽히며, 상대적으로 초기 투자 비용이 낮고 유지관리 비용도 합리적이다.
- **빠른 가동 특성**: 정전 등 비상 상황 발생 시 비교적 짧은 시간 안에 기동해 전력 공급이 가능하다. 이는 IT 설비의 연속 운영이 중요한 데이터센터에 매우 유리하다.
- **연료 관리 용이성**: 디젤 연료는 장기간 보관이 가능하며, 급격한 수급 변동에 대한

대응이 용이하다. 다만 연료 오염(수분 포함)이나 산화 등에 대비해 주기적인 점검이 필요한다.

- **소음 및 배기가스**: 디젤 엔진 특성상 작동 시 소음이 크고, 질소산화물(NOx)이나 미세먼지 등을 배출하므로, 환경 규제 및 방음 대책을 고려해야 한다.

(2) 가스터빈 발전기(Gas Turbine Generator)

- **발전 효율 및 친환경성**: 가스터빈은 높은 열효율과 상대적으로 깨끗한 배기가스를 배출하여 환경 규제가 엄격한 지역에서 적합하다. 특히 천연가스(LNG) 사용 시 NOx, SOx 등 유해 물질 배출을 최소화할 수 있다.
- **초기 투자 비용**: 디젤 발전기에 비해 초기 투자 비용이 높고, 설치 공사와 유지보수를 위한 인프라(가스 공급 배관, 압력 조절 장치 등) 확충이 필요하다.
- **운영 특성**: 연료 공급만 안정적으로 이루어진다면 장시간 연속 운전에 유리하며, 일부 모델은 증기회수 시스템을 통한 복합발전(Cogeneration)으로 효율을 더욱 높일 수도 있다.
- **가동 반응 시간**: 디젤 발전기에 비해 가동 반응 시간이 다소 길거나, 초기 부하 대응력이 낮을 수 있으므로, 필요 시 UPS(무정전 전원장치)와 조합하여 순간 정전을 방지해야 한다.

(3) 추가 고려 가능 발전기 유형

- **연료전지(FC) 기반 발전기**: 현재 대규모 데이터센터에 적용되는 사례는 제한적이지만, 친환경성과 무소음, 무진동 특성을 갖추고 있어 향후 기술 성숙과 함께 도입을 검토할 수 있다.
- **마이크로 터빈(Micro Turbine)**: 소형 분산형 전원으로서 설비 용량이 크지 않지만, 데이터센터의 지역적 특성(소형·모듈형 운영)에 따라 보조 발전원으로 도입할 수 있다.

〈표 6.3〉 비상발전기 유형 비교표 (연료전지 포함, 전치형)

항목	디젤 발전기	가스 발전기	하이브리드 (발전기 + ESS)	연료전지 시스템 (Fuel Cell)
주 연료	디젤유	LNG / LPG	디젤 또는 가스 + 배터리	수소 또는 천연가스 개질 수소
기동 속도	빠름 (10초 이내)	중간 (수십 초)	ESS는 즉시, 발전기는 10초 이내	느림 (수 분 이상, 상시운전 기반)

항목	디젤 발전기	가스 발전기	하이브리드 (발전기 + ESS)	연료전지 시스템 (Fuel Cell)
환경 영향	배출가스 많음	배출가스 적음	상대적으로 친환경	매우 친환경 (무배출 수준 가능)
운영 비용	중간	다소 높음	높음 (배터리 포함 시)	높음 (연료비 + 설비비)
설치 복잡도	보통	높음 (가스 인프라 필요)	높음 (이중 시스템 구성 필요)	매우 높음 (특수 인프라 및 안전 확보 필요)
장점	가장 검증된 방식, 빠른 기동, 고출력	친환경, 저소음, 장시간 운전 가능	무정전 보장, 피크 전력 제어, 에너지 절감 가능	무소음, 무진동, 친환경, 장시간 연속 운전 가능
단점	소음, 진동, 배출가스, 연료 저장 필요	초기 투자비와 인프라 구축 어려움	시스템 복잡도 높고 초기 비용 및 유지보수 부담 존재	기술 성숙도 낮고 설치 인프라 제약, 고비용
적용 사례	대부분의 Tier III 이상 데이터센터	친환경 인증 추구형 데이터센터	ESG 경영 중시 기업, 고가용성·친환경 설비 필요 시설	실증단계, 탄소중립 목표 데이터센터, 미래형 인프라

2) 발전기 선정 시 고려 요소

발전기의 종류를 선택한 뒤에는 해당 데이터센터 운영 환경과 미래 확장 계획 등을 감안하여, 구체적인 사양 및 설치 방안을 결정해야 한다. 다음은 발전기 선정 시 필수적으로 검토해야 할 주요 항목이다.

(1) 용량 산정 및 확장성

- **최대 피크 부하 대비 120 ~ 150% 이상 용량 확보:** 데이터센터의 IT 부하, 냉각 부하, 부수 설비(조명, 보안, 제어 등)와 같은 전체 부하량을 산정한 뒤, 미래 확장성을 반영해 여유 용량을 확보한다.
- **부하 특성 분석:** 일시적 급부하(서버 재부팅 시, 쿨링 설비 기동 시 등)에 대응할 수 있도록, 발전기의 과도 응답 특성(Transient Response)과 출력 안정 시간을 철저히 검토한다.
- **이중화(Redundancy) 설계:** 단일 발전기에 과도하게 의존하지 않도록, N+1 또는 2N 구조 등 다양한 이중화 설계를 도입해 가용성(Availability)을 높인다.

(2) 연료의 선택과 저장 관리

- **연료 수급 및 안전성:** 디젤, LNG, 바이오디젤 등 다양한 연료 옵션을 검토할 때,

연료 공급망(파이프라인, 탱크, 운송 등), 저장 용이성, 안전 규정을 고려해야 한다.
- **연료 저장 설비:** 일정 시간(예: 8~24시간 이상) 이상 데이터센터를 독립적으로 가동할 수 있도록, 충분한 용량의 연료 탱크를 확보한다.
- **유지보수 및 교체 주기:** 디젤 연료는 장기 보관 시 산패가 발생할 수 있으며, LNG는 초저온(극저온) 또는 고압 저장이 필요하므로, 연료별 보관·취급 요령에 맞춰 유지보수 계획을 수립한다.

(3) 환경적 요인
- **소음 및 진동:** 발전기 설치 공간이 밀폐되거나, 주변에 민원이 발생할 수 있는 주거지역·상업지역이 인접해 있을 경우 소음·진동 억제 대책(방음벽, 머플러, 방진 패드 등)을 마련해야 한다.
- **배기가스 배출 규제:** 환경부 또는 지방자치단체의 대기오염 물질 배출 규제 및 국제 기준(ISO 8178, EPA Tier 등)에 대응해, 후처리 장치(촉매, 파티큘레이트 필터 등) 적용 여부를 검토한다.
- **방재 및 안전 설계:** 발전기실은 화재 위험이 있으므로 적절한 소화 시스템(가스계 소화, 분말 소화 등)과 방폭 설계가 필요하다.

(4) 운영 유지보수 용이성
- **정기 점검 및 시험 운전:** 비상발전 설비는 가동 빈도가 낮은 대신, 긴급 상황에서 확실히 동작해야 한다. 따라서 주기적인 부하 시험(Load Bank Test)과 가상 정전 시뮬레이션을 통해 성능을 점검한다.
- **부품 교체 및 접근성:** 엔진·발전기·제어반 등 주요 부품을 교체하거나 정비할 때, 물리적 접근성이 좋아야 작업 효율이 높아진다.
- **원격 모니터링 및 예측 진단:** 발전기 상태(오일 압력, 온도, 진동 등)를 실시간으로 모니터링하고 예측 진단(Predictive Maintenance)을 수행함으로써, 다운타임을 최소화하고 운영 비용을 절감할 수 있다.

(5) 경제성 분석
- **초기 투자비 및 운용비:** 디젤 발전기는 상대적으로 초기 투자비가 낮지만, 장기 운용 시 연료 비용이 높아질 수 있으며, 가스터빈 발전기는 초기 투자비가 높으나 환경 규제나 운영 효율 면에서 이점을 가진다.
- **LCC(Life Cycle Cost) 접근:** 단순 도입비용뿐 아니라, 예상 수명(Life Span), 유지보수 비용, 연료비, 설비 교체 주기 등을 고려한 전 과정 비용을 종합적으로 산정

해야 최적의 경제적 의사결정이 가능하다.

데이터센터 발전기 선정은 **신뢰도, 가용성, 환경 규제, 경제성**을 종합적으로 판단해야 하며, **지속 가능한 데이터센터 구축**을 위해 친환경 연료 및 스마트 유지보수 체계까지 고려하는 것이 바람직하다. 특히 다음과 같은 사항을 유념하기 바란다.

데이터센터 규모와 용도, 부하 특성을 정확히 파악하고, 미래 확장 가능성까지 충분히 반영한 용량 산정.

연료 공급망 및 저장 설비의 안정성 확보와 함께, 환경 규제와 각종 위험(화재, 누출, 오염 등)에 대비한 안전 대책 마련.

신뢰도 향상을 위해 N+1, 2N 등 **이중화 설계** 적용과 정기적인 **시험 운전**, 실시간 모니터링 시스템 구축.

배기가스, 소음, 진동 등 환경 영향을 최소화하여, 지역 사회와의 상생을 도모할 수 있는 체계적인 발전기 운용.

LCC(Life Cycle Cost) 분석을 바탕으로 초기 투자와 장기 운용 비용을 균형 있게 관리하고, 필요 시 **가스 엔진, 연료전지 등 대체 발전 기술**도 검토.

6.3 비상발전설비 설계 및 시공 실무

6.3.1 발전기 용량 산정 절차

데이터센터의 안정적인 비상 전원 공급을 위해 발전기 용량을 산정하는 데에는 다음과 같은 과정을 거친다.

- **전체 전력 부하 산정**
    IT 장비 부하(서버, 스토리지, 네트워크 스위치 등)
    냉각 설비(냉동기, 공조기, CRAC 등)
    UPS(무정전 전원장치)의 효율 손실 및 자체 부하
    기타 부수 부하(조명, 보안 시스템, 관리실 등)

- **발전기 기동 부하와 피크 부하 고려**
    정전 발생 시 발전기가 기동되는 순간, 냉각 설비나 공조 시스템 등 큰 기동전류가 필요한 부하가 동시에 올라갈 수 있다. 이를 고려해 '최대 피크 부하(Starting Load

+ Running Load)'에 대한 발전기 용량을 결정한다.

- **이중화 구성(N+1 이상)**

    데이터센터 신뢰도 확보를 위해 최소 N+1 이상의 이중화를 적용한다. N+1 설계란, 실제 필요한 'N대'의 발전기에 1대를 추가하여(총 N+1대) 어느 한 대가 고장이나 점검으로 빠져도 나머지 발전기들이 전체 부하를 커버하는 구조이다.

- **확장성 고려**

    데이터센터는 시간이 지남에 따라 IT 장비 증설 등으로 부하가 증가한다.
    초기 설계 용량에 **20 ~ 30% 수준**의 여유율(Headroom)을 반영하여, 장래 부하 증가에도 안정적으로 대응할 수 있도록 한다.

※ 실제 설계 적용 예시

예시 시나리오

- **데이터센터 기본 부하**

    IT 부하(서버, 네트워크 등): 1.5MW
    냉각 설비 부하(냉동기, CRAC, 펌프 등): 0.6MW
    기타 부수 부하(조명, 관리실, 보안 설비 등): 0.2MW
    합계: 2.3MW

- **최대 기동 부하 고려**

    냉각 설비를 비롯한 일부 모터 부하가 동시에 기동할 경우 순간적으로 정격 부하보다 1.2 ~ 1.3배 정도 크게 상승할 수 있다.
    보수적으로 **피크 부하** = 2.3MW × 1.2 = 2.76MW 정도로 추정(본 예시는 가정값).

- **확장성(여유율) 반영:**

    향후 IT 장비 증설, 부수 설비 확대 등을 고려해 **30% 여유율**을 추가한다.
    설계 기준 부하 = 2.76MW × 1.3 = 약 3.59MW
    실제 설계 시에는 보다 정교한 부하 분석을 통해 값이 결정된다.

- **N+1 구성 결정:**

    필요한 'N'이 1대(= 3.59MW를 커버 가능한 발전기 1대)라고 가정할 경우, 여유 한 대를 추가해 총 2대(= N+1)를 설치한다. 즉 **각각 3.6 ~ 4.0MW급**(제조사 스펙에 따라 표준 용량 선정) 발전기를 2대 도입함으로써, 1대가 고장이나 점검을 진행하더라도 나머지 1대로 전체 부하를 모두 커버한다.

- **결과적으로**

    발전기 1대당 정격 용량: 약 4MW급(디젤 혹은 가스 터빈)

    총 설치 발전기 수: 2대 (N+1 구조)

    이 경우, 하나의 발전기가 풀 부하(3.59MW 추정치)를 모두 담당 가능하며, 확장 여유도 확보된다. 부하 상황에 따라, 예를 들어 3대(N=2, N+1=3대)를 설치하여 각 발전기 용량을 2MW 정도로 나눠서 구성하는 방안 등 다양한 조합이 가능하다.

- **용량 산정 시 유의사항**

    UPS를 거친 후의 실제 부하와 UPS 효율 손실을 구분하여 고려해야 한다. **전력 인프라(배선, 차단기, 변압기 등)** 설계 시 발전기 용량에 맞춰 부하 곡선을 재확인해야 한다. **주 변압기(상용전원)와의 연동, ATS(자동절체스위치) 용량, 배스바(busbar) 정격** 등도 발전기 용량에 맞추어 상호 호환되도록 설계해야 한다.

6.3.2 발전기 설치 시 고려 사항

1) 발전기실 위치 선정

연료 공급, 배기, 소음·진동 제어가 용이한 독립된 공간을 확보한다. 가능하면 건물 옥외 또는 옥상의 독립 구역을 활용하기도 하며, 지하실의 경우 배기·환기 대책이 충분히 마련되어야 한다. 유지보수 인력 및 비상 대응 차량(연료 충전 차량 등)이 쉽게 접근할 수 있도록 **동선(動線)을 고려**해야 한다.

2) 환기 및 냉각 설비

발전기 운전 중 엔진에서 발생하는 열을 신속히 배출할 수 있도록 **흡기/배기 라인**을 충분히 확보한다. 대형 라디에이터나 수냉식 냉각 시스템을 도입할 수도 있으며, 온도 감시 센서(온도·습도 모니터링)와 연동된 제어 시스템이 필요하다.

3) 연료 저장 시설

연료 탱크 용량은 최소 24시간~48시간 비상 가동분을 권장한다. 대규모 데이터센터의 경우, 실제 가동 시 연료 소모량이 커서 충분한 저장 용량이 필수이다. 배관 및 펌프 시스템은 **중복(이중화) 설계**와 누유 감지, 화재 방지 대책 등을 철저히 마련하여 안전성을 극대화한다.

4) 소음 및 진동 관리

도심 지역이나 주거지역 인근에 위치할 경우, 발전기 작동 시 소음으로 인한 민원이 발생할 수 있으므로 **방음벽, 머플러(Muffler), 방진 패드** 등을 설치한다. 건물 구조물과 발전기 베이스프레임 사이에 방진 장치를 두어 진동이 직접 전달되지 않도록 설계한다.

■ 국내 사례 정리

(1) 국내 대형 인터넷 기업 A사의 데이터센터

위치: 수도권 외곽 지역

발전기 용량 및 구성
- 디젤 발전기 3대(각 2.5MW)로 N+1(N=2, 여분 1대) 구성
- 최대 IT 부하 4~4.5MW 수준을 고려하여, 2대만으로도 충분히 커버 가능

연료 저장 시설
- 건물 옥외에 대형 지상 탱크 2기 설치(각각 48시간 이상 커버 가능 용량)
- 주기적으로 협력 업체가 디젤 연료 상태(수분, 슬러지 등) 점검 및 교체

환기·냉각
- 옥상 환기구와 실내 라디에이터 시스템을 조합해 효율적인 열 배출
- 정전 테스트(Load Bank Test) 시 약 1시간 가량 실부하 걸어 이상 여부 정기 점검

(2) 통신사 B사의 IDC(Internet Data Center)

위치: 도심 지하 1~2층

발전기 선정
소음과 배기가스 문제로 인해 **가스 터빈 발전기** 일부 구간 채택(환경 규제 대응)
디젤 발전기와 병행 운영(하이브리드)

소음·진동 대책
지하층 건물 기둥에 전달되는 진동 차단을 위해 **고성능 방진 패드** 도입
배기 가스는 옥상까지 별도 수직 배관으로 배출, 후처리 장치(배기가스 정화 장치) 설치

안전 설계
지하 연료 저장탱크 사용 시 위험도를 낮추기 위해, 화재·폭발 방지 설비(가스계 소

화, 환기 팬, 누유 감지 시스템) 강화

(3) 금융권 C사의 데이터센터

위치: 수도권 외곽 신축 부지

발전기 용량 산정

초기 IT 부하 1MW → 향후 5년 내 2~3배 증설 예정
초기부터 3MW급 디젤 발전기 2대(N+1)를 설치, 필요 시 1대 추가 설치가 가능하도록 기초 설계를 확장성 있게 마련

연료 관리

디젤 연료 내 수분·슬러지 문제 방지를 위해, 연료여과장치(Fuel Polishing System) 도입

연료 점검 결과를 중앙 모니터링 시스템에서 실시간 확인

실제 설계 예시에서 보듯이, 초기 부하 파악부터 기동 부하, 피크 부하, 미래 확장까지 고려하여 적정 용량을 산정하고, 최소 N+1의 이중화로 설계하는 것이 일반적이다. 국내 사례들을 보면, 대부분 **디젤 발전기**를 주력으로 사용하되, 도심 지역 또는 환경 규제가 엄격한 지역에서는 **가스 터빈 발전기** 혹은 **하이브리드 구성**을 검토하는 추세가 늘어나고 있다.

연료 저장 탱크는 24~48시간 비상 가동이 가능하도록 설계하며, 안전·환경 문제가 발생하지 않도록 주기적으로 점검하고 필요 시 현대적 장비(연료 필터 시스템 등)를 활용한다.

소음 및 진동 관리는 국내 IDC(Internet Data Center)에서 대외적으로 중요한 이슈이며, 배기 후처리나 방음벽 등의 설치 비용도 상당하기 때문에, 초기 설계 단계에서 종합적으로 검토해야 한다.

마지막으로 데이터센터가 운영되는 동안 '주기적인 시험 운전(Load Bank Test, 실부하 테스트 등)'과 **정기 유지보수**는 필수적이다. 비상 시 단 한 번의 정전에도 막대한 피해가 발생할 수 있으므로, 이중화 설계와 함께 철저한 예지정비(Predictive Maintenance) 프로세스를 마련하는 것을 권장한다.

6.4 비상발전기 유지관리 및 연료 관리 방안

6.4.1 비상발전설비 유지관리 및 비상 대응

데이터센터에서 비상발전설비는 **신뢰도(Availability)와 연속성(Continuity)을 보장**하는 핵심 인프라이다. 따라서 주기적인 점검·유지보수와 체계적인 비상 대응 훈련이 필수적으로 수행되어야 한다. 아래에서는 주기별 유지관리 항목과 연료 관리 방안, 그리고 비상 대응 절차와 모의 훈련에 대해 상세히 다루겠다.

1) 발전기 유지보수 및 점검 계획 수립

발전기는 **정전 등 긴급 상황에서 즉각적으로 기동해야 하는 설비**이므로, 부품 노후나 결함 발생 시 심각한 장애로 이어질 수 있다. 이를 방지하기 위해, 데이터센터 운영 표준 (NFPA 110, TIA-942, ISO/IEC 27001 등)을 참조하여 **주기별 점검 계획**을 수립한다.

(1) 매주 또는 매월 점검 항목

- **배터리 충전 상태 확인:** 시동용 배터리는 발전기 기동 시 필수적이므로, 전압 상태 및 충전 컨디션을 주기적으로 확인해야 한다. 필요 시 배터리 교체나 충전기 점검을 병행한다.
- **엔진 시운전 테스트:** 공회전(無負荷) 상태뿐 아니라, **부하 시험(Load Test)을 포함**하여 엔진 성능과 응답성을 주기적으로 확인한다.
- **계통 모니터링 시스템 확인:** 발전기 제어반(GCU) 또는 데이터센터 전력관리시스템(PMS)에서 제공하는 운전 로그, 알람 이력 등을 점검해 이상 여부를 사전 파악한다.

(2) 분기별 점검 항목

연료 공급·저장 시스템 점검

디젤 또는 LNG 배관의 누설, 밸브 동작 상태, 연료 펌프 압력 등을 확인한다. 보조 탱크(데이탱크) 또는 이중화 펌프가 있는 경우, 동작 상태와 자동 절체 기능도 점검한다.

배기 시스템 점검

배기관, 머플러(Muffler), 후처리 장치(촉매, 필터 등)에 손상이나 누출이 없는지 확인한다. 엔진 배기 온도·배압을 모니터링하여, 표준 범위를 벗어나는지 여부를 체크

한다.

발전기 제어 시스템 및 ATS 작동 테스트

발전기 제어반(GCU)과 ATS(Automatic Transfer Switch)가 문제 없이 연동되는지 주기적으로 시험 운전한다. 상용 전원-비상 발전 전환 시 과도 전압·주파수 변동 등을 기록·분석하여, 안전한 절체가 이뤄지는지 확인한다.

연간 점검 항목

엔진 오일·냉각수·필터류 교체

제조사 권장 주기(시간 기준 혹은 1년 주기 등)를 준수한다. 엔진 오일 점도, 오염 상태, 냉각수 부식 억제제(부동액) 농도 등을 정밀 검사 후 교체 일정을 관리한다.

엔진·발전기 주요 부품 상태 정밀 점검

터보차저, 인젝터, 실린더 헤드, 회전자(로터), 고정자(스테이터) 등의 상태를 전문 장비(진단 소프트웨어, 진동 분석기 등)로 검사한다. 필요 시 분해 정비(오버홀) 일정을 사전에 잡고, 예비 부품 재고를 확보한다.

실부하(Real Load) 테스트

실제 데이터센터 부하를 일시적으로 발전기로 전환해 테스트하거나, 별도의 로드 뱅크(Load Bank)를 연결해 발전기 최대 출력을 가동해본다. 이를 통해 발전기 출력 유지 능력, 냉각 성능, 배기 상태 등을 종합적으로 평가한다.

> **Tip: 예지정비(Predictive Maintenance)**
>
> 엔진 오일 내의 금속 성분 분석, 베어링 진동 분석, 온도·압력 센서 데이터 등을 종합하여 **노후 부품을 사전에 파악**하고 교체 일정을 조율하면 **비계획 다운타임**을 최소화할 수 있다.

2) 연료 저장 및 관리 방안

연료 관리는 발전기 운용의 **생명선**으로, **신뢰성과 안전성**을 동시에 확보해야 한다. 디젤 연료와 LNG 연료는 각각의 특성에 맞춰 관리 방법이 달라진다.

(1) 디젤 연료 관리

기적 품질 테스트

연료 샘플을 채취하여 수분 함유량, 침전물, 미생물 번식(슬러지) 여부 등을 검사한다. 수분이 많아지면 연료 계통 부식이나 필터 막힘이 발생할 수 있으므로, 필요 시

연료 폴리싱(Fuel Polishing) 장비를 통해 제거한다.

연료 탱크 청소 및 배수
장기 보관 시 탱크 하부에 침전물이 쌓일 수 있으므로, 분기 또는 연간 주기로 내부 세척 및 배수를 실시한다.

자동 순환 시스템
일부 대규모 데이터센터는 탱크 내 연료를 정기적으로 순환시켜 품질 변화를 최소화한다.

(2) LNG(가스) 연료 관리

저장 탱크 상태 점검
LNG는 초저온(-162℃ 부근)으로 보관하거나, 고압 상태에서 저장하므로 탱크의 단열 성능과 압력 안전밸브 상태를 주기적으로 확인한다.

가스 누출 탐지 설비
LNG는 누출 시 폭발 위험이 있으므로, 가스 센서(Detector)를 충분히 배치하고 이상 알람을 상시 모니터링한다.

배관 결로·냉동 문제 관리
초저온 배관에서 발생하는 결로 문제로 인해 주변 설비가 손상될 수 있으므로, 보온재 시공 및 드레인 시스템을 철저히 구성한다.

(3) 연료 저장 탱크 용량 및 안전 설계
최소 24 ~ 48시간 비상 가동 가능 용량을 권장하며, 데이터센터 규모와 환경 여건에 따라 더 긴 기간을 준비하기도 한다. **이중벽 탱크**(Double-Wall Tank) 또는 **누유 탐지 센서** 적용으로, 누출 사고를 즉시 감지하고 2차 피해를 방지한다. **소방법, 위험물관리법 등 국내외 안전 규정**을 준수하고, 필요 시 환경영향평가 및 인허가 절차를 진행한다.

3) 비상 대응 및 모의 훈련
비상발전설비는 긴급 상황에서 그 가치를 발휘하므로, **절차서(Standard Operation Procedure)**를 정교하게 마련하고, 운영 인력의 숙련도를 높이는 것이 중요하다.

(1) 비상 상황 발생 시 발전기 가동 프로세스 작성
상용 전원 이상 감지 → ATS 동작 → 발전기 기동 → 부하 전환의 과정을 구체적으로 문서화한다. 각 단계에서 **담당자, 점검 항목, 확인 절차**를 명시하고, 오작동이나 지연 시 **재시도(Manual Bypass) 절차**도 별도로 마련한다.

(2) 운영·관리 인력의 정기적 비상 대응 훈련

연간 최소 2회 이상 실제 시나리오를 가정하고 모의 훈련을 실시한다.(예: 인위적인 상용 전원 차단 후 발전기 동작, UPS 동작, 부하 전환 테스트 등)

훈련 후에는 **문제점**을 분석하고, 절차서 개선 및 추가 교육을 실시해 재발 방지에 힘쓴다.

비상 연락망(내부 기술팀, 연료 공급 업체, 외부 유지보수 업체 등)을 최신화하고, **커뮤니케이션 체계**를 테스트한다.

(3) 발전기 장애 발생 시 긴급 복구 계획 수립

발전기가 기동되지 않는 상황이나, **운전 중 고장**이 발생했을 때의 대응 시나리오를 마련한다. 가용한 예비 발전기(이중화된 N+1 설비), 임시 임대 발전기, UPS 추가 운전 시간 확보 방안 등을 **체계적으로 문서화**해 두어야 한다. **MTTR(Mean Time to Repair)** 목표를 설정하고, 주요 부품 및 정비 인력의 **SLA(Service Level Agreement)**를 명확히 규정한다.

- **정기 유지보수:** 주기별(주·월·분기·연간)로 세분화된 점검 계획을 충실히 이행함으로써, 발전기 고장을 예방하고 실제 비상 상황에서 즉시 대응이 가능하도록 준비해야 한다.

- **연료 관리:** 디젤과 LNG는 각각 특성을 달리하므로, **연료 품질 테스트, 탱크 보관 및 안전 대책**을 철저히 수행해야 한다. 장기 보관 시의 변질, 누유, 폭발 위험 등을 항상 점검하고 사전에 방지한다.

- **비상 대응 훈련:** 문서화된 절차서와 정기적인 모의 훈련을 통해 운영 인력의 숙련도를 높이고, 예상치 못한 장애에도 신속하게 대응할 수 있도록 체계화한다.

- **지속 개선:** NFPA 110, IEEE STD 446, TIA-942, ISO/IEC 27001 등 관련 국제·국내 표준을 준수하고, 설비 상태와 운영 결과를 상시 모니터링하여 **지속적인 프로세스 개선**을 추구해야 한다.

제 7 장

데이터센터 냉각설비 최적화 기술

제7장 데이터센터 냉각설비 최적화 기술

7.1 냉각설비 개요 및 데이터센터에서의 중요성

7.1.1 데이터센터 냉각설비의 필요성

데이터센터는 서버, 스토리지, 네트워크 장비 등 고밀도 IT 인프라가 집약된 공간이며, 이 장비들이 지속적으로 동작하면서 막대한 양의 열을 발생시킨다. 이러한 발열을 적절히 제거하지 못하면 다음과 같은 심각한 현상이 발생한다.

장비 성능 및 수명 저하

과열이 발생할 경우 장비 성능이 급격히 떨어지고, 심할 경우 장비 고장이나 데이터 손실까지 이어진다.

운영 안정성 감소

서버 다운타임(다운)이 길어지면 서비스 신뢰도가 하락하며, 금전적·평판적 손실이 발생할 수 있다.

에너지 효율 저하

과열로 인한 쿨링 부하가 증가하면 전력 사용량이 늘어나, 데이터센터의 전체 에너지 효율(PUE)이 크게 악화된다. 결국 **지속적이고 안정적인 데이터센터 운영**을 위해서는 열을 효과적으로 제거할 수 있는 냉각설비가 필수적이며, 전체 에너지 사용량 중 상당 부분(최대 절반 이상)을 차지하는 냉각 부하를 어떻게 줄이고 효율을 높일지가 핵심 과제가 된다.

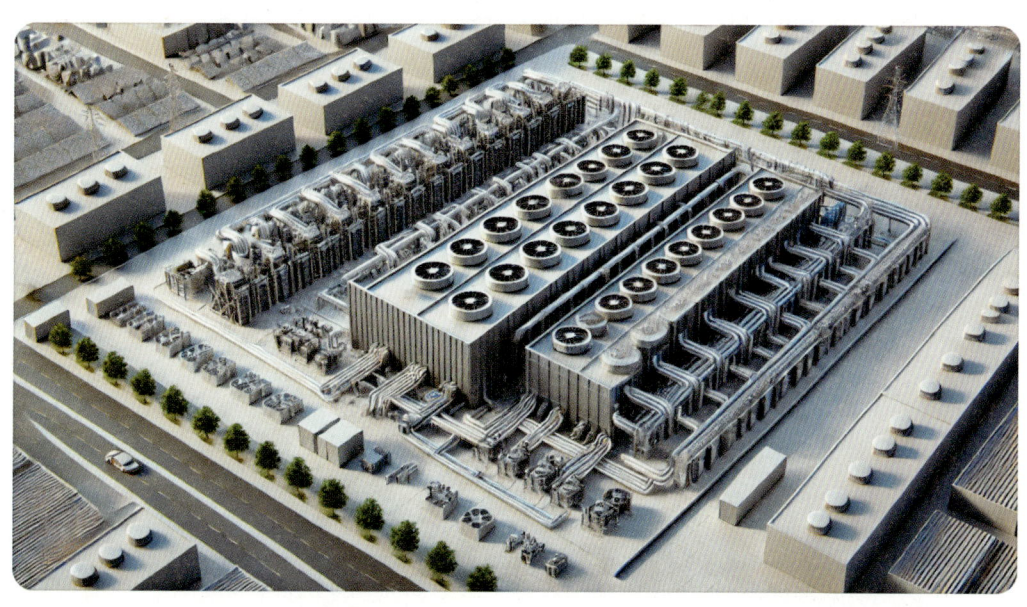

〈그림 7.1〉 냉각설비 시스템 배치도

7.1.2 데이터센터 냉각설비 구성 및 원리

일반적으로 데이터센터 냉각시스템은 다음과 같은 주요 요소들로 구성된다.

냉각장치(Chiller)

냉수를 생산하여 냉각 성능을 제공하는 핵심 장치이다. 흡수식 칠러, 스크류 칠러, 터보 칠러 등 다양한 형태가 있으며, 효율과 운용 환경에 따라 선택된다.

냉각탑(Cooling Tower)

냉수에서 흡수된 열을 외기(바깥 공기)로 방출하는 장치이다. 대규모 데이터센터에서 사용되는 수랭식 냉각 방식에 있어 필수적이며, 물 사용과 증발 효과를 통해 열을 방출한다.

공조기(CRAH/CRAC)

서버룸 내부로 차가운 공기를 직접 공급하여 IT 장비를 냉각한다. CRAH(Computer Room Air Handler)는 냉수(Chilled Water) 코일을 활용하고, CRAC(Computer Room Air Conditioner)는 냉매(DX, Direct Expansion)를 사용하는 방식이 주로 쓰인다.

배관 및 펌프 시스템

칠러에서 생산된 냉수, 냉각탑에서 순환되는 냉각수가 원활히 흐를 수 있도록 설계된 배관망과 펌프 설비이다. 이중화(N+1, 2N 등)로 구성하여 높은 안정성을 확보하는 것이 일반적이다.

자동 제어 시스템(BMS/DCIM)

온도, 습도, 유량, 압력 등을 측정하여 최적의 냉각환경을 유지하고, 필요 시 각 장비를 제어한다. 최근에는 AI/머신러닝을 활용한 예측 제어로 효율을 더욱 높이는 추세이다.

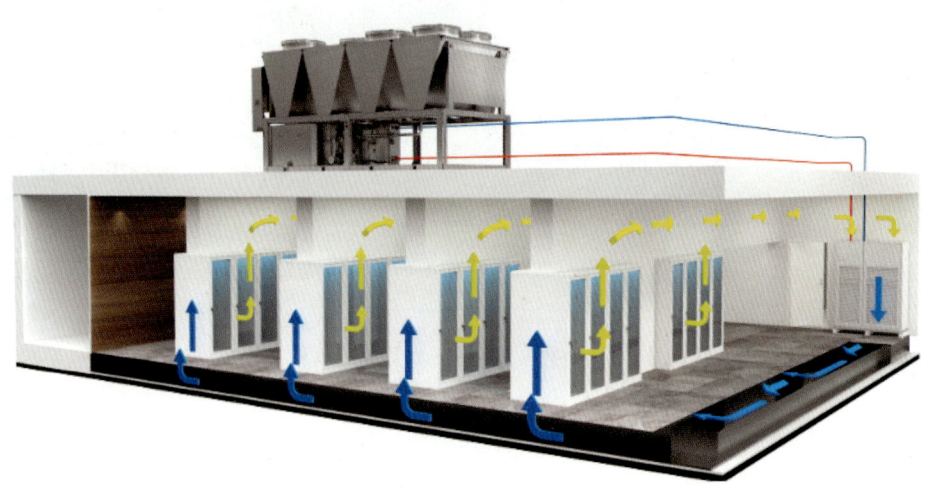

〈그림 7.2〉 냉각설비

7.1.3 초대형(Mega-scale) 데이터센터 냉각 방식

오늘날 글로벌 IT 기업(예: 구글, 마이크로소프트, 아마존 등)과 국내 대형 포털/클라우드 기업(네이버, 카카오, KT, LG CNS 등)에서는 초대형(Mega-scale) 데이터센터를 구축하고 있다. 이러한 초대형 데이터센터에서 주로 적용되는 냉각 방식은 다음과 같다.

1) 공랭식(CRAC/CRAH) + 공조기 고효율화

- **핫-콜드 아일 컨테인먼트:** 차가운 공기와 뜨거운 공기가 섞이지 않도록 통로를 물리적으로 구분하여, 냉동능력을 효율적으로 활용한다.
- **고급 필터 및 팬 기술:** 대형 팬(EC Fan)과 고성능 필터를 사용해, 공기 흐름과 청정도를 개선한다.
- **AI 기반 제어:** 서버 발열량 분석, 외기 온도 실시간 모니터링 등을 통해 냉각에 필요한 팬 속도, 냉수 온도 등을 자동으로 최적화한다.

2) 수랭식(Chiller + Cooling Tower) 고효율 시스템

- **초고효율 열교환기 및 펌프:** 마이크로 채널 열교환기나 가변주파수펌프(VFD) 도입으로 냉각 효율을 높이고 전력 소모를 줄인다.
- **자연냉각(Free Cooling) 활용:** 외기 온도가 낮은 계절이나 심야 시간대에는 칠러의 가동을 최소화하고, 냉각탑이나 건식 쿨러(Dry Cooler)만으로 열을 방출해 PUE를 낮춘다.
- **확장성(Scalability):** 초대형 데이터센터는 미래 부하 증가에 대비해 모듈별로 칠러 시스템을 추가할 수 있도록 설계하는 경우가 많다.

3) 액체 냉각(Direct Liquid / Immersion Cooling)

- **고발열 IT 장비 대상:** GPU, HPC(고성능 컴퓨팅) 서버 등 발열이 심한 장비에 직접 냉각수를 유입하거나, 전용 냉각 액체에 장비를 담그는 방식(Immersion Cooling)이 각광받고 있다.
- **열 재활용 가능:** 냉각수 온도를 상대적으로 높여서 재활용(온수 공급, 지역 난방, 흡수식 냉동기 등)에 활용할 수 있어, 환경 부하를 줄이고 운영비용을 절감한다.

4) 자연환경 활용(해저/극지방 등 특수 입지)

- **해저 데이터센터:** 바닷물의 낮은 온도를 활용하여, 해수로 열을 방출하는 혁신적 냉각 방식.(예: 마이크로소프트의 해저 데이터센터 프로젝트)
- **극지방/고지대 입지:** 외기 온도가 극도로 낮은 지역에 데이터센터를 설치해 자연냉각 효율을 높이는 방안도 연구되고 있다.

7.1.4 국내·외 데이터센터 냉각 사례

1) 국내 사례

네이버 데이터센터 '각'(강원 춘천)

외기냉방(Free Cooling)을 적극 활용하도록 건물 구조를 최적화하고, 외벽을 자연 환기에 유리하게 설계했다. 춘천 지역의 기후 특성을 살려, 연중 상당 기간 냉각탑 또는 건식 쿨러만으로 서버를 냉각할 수 있어 높은 에너지 효율을 달성했다.

카카오 데이터센터

열 밀도가 높은 AI/HPC 장비룸은 액체 직접 냉각 기술을 시험 적용하며, 미래 확장성을 검토하고 있다. 데이터센터 운영 효율을 위해 DCIM(Data Center Infrastructure-Management) 시스템에 AI 기반의 자동제어 모듈을 도입하여, 냉각 설비의 부하 변동을 예측하고 제어한다.

KT IDC(서울, 분당, 부산 등 다수 위치)

수랭식 칠러 시스템과 공랭식 CRAC가 혼합된 하이브리드 구성을 통해, 계절별·시간대별 외기 상황에 유연하게 대응한다. 장기적으로 액체 냉각 기술 및 재생에너지(태양광, 연료전지 등) 활용을 모색하며, 탄소중립 데이터센터로 전환을 계획 중이다.

2) 해외 사례

구글 데이터센터(벨기에, 핀란드 등)

해안가나 저온 지역에 데이터센터를 지어, 외기냉방과 수자원(해수, 호수)을 활용한 수냉식 냉각을 적극 채택한다. AI 알고리즘으로 전세계 데이터센터의 냉각 운용을 실시간으로 최적화하여, 평균 PUE를 1.1 ~ 1.2 수준까지 낮추는 것을 목표로 한다.

마이크로소프트 해저 데이터센터(Natick 프로젝트)

해저에 서버 컨테이너를 설치하여, 자연적으로 낮은 바닷물 온도와 해류를 활용해 냉각 효율을 높인다. 유지보수 이슈와 해양 생태계 영향 등을 연구하고 있으며, 대규모 상용화 시 에너지 효율과 공간 활용 측면에서 큰 장점이 있을 것으로 기대된다.

페이스북(메타) 라플란드 데이터센터(스웨덴)

극지방(스웨덴, 노르웨이 등)에 초대형 데이터센터를 건설하고, 거의 1년 내내 외기 냉각을 활용한다. 재생에너지를 100% 사용해 **탄소중립**을 지향하며, 잉여 열은 주변 지역 난방에도 활용하는 등 친환경 사업 모델로 주목받고 있다.

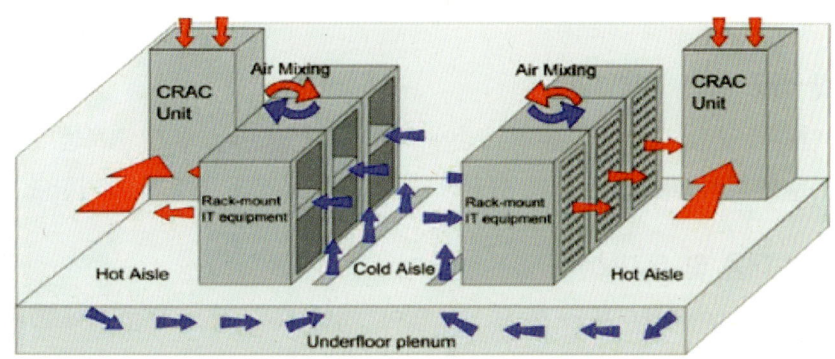
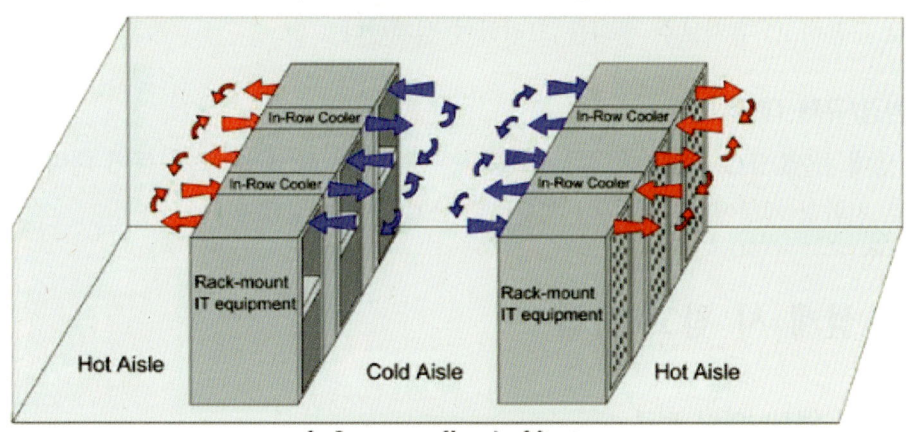

〈그림 7.3〉 공조설비

7.1.5 설계 및 운영 시 고려 사항

신뢰성 / 가용성

초대형 데이터센터는 서비스 연속성이 매우 중요하므로, 냉각설비 이중화(N+1, 2N 구조), 배관 이중화 등을 통해 어떤 상황에서도 열을 제거할 수 있도록 해야 한다.

에너지 효율 / PUE 관리

초기 설계에서부터 PUE 목표를 설정하고, 이를 달성하기 위한 **공조 설비 최적화, 자연 냉각(Economizer), AI 기반 예측 제어** 등을 적극 도입한다.

배관 및 펌프 설계

칠러/냉각탑에서 서버룸까지의 유로를 최소화하면서, 유량 편차를 줄이는 배관 구조를 설계한다. VFD(Variable Frequency Drive) 펌프, 고효율 팬 시스템을 사용해 부하 변

화에 따라 동력을 탄력적으로 조절한다.

핫-콜드 아일 컨테인먼트

단순히 공랭식 장비의 배치를 넘어, 서버 랙의 인·아웃 공기 경로를 명확히 분리하여 냉기를 정확히 필요한 곳에만 공급하고, 뜨거운 공기를 빠르게 제거한다.

장애 대응 및 유지보수

초대형 데이터센터는 구성 요소가 많아, 장애 혹은 정기 점검 시에도 중단 없는 서비스가 중요하다. 각 구성요소(칠러, 냉각탑, 배관, CRAH/CRAC, 제어 시스템)를 모듈 단위로 구분하고, 유지보수 편의를 고려하여 설계한다.

환경/규제 대응

냉매 규제(HFC, CFC 대체), 탄소중립 목표, 지역 물 사용 규제 등에 대비해, 장기적으로 친환경·재생에너지 활용이 가능한 시스템을 구축해야 한다.

7.1.6 설계 시 참고 사항

통합적 엔지니어링 접근

데이터센터 냉각은 전기설비, 건축 구조, IT 인프라 등과 상호 밀접하게 연관되어 있으므로, 초기 단계부터 각 분야 전문가들과 협업하여 통합 최적화를 달성해야 한다.

최신 냉각 기술 접목

초대형 데이터센터는 폭발적으로 늘어나는 서버 부하에 대응해야 하므로, 전통적인 공랭/수랭뿐 아니라 액체냉각(Immersion), 자연냉각(Free Cooling), 해저 데이터센터 등 다양한 기술을 적극 검토한다.

운영 빅데이터 분석 및 AI 제어

실제 운영 단계에서 서버 부하, 온도·습도, 외기 조건 등을 실시간으로 모니터링해 **빅데이터 분석**과 **머신러닝 기반 제어**를 통해 냉각 효율을 지속적으로 개선한다.

환경 친화 및 지역 상생

대규모 수요 전력 및 물 사용, 배출 열(폐열) 등을 고려해 지역 단위 재활용(난방, 농업, 산업용 공정 등)을 추진하면, 에너지 절감뿐만 아니라 지역사회 기여도 가능하다.

장기적 확장성(Scalability) 확보

초대형 데이터센터일수록 장비 교체·확장이 잦기 때문에, 초기 설계부터 모듈형 구조, 이중화된 배관·전력망 등을 염두에 두고 설계하는 것이 필수적이다.

7.2 데이터센터 냉각 방식의 종류 및 특징

데이터센터의 냉각설비는 서버, 스토리지, 네트워크 장비 등에서 발생하는 열을 효과적으로 제거해 IT 인프라의 안정적 동작과 장기 수명, 에너지 효율을 보장하는 핵심 요소이다. 최근에는 단순 공냉식부터 수냉식, 프리쿨링, 액침 냉각 등 다양한 기술들이 혼합(하이브리드)되어 사용되며, 운영비 절감과 친환경(탄소중립) 목표 달성을 위해 계속 발전하고 있다.

7.2.1 냉각방식별 비교 표

표 7.1에서는 4가지 주요 냉각방식(공냉식, 수냉식, 프리쿨링, 액침 냉각)을 개념, 적용 가능한 데이터센터 규모, 장단점, 특징 등을 중심으로 비교하였다.

〈표 7.1〉 냉각방식별 비교표

구분	공랭식 (Air-Cooled)	수냉식 (Water-Cooled)	프리쿨링 (Free Cooling)	액침 냉각 (Immersion Cooling)
냉각 원리/정의	- 외기나 실내 공기를 이용해 발열 장비에서 발생한 열을 팬(Fan)과 열교환기를 통해 직접적으로 제거 - 비교적 단순한 구조로, 주로 CRAC(Direct Expansion), 공랭식 콘덴서 등으로 구성	- 냉각수(Chilled Water)를 사용하여 서버룸 열을 흡수하고, 냉각탑(Cooling Tower)을 통해 외부로 열을 방출 - 칠러(Chiller)와 펌프, 배관망을 포함한 복합 구조	- 외부의 차가운 공기나 물을 활용해 기계식 냉동(칠러) 사용을 최소화하는 방식 Economizer(직접/간접) 또는 자연냉각 설비를 병행하여 에너지 사용량 대폭 절감	- 서버/IT 장비를 비전도성 냉각액에 직접 담가 열을 제거하는 혁신적 방식 - 장비 표면 전체와 액체가 접촉함으로써 빠르고 높은 효율의 열전달이 가능
적합한 데이터 센터 규모	- 소규모 데이터센터(엣지 IDC, 중소형 IDC 등) - 건물 구조가 간단	- 중대형 ~ 초대형 데이터센터(통신사 IDC, 금융권 IDC, 하이퍼스케일 클라	- 중대형 데이터센터 (특히 서늘한 기후 조건을 갖춘 지역) - 외기 온도가 낮은	- 고밀도 서버 환경 (슈퍼컴퓨터, HPC, AI/ML 클러스터) - 초대형 센터 중 일

구분	공랭식 (Air-Cooled)	수냉식 (Water-Cooled)	프리쿨링 (Free Cooling)	액침 냉각 (Immersion Cooling)
	하고, 높은 냉각용량이 필요하지 않은 경우	우드 등) - 건물 내부·외부에 냉각탑 설치 공간이 충분하고 대규모 부하를 처리해야 하는 경우	지역(강원도, 북유럽 등) 또는 밤 시간대가 긴 지역에서 효과 극대화	부 구역(예: GPU 클러스터) 또는 특수 목적의 연산 자원이 필요한 시설
장점	- 설비가 단순하고 **초기 투자비**가 비교적 낮음 - 냉각수 누수나 펌프·배관 장애 우려가 적어 **유지보수 용이**	- 물의 비열 용량이 공기보다 커서 **높은 냉각 효율** 제공 - 대규모 열 부하 처리 가능, 안정적 운영에 적합	- **에너지 절감 효과 탁월**: 냉동기(칠러) 사용을 최소화 - PUE 개선에 크게 기여, 운영비(OPEX) 감소 - 설치 환경(외기 조건)이 적절하면 장기간 이용 가능	- **높은 열전달 성능**: 공랭 대비 발열 제거 속도 우수 - **고밀도 랙** 구성 가능, 공간 효율 극대화 - 팬 소음/먼지 유입이 크게 줄어 쾌적성 향상
단점	- **냉각 효율이 낮음**: 외기 온도가 높거나 습도가 높은 지역에서는 성능 저하 - 대규모 열 부하를 처리하기 어려움 - 외기 열교환기 규모가 커져야 함	- 초기 투자비와 유지비(물 사용, 냉각탑 관리 등)가 **상대적으로 큼** - 냉수 배관, 펌프, 냉각탑 등 복잡한 시스템 설계·운영 필요 - 물 부족 지역 또는 물 사용 규제가 있는 곳에서는 제한적	- **기후 의존성**이 높음: 외기 온도가 일정 수준 이하로 내려가야 효과적 - 미세먼지, 습도 관리 등 추가 필터·제어 설비 필요 - 온도차가 큰 지역에 한해 경제성 확보가 유리	- **초기 투자비가 큼**: 특수 냉각액, 전용 탱크, 밀폐 구조 설계 필요 - 서버 교체·유지보수가 어려움: 장비를 냉각액에서 꺼내야 하므로 기존 방식보다 절차 복잡 - 일부 부품/케이블에 대한 호환성, 내구성 검증이 필요
운영 및 관리 특성	- 팬(Fan)·열교환기 위주로 관리, **구조가 단순**해 장애 포인트가 적음 - 외기 필터링, 팬 VFD 제어 등을 통해 부분적 에너지 절감 가능	- N+1, 2N 등 **이중화 설계**로 안정성 확보 - AI/머신러닝을 통한 펌프/칠러 제어가 효율 개선의 핵심 - 물 사용량(WUE) 및 냉매(CFC, HFC 등) 규제 대응 필요	- 하이브리드 운영(프리쿨링 + 수냉/공냉)으로 **계절별 또는 시간대별 모드 전환** - DCIM/BMS 연동하여 외기 조건 실시간 모니터링 - 추가 필터·가습/제습기 설치로 **공기질 관리** 필수	- **액체 특성**(절연성·열용량)에 대한 정밀 검증 필요 - **폐열 회수**가 용이(액 온도 높여도 냉각 효율 크게 안 떨어짐) - 일부 기업(슈퍼컴퓨터센터, AI기업)에서 점차 도입 사례 증가

구분	공랭식 (Air-Cooled)	수냉식 (Water-Cooled)	프리쿨링 (Free Cooling)	액침 냉각 (Immersion Cooling)
소규모 데이터 센터 적용	- **적합**(엣지 IDC, 중소 IT 시설) - 낮은 투자비/단순 운용 필요 시 유리	- 규모가 작으면 상대적으로 투자 회수기간이 길 수 있음(장비·배관 설치비 부담)	- 외기 조건이 좋고, 부하가 비교적 낮으면 부분 적용 가능 - 너무 소규모의 경우 별도 프리쿨링 설비 투자가 부담될 수 있음	- 소규모라도 고발열(연산 밀도 높은) 장비가 많다면 도입 고려 - 다만 초기 비용이 크므로 경제성 검토 필요
중대형 데이터 센터 적용	- 중밀도 수준까지는 적용 가능 - 규모 커질수록 **효율 저하**로 보조 냉각(수냉, 프리쿨링) 병행 권장	- **매우 적합**: 업계 표준으로 널리 사용 - 확장성(Scalability), 냉각 효율, 신뢰성 모두 우수	- **매우 적합**: 칠러나 CRAC에 비해 전력 소비 크게 절감 가능 - 설비 규모화 시 투자비용 대비 높은 효율성 기대	- 일부 HPC 구역, AI/GPU 클러스터 등 특정 구역에 도입하는 형태로 점차 확대 - 전력/공간효율 극대화가 요구되는 구간에서 선택적으로 사용
초대형 (하이퍼 스케일) 적용	- 열 부하가 매우 큰 하이퍼스케일 센터에는 일반적으로 단독 적용 어려움 - 보조 설비(수랭·액침) 없이 공냉식만으로는 냉각 한계가 존재	- **주요 방식**: 글로벌 클라우드 기업 대부분이 수랭식+자연냉각 하이브리드로 구축 - 외기 온도 낮은 지역(북유럽 등)에서 효율 극대화	- 북유럽, 캐나다, 알래스카 등 **차가운 기후** 지역에 초대형 데이터센터를 건설해 프리쿨링 적극 활용(구글, 페이스북, MS 등) - 국내도 산간지역(춘천, 강원도) 적용 사례 확산	- 메타(페이스북), 마이크로소프트, 구글 등 AI/HPC 분야에서 **부분 도입 확대** - **액침형 HPC 센터**(슈퍼컴퓨터 연구소 등)는 극한의 고밀도 부하를 처리하기 위해 필수 검토되는 추세

비고) PUE (Power Usage Effectiveness), WUE (Water Usage Effectiveness) 등 지표를 통해 각 냉각방식의 운영 효율성과 환경 영향도를 정량적으로 평가할 수 있다.

실제로는 위 4가지 중 하나만 단독으로 쓰기보다는, 하이브리드(예: 수냉식 + 프리쿨링, 공냉식 + 액침 부분도입)로 구성하여 계절·시간대·부하 특성에 따라 최적화 운용하는 사례가 많다.

7.2.2 냉각방식별 상세 설명

1) 공냉식(Air-Cooled) 냉각

주요 특징

구조 간단, 유지보수 용이

고온·다습 환경에서는 성능 저하가 두드러짐

소규모 데이터센터나 엣지(Edge) IDC에 적합

설계 유의사항

무더운 여름철 부하에 대비한 **이중화**(N+1) 고려

팬(Fan)의 에너지 절감 위해 VFD(가변주파수드라이브) 적용

핫/콜드 아일 컨테인먼트 등 공기흐름 최적화 필수

2) 수냉식(Water-Cooled) 냉각

주요 특징

물의 높은 열용량을 활용해 **대규모 열 부하 처리** 가능

냉각탑, 칠러, 펌프, 배관 등 설비가 많아 투자비·운영비(물 관리)가 큼

중대형 이상의 데이터센터에서 표준으로 널리 사용

설계 유의사항

냉각수 루프 이중화로 장애에 대비(Primary/Secondary Loop)

AI/머신러닝 기반 제어로 칠러 가동 효율 극대화

프리쿨링(Economizer)과 연동해 계절별 에너지 소비 최소화

3) 프리쿨링(Free Cooling)

주요 특징

외기 온도가 낮은 계절이나 지역(북유럽, 강원도 등)에서 **획기적 에너지 절감**

직접(Direct) vs 간접(Indirect) 방식: 간접은 열교환기를 통해 외기와 내부 공기를 분리

설계 유의사항

공기질 관리(미세먼지, 습도) 위해 추가 설비·필터 필요

외기·내기 온도차가 충분히 나야 적용 효과가 커, **기상데이터 분석** 후 경제성 평가

기계식 냉각(수냉식, 공냉식)과 **하이브리드**로 운영하는 게 일반적

4) 액침 냉각(Immersion Cooling)

주요 특징

고밀도 서버(슈퍼컴퓨터, AI/GPU 클러스터 등)에서 발열 효율적으로 해소

액체 절연 매체(Fluorinert, Novec 등) 비용이 높고, 서버 교체·점검 시 특수 프로세스

필요

폐열 재활용(Waste Heat Recovery) 관점에서 유리(액 온도를 더 높게 유지해도 냉각 효율 저하 적음)

설계 유의사항

서버·부품이 **냉각액과 장기간 접촉**해도 문제가 없도록 호환성·내구성 테스트는 필수이고 액 침체(Immersion Bath)에서의 유지보수 프로세스를 확립한다. 초기 투자비가 크므로, HPC/AI 전문 센터나 초고밀도 요구사항이 뚜렷한 곳에 우선 적용한다.

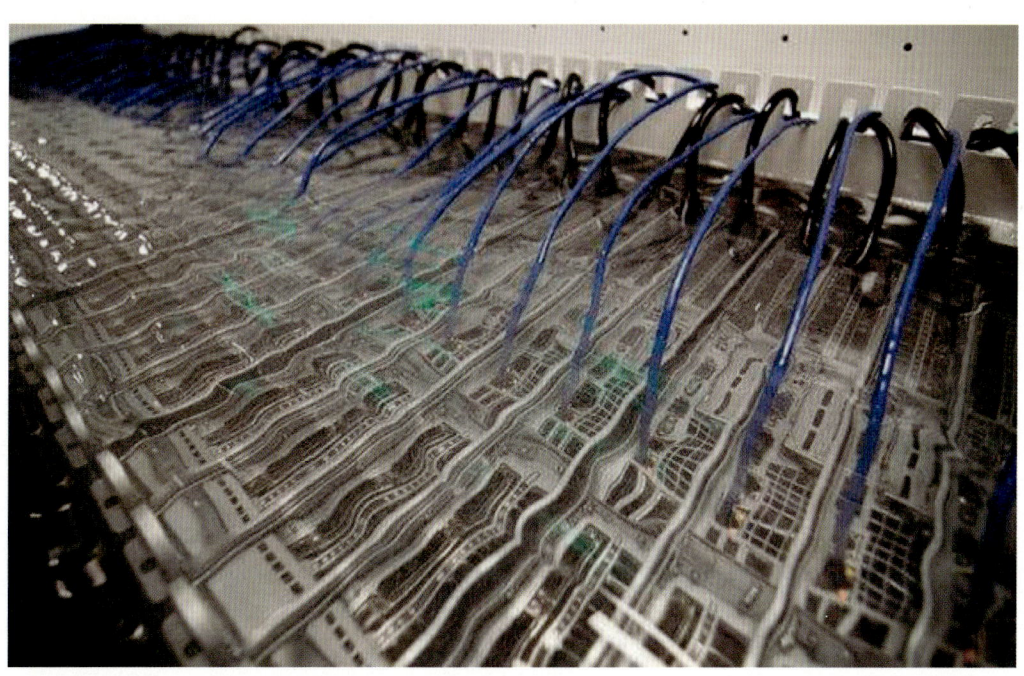

사진출처: 비전도 액체에 서버를 담궈 냉각하는 모습(자료: 한일엠이씨)

〈그림 7.4〉 액침 냉각방식

7.2.3 종합 고려사항 및 설계 제언

데이터센터 규모·부하 특성 분석

소규모(엣지) 시설은 공냉식이 간편하고 저렴하지만, 부하가 커질수록 수냉·프리쿨링·액침 등을 고려해야 한다. 랙당 kW, 전체 IT 로드(Load Density)를 정확히 파악해 **최적 냉각 용량**과 **방식**을 결정한다.

환경 및 지역 조건

물 사용이 풍부하고 서늘한 지역이면 수냉식+프리쿨링을 통한 **에너지 절감 효과**가 크다. 외기가 더운 지역이라면 공냉식만으로는 한계가 있어, 보조 냉각(수냉, 액침)을 함께 적용하는 편이 유리하다.

운영비 vs 초기 투자비

- **공냉식**: 초기비용이 상대적으로 저렴하나, 장기적으로 전력 사용이 많아질 수 있음
- **수냉식**: 초기비·운영비(물 사용 등)가 크지만, 대규모 환경에서 **장기 OPEX 절감 효과**가 있음
- **액침**: 초기비가 크지만, 고밀도 서버에 최적이며 추가적으로 폐열 재활용 가능

유지보수 및 신뢰성

데이터센터 장애(특히 냉각장치 고장)는 막대한 손실로 이어지므로, **N+1, 2N 이중화** 설계를 적극 검토한다. 자동화/AI 제어로 실시간 모니터링과 예측 제어를 구현하면, **최적 운용**과 신속 대응이 가능하다.

미래 확장성(Scalability) 확보

IT 부하(서버 교체, 증설 등)가 지속 증가할 수 있으므로, **모듈형 구조**로 설계해 단계별 확장을 수월하게 만든다. 고밀도 장비(예: AI/GPU)가 늘어날 경우를 대비해, 일부 구역에서 액침 냉각이나 수냉식을 우선 적용하여 경험을 축적하는 전략도 유효하다.

폐열 재활용 및 탄소중립(CO_2 Neutral)

냉각 과정에서 발생하는 열을 지역난방, 온수 공급, 농작물 재배 등으로 활용함으로써 **친환경적 가치**를 높이고 운영비를 줄일 수 있다. 재생에너지(태양광, 풍력 등)와 결합해 그린 데이터센터 구축도 점차 필수화되는 추세이다.

7.3 냉각 설비 설계를 위한 전기용량 추정

7.3.1 데이터센터 냉각 요구사항 개요

데이터센터에서는 서버, 네트워크 장비, 스토리지 등 IT 장비에서 발생하는 열을 효율적으로 배출하여 적정 온도와 습도를 유지해야 한다. 특히 고집적화, 고성능화로 인해 데이

터센터당 전력 사용량이 급격히 증가하면서, 그에 따른 냉각 부담도 증가하고 있다.

- **온도 범위:** 일반적으로 서버 제조사 권장 온도(약 18 ~ 27℃)
- **습도 범위:** 20 ~ 80% RH(장비 사양과 운영사 정책에 따라 다소 변동)
- **열 밀도(Thermal Density):** 1제곱미터(㎡) 당 수백 W에서 수 kW에 달하기도 함

데이터센터 설계 시에는 이러한 열 부하(Heat Load)를 효율적으로 처리할 수 있는 다양한 냉각 기법과 전력분배 시스템을 사전에 고려해야 한다.

7.3.2 주요 냉각 설비의 종류 및 특징

1) Computer Room Air Conditioning (CRAC) / Computer Room Air Handler (CRAH)

CRAC (Computer Room Air Conditioner)

기본적으로 냉매(Direct expansion, DX) 방식을 사용하여 데이터센터 내부의 열을 흡수 후 외기로 배출하거나, 콘덴서를 통한 열 교환을 수행한다. 독립형(Stand-alone) 장비이므로, 각 기기의 냉각 능력에 따라 개수를 증설해가며 용량을 확장할 수 있다. 소규모 또는 중소규모 데이터센터, IT실(서버룸) 등에 많이 사용된다.

CRAH (Computer Room Air Handler)

주로 차가운 물(Chilled Water, CW)을 사용하여 공기를 냉각한다. 외부의 대형 냉동기(Chiller)에서 생성한 냉수(Chilled Water)를 CRAH 유닛으로 공급하여 열을 교환하는 구조이다. CRAC보다 더 대규모 구성이 가능하고, 냉수 배관망 설계를 통해 건물 전체 혹은 여러 데이터센터/구역에 냉각수 공급이 용이하다. 중·대규모 데이터센터에 주로 적용된다.

2) 공랭식(Air-Cooled) vs 수랭식(Water-Cooled) 냉동기(Chiller)

공랭식 냉동기(Air-Cooled Chiller)

외기에 의해 냉동기의 응축기를 냉각하는 방식이다. 대규모 콘덴서 팬이 필요하며, 비교적 초기비용이 낮고 설치가 간편하다. 하지만 외기 온도에 따라 냉각 성능이 크게 영향을 받기 때문에 에너지 효율이 수랭식 대비 낮을 수 있다.

수랭식 냉동기(Water-Cooled Chiller)

냉각탑(Cooling Tower)을 통해 응축수를 냉각하는 방식이다. 상대적으로 에너지 효율이 높지만, 냉각탑 설치 공간 및 수처리 등의 부수적인 설비가 필요하다. 일정 규모 이상의 대형 데이터센터에서는 주로 수랭식을 채택하여 전력 비용과 유지 보수 측면에서 효율성을 확보한다.

3) In-Row / In-Rack Cooling

서버 랙 사이 혹은 랙(Rack) 자체에 냉각 장치를 삽입하거나 부착하여, 필요한 지점에 직접 냉각을 제공하는 방식이다. 데이터센터 전반에 공조 설비를 크게 두기보다 '핫 스팟(Hot Spot)'을 직접적으로 해결하기 쉬워, 고밀도 랙(High Density Rack) 환경에 적용하기 좋다. 열 부하 분산이 어려운 고집적 서버룸이나 슈퍼컴퓨팅 센터 등에서 사용 빈도가 높아지는 추세이다.

4) 액침 냉각(Liquid Immersion Cooling) / 직접액냉(Direct Liquid Cooling)

서버나 주요 반도체 칩에 액체(냉각수나 절연유 등)를 직접 접촉시켜 열을 식히는 기술이다. 고성능 컴퓨팅(HPC, AI 서버) 등에 적용되는 방안으로, 열효율이 매우 뛰어나며 냉각 에너지를 크게 절감할 수 있다. 다만 초기 투자비가 높고 유지 관리가 까다로워서 현재는 특정 용도(HPC, 블록체인 채굴, AI 전용 데이터센터 등)에 제한적으로 적용되고 있다.

7.3.3 냉각설비 용량 범위와 설계 시 고려사항

1) 일반적인 냉각설비 용량 지표

- **Rack 당 전력밀도:** 전통적으로 4~6kW/rack 수준에서 시작하였으나, 고밀도 GPU/AI 서버 증가로 10~20kW/rack을 넘어가는 추세도 많다.
- **데이터센터 면적당 냉각부하:** 1m^2 당 500W에서 2kW까지 넓은 스펙트럼이 존재하며, HPC 등 극단적 경우엔 10kW/m^2에 달하기도 한다.
- **Chiller 용량:** 중형 IDC(수천 m^2) 기준 수백 RT(냉동톤)에서 수천 RT 규모. 초대형 센터의 경우 만 단위 RT까지도 설계 가능, 1 RT(냉동톤) ≈ 3.516kW(열량 기준)

2) 용량 산정 시 체크리스트

IT 장비의 총소비전력 예측

랙 또는 서버별 소모 전력을 바탕으로 전체 열 부하를 계산한다. 미래 2~5년간 예상되는 성장분(서버 증가, 신규 랙 설치)을 충분히 반영해야 한다.

냉각 인프라의 이중화(冗長化) 및 N+1, 2N 구성

안정적인 운영을 위해, 냉각설비와 전력 인프라의 다중화(이중화, 삼중화 등)를 감안하면 실제 도입 용량은 예측 부하보다 10~30% 이상 크게 잡는 것이 일반적이다.
예: N+1(필요한 기기 수 N + 예비 1대) 방식으로 설계 시, 실제 초기 투자 비용은 증가하지만 다운타임 리스크가 크게 줄어든다.

에너지 효율 지표(PUE) 목표 설정

냉각 설비는 데이터센터 전력 소모의 큰 비중을 차지하므로, 저PUE(1.2~1.4 이내) 달성을 위해 냉각 시스템 최적화가 필수적이다. 냉각 계통 제어, 공조 장비 제어, 공기 흐름 관리(Hot/Cold Aisle, 공기 흐름 차단 등) 기술을 함께 고려한다.

현장 조건(기후, 토지, 건물 구조, 배수·수처리 등)

냉각탑 설치가 어려운 도심 밀집 지역이라면 공랭식 Chiller를 고려해야 하고, 충분한 부지와 물 공급이 가능하면 수랭식 Chiller가 효율적일 수 있다. 외기 온도가 높고 습도가 높은 지역은 자연냉방 효과가 제한적이므로, 해당 기후에 최적화된 냉동기 및 제습장치 고려가 필요하다.

3) 전기 용량 산정 및 참고 사항

데이터센터는 기본적으로 **IT 로드(서버, 네트워크) 전력 + 냉각설비 전력 + 기타 부수적인 인프라 전력**의 합이 총 전기 수요가 된다.

IT 로드(서버, 네트워크 등)

예상 랙 수 × 랙당 소비전력(kW)으로 1차 계산
향후 확장성 고려 시 여유치를 반영.(예: 초기 10MW에서 최종 20MW까지 단계적 증가)

냉각설비(Chiller, CRAH/CRAC, 펌프, 냉각탑 팬 등)

IT 로드에 비례하는 부분과, 외기 온도, 지역별 기후 특성, 운영 방식(24시간 풀가동 등)에 따라 바뀐다. 일반적으로 **냉각설비 소요 전력**은 IT 로드 대비 약 30~50% 정도가 일

반적(데이터센터 PUE=1.3 ~ 1.5 가정), 에너지 효율이 높거나 기후가 추운 지역은 냉각 비용이 더 적게 들 수 있다.

UPS, 배전계통, 여유 용량

UPS(무정전 전원장치), 변전소(수변전 설비), 비상발전기(Genset) 용량 등도 냉각설비를 포함한 전체 부하를 커버할 수 있도록 잡아야 한다. 일부 대규모 데이터센터는 여러 단계(Phase)로 나누어 전력을 증설하는 방식을 택한다.

설비 이중화 구조

N+1 또는 2N 구조로 냉각 및 전원 공급을 이중화하면, 단순히 '설비 용량을 2배' 혹은 '1대 여유분'을 더해야 한다. 연간 운영비(OPEX)와 초기 투자비(CAPEX) 균형점을 잘 검토하여, 미션 크리티컬(mission-critical) 수준에 맞춘 이중화 레벨을 결정한다.

4) 설계 시 참고할 만한 표준 및 가이드라인

ASHRAE(미국 냉동공조학회) 가이드

데이터센터 온습도 권장범위('Thermal Guidelines for Data Processing Environments')
서버 장비 온도 범위(A1, A2, A3, A4 등) 분류

TIA-942 (Telecommunications Infrastructure Standard for Data Centers)

데이터센터 인프라(Telecom, 파워, 공조) 표준
Tier 등급별 안정성 지표(티어1 ~ 티어4)

Uptime Institute

Tier Classification: Tier III, Tier IV 등급 표준을 통해 이중화 및 가용성 수준 제시

국내 관련 법규 및 표준

전기설비기술기준, 한국전력공사(KEPCO) 기술 지침, 에너지절약설계기준, KEMCO(한국에너지공단) 지침 등, 금융권 등 특정 사업영역에서는 가용성 및 보안 측면에서 추가 요구사항 존재

5) 참고사항

데이터센터 냉각설비 및 전기 용량을 설계하고자 할 때 다음 사항을 종합적으로 고려하면 도움이 된다.

냉각방식 선택

규모와 기후, 그리고 PUE 목표에 따라 적합한 냉각(수랭 vs 공랭, 인-랙 vs 룸 단위, 액침 냉각 등)을 결정한다.

현재 국내외 트렌드는 수랭식을 기반으로 에너지를 절감하고, 부분적으로 자연냉방과 고효율 공조장치를 적용하는 방향이다.

확장성 및 이중화

데이터센터 설계 초기에 IT 로드 증가율과 운영 요구사항(가용성)을 충분히 고려해, 냉각 및 전력 인프라에 여유 용량을 계획한다. N+1 또는 2N 등의 이중화를 통해 신뢰도를 높이고, 장애 발생 시에도 임무에 지장 없도록 설계해야 한다.

PUE 목표 달성을 위한 공조 최적화

차가운 통로(Cold Aisle)와 더운 통로(Hot Aisle) 구분, 공기 흐름 차단(Containment) 등 공조 기법을 통해 냉각 성능을 극대화한다. 프리 쿨링(Free Cooling)이나 자연냉방(Outdoor Air Economizer)도 가능하다면 적극 검토하시기를 권장한다.

전력 인프라 연계

냉각 시스템의 부하가 전체 전력소비의 상당 부분을 차지하므로, 전기 설계(UPS, 변압기, 비상발전기 용량) 단계에서 냉각 부하를 세부적으로 분석해야 한다. 장기 운영비 관점에서, 냉각 효율(Chiller COP, 냉각탑 성능 등)이 전력비를 절감시키므로 신중히 선택한다.

표준·가이드라인 활용

ASHRAE, TIA-942, Uptime Tier 표준을 참조하여 설계 가이드라인, 온도·습도 범위, 이중화 요구사항 등을 준수하시길 권장한다. 국내외 실제 구축사례를 통해 검증된 베스트 프랙티스를 참고하면 리스크를 줄일 수 있다.

7.4 냉각설비 설계 기준 및 에너지 절감 전략

7.4.1 데이터센터 냉각설비 설계 핵심 요소

데이터센터 냉각설비 설계 시 다음 사항을 철저히 고려해야 한다.

냉각 용량 선정
IT 장비 및 서버의 열부하를 기반으로 냉각 부하 산정 후 최소 20% 이상의 여유율 적용

냉각 설비의 이중화
냉각장치 및 펌프, 배관 등의 N+1 또는 2N 이중화 구성으로 운영 안정성 확보

공기 흐름 관리
핫아일(Hot aisle) 및 콜드아일(Cold aisle) 분리를 통해 냉각 효율 극대화

자동제어 시스템 구축
온도, 습도, 냉각 장비 운전 상태를 자동으로 제어하여 최적의 운영 상태 유지

7.4.2 데이터센터 냉각설비 에너지 절감 전략

데이터센터 냉각 부문의 에너지 소비량을 절감하기 위한 효과적 전략은 다음과 같다.

프리쿨링(Free Cooling) 적극 활용
외기 온도가 낮은 기간 동안 외기 활용을 최대화하여 냉각 부하 감소

가변 유량 시스템(VFD) 도입
냉각수 펌프 및 냉각장치 팬 모터에 인버터를 적용하여 부하에 따라 가변 속도 운전

냉각 온도 최적화
ASHRAE 기준을 준수한 범위 내에서 최대한 높은 온도로 운용하여 에너지 절감

고효율 냉각장비 도입
고효율 냉각장비(터보 냉동기, 무급유 냉각기 등) 도입을 통한 전력 사용량 최소화

7.5 데이터센터 냉각설비 운영 및 유지관리 실무

7.5.1 냉각설비 운영 및 점검 계획

데이터센터 냉각설비는 서버, 스토리지, 네트워크 장비 등 핵심 인프라의 안전운영을 좌우하는 중요한 요소이다. 온도, 습도, 유량, 압력 등 여러 변수를 실시간으로 관리해야 하

며, 이를 위해 **주기적인 점검과 예방 정비**가 반드시 이루어져야 한다.

정기 점검 계획 수립의 중요성

각 단계별 점검 주기를 명확히 설정하고, 표준운영절차(SOP)를 마련해 정확한 실행이 이루어지도록 해야 한다. 빌딩관리시스템(BMS)이나 데이터센터인프라관리시스템(DCIM)과 연동하여 **자동화된 점검 일정 알림**과 상태 모니터링이 가능하도록 구성하는 것이 효과적이다.

주별(Weekly) 점검 항목

- **공조기(CRAC/CRAH) 상태 점검**: 팬(Fan) 속도, 진동, 베어링 상태, 외형 손상 여부 확인
- **공기필터(에어필터) 교체 및 청소**: 필터 막힘은 공기순환 효율 저하의 주요 원인이므로, IT 장비룸의 청정도를 위해 꾸준히 관리해야 한다.
- **기본 모니터링 지표 확인**: 실내온도, 습도, 공조기 전류량, 팬/펌프 소음 여부 등

분기별(Quarterly) 점검 항목

- **냉각탑 및 배관 청소**: 냉각탑 내부에 스케일, 슬러지, 조류(藻類) 등이 쌓이면 열교환 효율이 떨어진다.
- **냉각수 품질 관리**: PH, 전기전도도, 부식성, 부유물 농도 등을 측정하여 화학약품(Scale/Corrosion Inhibitor)을 보충하거나 교체한다.
- **펌프, 밸브, 배관 누수 점검**: 누수는 장비 침수뿐 아니라, 냉각수 공급 부족으로 이어질 수 있으므로 철저히 확인해야 한다.

연간(Yearly) 점검 항목

- **냉각장치(Chiller) 냉매 상태 점검**: 냉매 누설 유무, 적정 충전량, 냉동유(Compressor Oil) 교체 등을 실시한다.
- **주요 부품 교체**: 펌프 임펠러, 밸브 실(seal), 팬 모터, 열교환 코일 등 노후도에 따라 교체 주기를 점검한다.
- **전체 시스템 성능 평가**: PUE(Power Usage Effectiveness), WUE(Water Usage Effectiveness) 등 지표를 통해 냉각 효율을 종합적으로 평가하고, 개선안을 수립한다.

추가 운영 팁

- **AI/머신러닝 활용**: 센서 데이터를 수집·분석하여, 온도 변동이나 장비 이상을 사전에 예측할 수 있는 기능을 탑재하면, 장비 고장을 미연에 방지할 수 있다.

- **운영 기록(로그) 관리**: 점검 이력 및 부품 교체 내역을 체계적으로 관리하면, 장비 수명 예측 및 최적 교체 시점을 결정하는 데 유용하다.

7.5.2 냉각설비 장애 유형 및 대응 방안

데이터센터 냉각설비가 장애를 일으키면, 열 제거 불능으로 인한 장비 과열 → 서비스 중단 위험으로 직결된다. 따라서 **장애 유형별 즉각적이고 체계적인 대응**이 필수이다.

냉각수 유량 부족

원인: 펌프 고장, 밸브 막힘, 배관 누수·누설, 필터 막힘 등

대응

펌프(임펠러, 모터) 정상작동 여부 및 토출 압력(헤드) 측정
밸브·배관 막힘/누수 여부 확인
BMS/DCIM 알림 시스템을 통해 즉시 관련 설비 담당자에게 통보
이중화 구성을 통해 예비펌프 및 우회 배관으로 유량 확보

냉각장비 효율 저하

원인: 냉매 누설, 열교환기 스케일 누적, 펌프 속도 제어 이상 등

대응

냉매 부족 확인 후 필요한 경우 즉시 충전
열교환기 세척(화학 세정, 고압 세정 등) 실시
펌프 속도 제어(VFD) 시스템 점검 및 재설정
온도 상승 감지 시, 공조기 부하 분산·랙 재배치 등 긴급 대응 수행

자동제어 시스템(센서, 컨트롤러) 장애

원인: 센서 노후화, 통신 에러, SW 버그, 전원 불안정 등

대응

센서 교체(온도/습도 센서, 압력 센서) 및 캘리브레이션 재실시
제어판/PLC, BMS/DCIM SW 업그레이드 및 통신 재설정
이중화된 제어 로직(주/예비 서버)으로 즉시 전환
정기적으로 펌웨어, 소프트웨어를 업데이트하고 백업 체계를 유지

부수적 고려 사항

장애 발생 시 전기설비(UPS, ATS, 발전기 등)와 연계된 영향을 동시에 점검해야 함 데이터센터 운영 정책상 SLA(서비스 레벨 계약)나 **가용성(TIER 등급)** 요구사항 준수 여부를 함께 확인

7.5.3 냉각설비 비상 대응 및 관리 방안

냉각설비 장애는 데이터센터 전반의 심각한 리스크로 이어질 수 있으므로, **비상 상황에 대비한 매뉴얼과 훈련**이 필수적이다.

1) 비상 대응 절차 및 매뉴얼 작성

- **비상연락망 및 보고 체계**: 운영실 → 관리자 → 유지관리 업체 → 의사결정권자 등 단계별 연락체계를 명시
- **장애 구분**: 경미, 중대, 긴급 등으로 분류하여 대응 우선순위와 자원 투입 계획을 마련
- **장애 보고 양식**: 장애 발생 시 원인 추정, 현장 상황, 조치 내용 등을 즉시 기록하고 공유

정기적 모의 훈련 및 교육

- **운영 인력 대상 정기 훈련**: 냉각수 누수, 펌프 고장, 센서 오류 등 시나리오별로 현장 대응 훈련
- **교육 자료 및 동영상**: 새로운 장비나 기술 도입 시 매뉴얼 업데이트, 담당자 재교육 실시
- **훈련 후 평가**: 훈련 결과를 분석하여 절차 개선, 장비 점검 강화, 인력 재배치 등의 후속조치 시행

2) 냉각설비 유지관리 업체와의 협력

- **긴급 대응 계약(SLA) 체결**: 고장 발생 시 일정 시간 내 현장 출동, 부품 교체 등 즉각 조치 가능
- **원격 모니터링**: 협력 업체가 BMS/DCIM에 부분 접속 권한을 부여받아, 실시간 설비 상태 파악
- **주기적 협의체 구성**: 유지보수 업체, 데이터센터 운영팀, 설계/엔지니어링팀이 정기적으로 모임을 가져 문제점을 공유하고 개선책을 논의

3) 장애 대응 후 재발 방지 대책
- **사후 분석(Post-Mortem):** 장애 원인을 면밀히 조사하여 반복 방지책 도출
- **메인터넌스 업그레이드:** 필요한 경우 신규 센서 도입, 펌프·밸브 교체 시점 조정, 제어 로직 개선 등
- **다양한 운영 시나리오 검증:** 장애 사례를 시뮬레이션하여 다른 부분에 동일 취약점이 없는지 확인

■ 설계 및 기획 단계에서의 운영·유지관리 고려사항

데이터센터의 **기획·설계 단계**에서는 건물 구조, 전원 인프라, 랙 배치, 공조 시스템 종류 등을 결정할 뿐 아니라, 향후 운영과 유지보수까지 원활하게 진행되도록 미리 준비해야 한다.

공간 설계
냉각탑·펌프·칠러·배관 등 설비 접근성을 높이기 위해 유지보수 통로(Access Space) 확보

공조기·팬룸·필터룸 등 주요 구역을 모듈화하여 장애 발생 시 신속 대응 가능하도록 구조화

배관 및 케이블 동선
이중화(N+1, 2N) 구성 시, 배관 동선이 중첩되지 않게 설계하여 독립적으로 운용 가능하게 함, 긴급시 점검이 필요한 부분(밸브, 센서, 유량계)들이 손쉽게 접근 가능한 위치에 설치

자동제어 및 모니터링 시스템
BMS/DCIM 연동 설계로 통합 모니터링·제어 환경 구축

AI/머신러닝 알고리즘 도입을 고려하여, **데이터 수집 포인트**(온도, 습도, 유량, 압력, 전기소비 등)를 세분화

관리자가 한눈에 볼 수 있는 **대시보드**와 스마트 알림 체계(이메일, SMS, 챗봇) 마련

운영 인력 및 협력 구조
초기 설계부터 운영팀, 유지보수 업체 담당자들과 충분히 협의하여, **현장감 있는 운용 프로세스** 확립

설계·시공·운영 전 과정을 주기적으로 피드백하는 협의체 또는 운영위원회를 둬서, 최신 기술과 현장 요구사항을 지속 반영

장기적인 확장성 및 업그레이드

향후 서버 밀도 증가, 신규 IT 장비 도입, 서버룸 확장 등에 대비해 **유연한 냉각 용량** 확보

신기술 적용 가능성(예: 액침냉각, 프리쿨링, 재생에너지 연계 등)을 위해 **모듈형 설계** 권장

제8장

데이터센터 통신설비 설계

제8장 데이터센터 통신설비 설계

8.1 데이터센터에서 통신설비의 중요성

고속 데이터 처리 및 전송의 핵심

데이터센터는 방대한 양의 데이터를 실시간으로 수집·저장·분석·전송하는 거점이다. 따라서 네트워크(통신) 품질이 곧 데이터센터 서비스 품질로 이어지므로, **안정적이고 고속의 통신망**을 확보하는 것이 무엇보다 중요하다.

신뢰성 및 가용성 확보

대규모 트래픽이 발생하는 데이터센터 환경에서 **정전, 케이블 장애, 스위치/라우터 오류**와 같은 통신 장애는 심각한 서비스 중단으로 이어질 수 있다. 이중화(라우팅 경로, 스위치, 케이블)와 빠른 장애 복구 체계를 갖추어야만 **24시간 무중단 운영**과 **높은 가용성**을 달성할 수 있다.

확장성(Scalability) 및 유연성(Flexibility)

기업이나 클라우드 서비스 규모가 확대될수록, 랙당 서버 수가 늘어나고 트래픽 총량이 기하급수적으로 증가하고 있다. 장기적 관점에서 **확장 가능한 케이블링 구조, 모듈형 네트워크 설계, 자동화 관리 도구** 등이 준비되어 있지 않으면, 데이터센터 전반의 성능 저하 및 복잡도 증가가 불가피해진다. 표 8.1은 네트워크 데이터 처리 용량을 2035년까지 예측한 자료이니 데이터센터가 준공되는 시점을 잘 파악하여 설계에 반영하여야 한다.

〈표 8.1〉 네트워크 데이터 처리 용량 예측 (2025-2035)

연도	처리 용량	기술 설명
2025	800 Gbps	이더넷 표준
2027	1.6 Tbps	데이터센터 연결
2030	10 Tbps	6G 기반 백본

연도	처리 용량	기술 설명
2033	100 Tbps	광기반 네트워크
2035	1 Pbps	양자암호화 네트워크

> **※ 표 해설**
>
> 표에 나타낸 처리용량은 기술 발전 흐름과 부합하며, 일부 수치는 이론적 최대 성능 또는 개념적 비전을 반영한 것이다. 특히 2035년 양자암호화 + Pbps는 기술의 이상적 목표치로 해석하는 것이 적절하다.

보안 및 품질

외부 공격, 내부 권한 남용, 데이터 유출 등을 방지하기 위해 **방화벽, IPS/IDS, VPN** 등 종합적인 보안 장비와 설계가 필수이다. 고품질의 통신망은 단순히 속도만이 아니라, **패킷 손실률, 지연(latency), 지터(jitter), 보안 안정성** 등을 포함해 종합적으로 관리되어야 한다.

8.2 데이터센터 통신설비의 구성 요소

데이터센터 통신설비는 크게 **케이블링(Cabling) 시스템, 네트워크 장비(Network Equipment), 통신실 및 서버랙, 이중화 설비 및 장애 관리** 네 가지 축을 중심으로 설계·구축된다. 각 구성 요소별 구체적인 특성과 고려 사항은 다음과 같다.

8.2.1 케이블링 시스템(Cabling System)

광케이블(Fiber Optic Cable)

데이터센터의 백본(Backbone) 네트워크나 스위치 간 상호연결 시, 대역폭과 전송거리 측면에서 **광케이블**이 필수적으로 사용된다. 멀티모드(MM)와 싱글모드(SM)가 대표적이며, 최근 고속(40G, 100G, 400G) 전송을 지원하기 위해 MPO/MTP 커넥터 기반의 **병렬 광케이블** 구성이 늘어나고 있다.

UTP 케이블(Unshielded Twisted Pair)

서버/네트워크 장비 간 근거리 연결(예: 1G/10G 이더넷)에 주로 사용된다. 카테고리 (Cat.5e, Cat.6, Cat.6A, Cat.8 등)에 따라 지원 가능한 속도 및 최대 전송 거리가 결정되므로, 미래 확장성을 고려해 높은 규격(예: Cat.6A 이상)으로 설계하는 추세이다.

패치 패널 및 배선 관리 시스템

서버랙과 네트워크 랙 사이를 유연하게 연결하기 위한 패치 패널과 케이블 트레이, 케이블 타이, 레이스웨이(Raceway) 등의 배선 관리 장치들이 필요하다. 정리된 케이블링은 장애 추적이 용이하고, 공기의 흐름(냉각 효율)과 장비 접근성을 개선한다.

구조적 케이블링(Structured Cabling) 표준 준수

국제적으로 TIA-942, ISO/IEC 11801, BICSI 등 데이터센터 케이블링 표준을 준수해 설계하면, 호환성과 추후 확장이 용이하며, 품질과 신뢰성도 보장된다. 메인 배선(Main Distribution Area, MDA), 중간 배선(HDA, Horizontal Distribution Area), 장비 배선(EDA, Equipment Distribution Area) 등 레이어 기반 설계를 통해 케이블링 구조를 체계적으로 구성한다.

8.2.2 네트워크 장비(Network Equipment)

스위치(Switch)

토르(Leaf-Spine), 콜랩스(Core-Distribution-Access) 구조 등 다양한 아키텍처가 적용되며, 대역폭과 포트 수에 따라 모델이 결정된다. 최근에는 SDN(Software-Defined Networking), 화이트박스 스위치, VXLAN, NVGRE 등을 사용해 네트워크 가상화와 자동화가 이루어지는 추세이다.

라우터(Router)

외부 ISP(Internet Service Provider)와 연결하거나 데이터센터 간 트래픽을 중계하기 위한 핵심 장비이다. 고성능 라우터는 BGP, OSPF, ISIS 등 동적 라우팅 프로토콜을 사용하며, 대규모 트래픽을 안정적으로 처리할 수 있어야 한다.

보안 장비(방화벽, IPS/IDS, DDoS 방어)

방화벽(Firewall) 및 침입 방지 시스템(IPS/IDS)은 외부 위협으로부터 데이터센터 자원을 보호하고, 네트워크 구간별 정책을 적용하기 위해 필수이다. 클라우드 트래픽이 증가함에 따라, '차세대 방화벽(Next-Generation Firewall)'과 **WAF(Web Application Firewall)** 도입이 일반화되고 있다.

로드 밸런서(Load Balancer)

서버 부하 분산, 트래픽 관리, 장애 시 자동 절체(Failover) 등을 수행하여 '고가용성(HA)'과 **성능 확장**을 지원한다. 소프트웨어 기반(가상 어플라이언스)부터 하드웨어 전용 어플라이언스까지 다양한 형태가 있으며, 글로벌 트래픽 분산(GSLB) 기능을 통합하는 경우도 있다.

네트워크 모니터링 및 관리 툴

SNMP, NetFlow, sFlow 등을 활용해 대역폭 사용량, 패킷 지연, 오류율 등을 실시간으로 모니터링한다. DCIM(Data Center Infrastructure Management)이나 NMS(Network-Management System)와 연계해 장애 발생 시 빠른 알람 및 원인 분석이 가능하도록 한다.

〈그림 8.1〉 통신실 배치 사진(예)

8.2.3 통신실 및 서버랙

통신실 설계

MDF(Main Distribution Frame)실, IDF(Intermediate Distribution Frame)실, 서버룸 등 **통신실 간 구역 분리**를 통해 체계적으로 네트워크를 구성한다. 통신실은 **적절한**

냉각, 방진/방습, 항온항습이 유지되어야 하며, 이중바닥(Raised Floor) 혹은 상부 케이블 트레이 등 배선 경로를 분리·정리해야 한다.

서버랙 배치

핫/콜드 아일을 고려하여 **랙 사이 간격**을 충분히 확보하고, **케이블 인입부**를 정리해 에어플로우(냉각 효율)을 극대화한다. 네트워크 랙과 서버랙을 구분 배치하거나, 인라인(In-row) 방식으로 배치해 케이블 연결 길이를 최적화할 수 있다. **랙 유닛(RU)** 단위로 표준화되어 있으므로, IT 장비(서버, 스토리지, 네트워크 장비 등)의 크기에 맞춰 랙 사용률을 극대화한다.

전원 공급 및 접지

통신실 및 서버랙에는 **UPS, PDU** 등을 통해 안정적인 전원을 공급하며, 정전이나 서지(surge)로 인한 장비 손상을 방지해야 한다. '접지(Earthing/Grounding)'는 네트워크 장비와 케이블 정전기, 전자파(EMI/RFI) 영향을 최소화하기 위해 중요하게 고려된다.

8.2.4. 이중화 설비 및 장애 관리 시스템

네트워크 이중화(Redundancy) 설계

링(Ring), 스타(Star), 메시(Mesh) 형태 등 다양한 토폴로지를 고려해, 주요 노드와 경로를 중복 구성(N+1, 2N)함으로써 한 경로 장애 시 다른 경로로 자동 절체(Failover)되도록 한다. 인터넷 회선도 단일 ISP 의존도를 줄이기 위해 여러 ISP를 사용하거나, **BGP 멀티홈(Multi-homing)** 구성을 통해 가용성을 높인다.

장애 대응 체계 및 빠른 복구

장애 발생 시 **NMS/DCIM 알림** → **운영팀(또는 NOC, Network Operations Center)** → 장애 부위 파악 → 우회 경로 확보 → 장비 교체/복구 순으로 **표준 절차**를 마련한다. 스마트폰 알림, 대시보드, SMS, 이메일 등을 통해 실시간 장애 알림을 제공하며, **장애 이력**을 체계적으로 관리하여 재발 방지책을 수립한다.

DR(Disaster Recovery) 및 다중 데이터센터 연계

주요 서비스나 시스템은 **주-재해복구** 센터를 이원화하여, 한 데이터센터에 치명적 장애가 발생해도 다른 데이터센터로 서비스가 즉시 전환되도록 설계할 수 있다. DWDM(광전송), 전용선, SD-WAN 등을 통해 **센터 간 통신망**을 고속/고가용성으로 연결하여 글로벌 혹은 지역 간 페일오버를 가능케 한다.

장애 예방 모니터링

AI/머신러닝 알고리즘을 통해 트래픽 패턴, 에러 패킷 증가 현황, 장비 로그를 상시 분석하면, 장애 조짐이 보이기 전에 사전 대응(예지 정비)이 가능하다. 예측 기반의 'Capacity Planning(용량 계획)'을 수행해 과부하나 병목을 방지할 수 있다.

■ 설계·운영 시 종합 고려사항

케이블링 표준 준수 및 문서화

모든 케이블 경로, 포트 번호, 패치 패널 연결 상태 등을 철저히 문서화(Documentation)하면, 운영 중 장애 발생 시 **신속한 추적**과 **확장·변경**에 큰 도움이 된다.

냉각 및 전력 고려

네트워크 장비 역시 서버 못지않게 전력 소모와 발열량이 상당하므로, 통신실 및 네트워크 장비실 환경 조건(항온/항습)을 충분히 고려해야 한다. **Hot-Plug** 가능 장비나 교체 용이성을 확보하여, 장애 시 **서비스 다운타임**을 최소화할 수 있어야 한다.

보안 정책 연계

보안은 물리적 접근 통제(서버룸, 통신실 출입 관리)와 논리적 접근 통제(네트워크 방화벽, VLAN, NAC)로 나누어 종합 설계하는 것이 효과적이다. 데이터센터 내부 네트워크 세그먼테이션(Segmentation)을 통해, 사고 범위를 최소화하고 공격 확산을 억제할 수 있다.

운영 인력 교육 및 Best Practice 공유

네트워크 구조가 복잡해질수록, 운영 인력(엔지니어, NOC, 보안팀 등) 간 **유기적 협력**이 필요하다. 정기 교육, 매뉴얼 업데이트, 장애 대응 훈련 등을 통해 신기술(SDN, 네트워크 가상화, 클라우드 네이티브 설계 등) 도입 시 혼선을 줄인다.

장비 라이프사이클 관리

스위치, 라우터, 방화벽 등의 **EOS(EOL, End of Life)** 시점을 미리 파악하여, 적절한 시점에 교체·업그레이드를 계획해야 한다. 서브컴포넌트(팬, 전원 모듈, 포트 모듈) 단위 교체 지원 여부와 유지보수 계약(SLA) 범위를 점검하여 예산 편성을 효율화한다.

위에서 언급한 **케이블링 시스템, 네트워크 장비, 통신실·서버랙 환경, 이중화 및 장애관리 체계** 전반을 통합적으로 검토하여야 한다.

- **고속·안정적 전송**을 위한 광케이블 및 UTP 케이블의 체계적 배선
- **대규모 트래픽 처리**와 **높은 신뢰성**을 위한 네트워크 장비 선택 및 아키텍처 설계
- **통신실 인프라**(전원, 냉각, 배선 관리)와 랙 배치 최적화
- **장애 예방·빠른 복구**를 보장하는 이중화 설비 및 관리 시스템

8.3 데이터센터 통신설비 설계 기준 및 실무 적용

8.3.1 통신 인프라 설계 원칙

1) 성능 및 신뢰성

대역폭 & 지연(latency)

데이터센터 내에서 처리되는 데이터가 점차 증가함에 따라, 고속(10G, 25G, 100G, 400G 등) 트래픽을 안정적으로 처리할 수 있는 대역폭 확보가 필수적이다. 내부 네트워크 지연(Time-sensitive traffic)을 최소화하기 위해 스위칭 패브릭(Leaf-Spine 구조 등)과 장비 성능을 주기적으로 검토해야 한다.

가용성 확보

장애 발생 시 즉각적인 복구가 가능하도록 장비·경로를 이중화(N+1, 2N)하고, 장애관리 체계를 구축해야 한다. 운영 중 네트워크 장애가 발생하면, SLA(Service Level Agreement)와 RTO(Recovery Time Objective)를 충족하기 위한 '표준 절차(SOP)'가 마련되어야 한다.

2) 확장성 및 유연성

미래 데이터 증가 대비

서버 밀도, AI/머신러닝 워크로드, 고화질 스트리밍, 대규모 IoT 센서 등 향후 데이터 급증 시나리오에 대비하여 여유 있는 **케이블링 및 장비 포트 용량**을 확보한다. 스위치, 라우터 교체 주기와 투자 계획(CAPEX/OPEX)을 고려해 **모듈형 구조**로 설계하면, 향후 확

장 시에도 운영 중단 없이 업그레이드 가능성이 높아진다.

네트워크 토폴로지의 유연한 수정 가능

SDN(Software Defined Networking) 및 가상 네트워크(VXLAN, EVPN 등) 기술을 도입하면, 논리적인 네트워크 구조를 탄력적으로 재구성할 수 있어 불필요한 물리 작업을 줄일 수 있다.

3) 이중화 및 가용성

N+1, 2N 이상의 이중화

스위치, 라우터, 방화벽, 회선 등 주요 네트워크 요소가 한쪽이 장애가 나도 다른 쪽에서 즉시 대체할 수 있는 **자동 절체(Failover)** 구조가 필요하다. ISP(인터넷 회선)도 단일 사업자 의존도를 줄이고, **이중화된 백본**으로 멀티 ISP(다중 라우팅) 구성을 권장한다.

지리적 이중화(Geo-Redundancy)

중요 서비스나 구 critical 로드는 재해복구센터(DR) 또는 다른 지역의 데이터센터와 연계하여 장애 발생 시 재빨리 전환할 수 있는 **Geo-Redundancy**도 고려해야 한다.

4) 유지보수 용이성

장비 접근성

통신실/네트워크 랙은 유지보수를 위한 **접근 경로**가 충분해야 하며, 케이블·전원선이 복잡하게 엉켜 장애 추적과 부품 교체가 어려워지는 상황을 피해야 한다.

표준화 & 문서화

케이블, 포트, 장비 배치, IP 할당 정보 등을 **정교하게 문서화**(Labeling, Cable Management)해야, 장애 발생 시 신속 대응이 가능하다. 유지보수 인력과 관리 운영 체계가 표준화되어야 새 인력이 오더라도 빠른 적응과 업무 효율을 달성할 수 있다.

8.3.2 케이블링 시스템 설계

데이터센터 케이블링은 통신 인프라 중 가장 기본이 되며, "잘못된 케이블링 설계 = 높은 장애 위험 + 유지보수 비용 증가"로 이어지므로, **처음부터 표준과 모범사례(Best Practice)에 맞추어** 설계해야 한다.

1) 케이블 유형 선택

UTP 케이블(Cat.6A 이상)
10G 이더넷까지는 Cat.6A/Cat.7로 안정적인 전송이 가능하며, 향후 25G/40G 이상을 고려할 경우에는 도입 비용 대비 이점을 신중히 평가해야 한다. Cat.6A 이상을 선호하는 추세이며, Cat.8은 25G/40G까지 지원하지만 물리적 설치 및 비용 측면에서 주의가 필요하다.

광케이블(Fiber Optic)
대역폭과 전송거리 측면에서 우수하며, 40G ~ 400G 등 **고속 백본(Backbone)** 구축에 필수적이다.

멀티모드(Multimode, OM3/OM4/OM5) vs. '싱글모드(Singlemode, OS2)'를 선택 시, 전송 거리와 장비 인터페이스(트랜시버) 비용을 종합적으로 고려해야 한다. MPO/MTP 커넥터 기반 병렬 광케이블(Parallel Optics)로 고속/고밀도 연결을 구성하는 사례도 증가하고 있다.

2) 케이블 배선 방식

상면(Raised Floor) 케이블링
이중바닥(raised floor) 아래에 케이블을 배치하는 전통적 방식으로, 외부 시야에 케이블이 노출되지 않아 **미관과 안전** 면에서 유리하다. 유지보수를 위해 바닥 패널을 열어야 하므로, 작업성이 다소 떨어질 수 있다.

천장(Overhead) 케이블링
상부 케이블 트레이(Cable Tray), 레이스웨이(Raceway)를 통해 **시야 위쪽**에 배선한다. 장애 추적, 케이블 추가·제거가 비교적 편리하며, **여유 공간과 에어플로우(냉각)** 측면에서 유리하다.

3) 케이블 관리

패치 패널 & 케이블 트레이
데이터센터 랙과 랙 사이를 연결할 때는 **패치 패널**을 통해 체계적으로 연결해야, 케이블 혼잡과 꼬임을 방지할 수 있다. 케이블 트레이, 덕트, 레이스웨이를 사용해 **정리된 배선**을 만들면, 배선 경로를 구분하기 쉬워 장애와 혼선을 줄인다.

레이블링(Labeling)과 문서화

각 케이블마다 **구분 가능한 식별자**(ID, 포트 번호 등)를 부착하고, 이를 문서나 케이블링 관리 소프트웨어(DCIM)에서 기록한다. 장비 교체, 포트 변경 등 유지보수 작업 시에도 **정확하고 빠른 식별**이 가능해진다.

8.3.3 네트워크 장비 설계 및 배치

데이터센터 네트워크는 스위치, 라우터, 방화벽, 로드밸런서 등 다양한 장비들이 유기적으로 연결되어야 하며, 그 설계 수준이 데이터센터 전체 신뢰성 및 성능을 좌우한다.

1) 장비의 이중화 구성

핵심 장비(스위치, 라우터, 방화벽)

장애가 발생했을 때 네트워크 다운타임을 최소화하기 위해, 핵심 장비는 **2중(Active/Standby)** 또는 **다중 이중화(Active/Active)** 방식을 사용한다.

예: Leaf-Spine 구조에서 Spine 스위치를 2세트 이상 두어, 장애 시 다른 Spine으로 트래픽을 우회, 방화벽, 로드 밸런서는 HA(High Availability) 페어 구성으로 한 장비 다운 시 즉시 절체(Failover)하도록 설계한다.

전원 공급 이중화

네트워크 장비 역시 **이중 전원(Power Supply)** 구성 및 UPS 전원 라인 N+1 구성을 권장한다. 큰 전력을 소모하는 코어 스위치나 백본 라우터, 방화벽 장비는 추가적인 냉각과 전력 용량을 계획에 포함해야 한다.

2) 장비 배치 전략

전용 통신실(네트워크 룸) 또는 네트워크 랙

발열이 심하고 민감한 장비들은 서버룸과 분리된 전용 통신실에 배치하면 **보안, 관리, 발열** 면에서 유리하다. 네트워크 랙을 별도 구역에 배치할 경우, 랙 간 케이블 경로를 짧게 유지하도록 **랙 배치 구조**(핫아일·콜드아일)와 함께 설계한다.

발열, 냉각, 유지보수

네트워크 장비도 서버만큼이나 발열이 많으며, 팬(Fan) 소음·진동이 발생할 수 있다. 적절한 냉각 환경(랙 전면 공기 흡입, 후면 배출), 유지보수 접근성(랙 전후면 간격, 케이블 인입 경로) 등을 미리 고려해야 한다.

데이터센터 통신 인프라(케이블링·네트워크 장비)를 설계·구축하실 때는, 위에서 제시한 원칙 및 구체적인 지침을 종합적으로 고려해야 한다.

통신 인프라 설계 원칙

고성능·저지연, 확장성·유연성, 이중화·가용성, 유지보수 용이성이라는 **4대 요소**를 균형 있게 만족시키는 것이 핵심이다.

케이블링 시스템 설계

'고속 케이블(Cat.6A/7, 광케이블 등)'을 선택하며, 상면·천장형 배선 방식을 site 조건에 맞추어 결정한다. 정갈한 케이블 트레이, 패치 패널, 레이블링을 통해 **장애 추적**과 **운영 효율**을 높여야 한다.

네트워크 장비 설계 및 배치

핵심 장비 이중화, 전원·회선 이중화를 통해 '무중단(Network Downtime 0)'에 가까운 안정성을 추구한다. 발열, 냉각, 보안, 유지보수 편의 등 **물리적 요인**까지 세심하게 설계에 반영해야 네트워크 장비의 성능을 100% 발휘할 수 있다.

또한 운영에 들어간 뒤에는 **기록(Documentation) 및 주기적 점검**을 통해 새로운 장비나 애플리케이션 요구사항에 신속히 대응해야 한다. 고속 트래픽 증가, AI·빅데이터 워크로드, 클라우드·분산 컴퓨팅 확산 등이 데이터센터 전반에 큰 변화를 가져오므로, 한 번의 건설·설계로 끝나지 않고 **지속적인 업그레이드 가능성**을 염두에 두어야 한다.

8.4 통신설비 장애 방지 및 이중화 전략

8.4.1 네트워크 장애 유형 및 대응 방안

데이터센터 네트워크에서 발생할 수 있는 주요 장애 상황과 이에 대한 대응책을 정리하면 아래와 같다.

1) 장비 장애(스위치, 라우터 등)

- **장애 원인**: 하드웨어 고장(파워 서플라이, 팬, 모듈 손상 등), 펌웨어/OS 결함, 과열, 노후화 등

2) 대응 방안

장비 이중화(Redundancy)

코어 스위치, 백본 라우터, 방화벽, 로드 밸런서 등 주요 장비를 N+1, 2N 구성으로 둬서 장애 발생 시 트래픽이 자동으로 우회(Failover)할 수 있도록 설계한다. Active-Active, Active-Standby 등 운영 모드를 명확히 결정하고, 정기적으로 장애 전환(Failover) 테스트를 수행한다.

예비장비(Spare Unit) 준비

장애가 빈번하거나 중요도가 높은 장비는 예비 장비(Spare Equipment)를 보유하여, 고장 발생 시 **즉시 교체**할 수 있도록 한다. 펌웨어 이미지, 설정 파일(콘피그) 등을 자동 백업하는 프로세스를 마련해 복구 시간을 단축한다.

3) 케이블 단선 및 장애

- **장애 원인**: 물리적 손상(공사, 청소 중 실수), 케이블 커넥터 불량, 광섬유 케이블 손상(굴곡, 절단, 분리) 등

4) 대응 방안

복수 케이블 경로 및 자동 절체

중요 경로(코어, 백본)는 반드시 2개 이상의 물리 케이블로 구성해, 한쪽이 단선되어도 자동 절체(Failover)되도록 설계한다. 네트워크 프로토콜(예: LACP, EtherChannel, 링크 어그리게이션)이나 라우팅(ECMP, BGP 멀티패스)으로 다중 경로를 활성화한다.

케이블 상태 모니터링

광케이블의 OTDR(Optical Time-Domain Reflectometer) 검사, 구리선 케이블의 툴 테스트 등 주기적 정밀 점검으로 문제 발생 징후를 조기에 발견한다. 케이블 트레이, 레이스웨이 등 물리적 보호 장치와 케이블 라벨링으로 관리 효율을 높인다.

5) 설정 오류 및 보안 침해

- **장애 원인**: 잘못된 네트워크 설정(라우팅, VLAN, 방화벽 규칙), 관리자의 실수(Misconfiguration), 보안 침입(해킹, DDoS 공격) 등

6) 대응 방안

설정 관리 프로세스(SOP) 확립

네트워크 장비 설정 변경 시 표준화된 승인 절차(Change Management)와 이중 확인(2인 검수)을 시행한다. 핵심 장비 설정의 스냅샷(Backup Config)을 주기적으로 생성하여, 설정 오류 시 즉시 복구가 가능하도록 한다.

보안 장비 이중화(방화벽, IPS/IDS)

방화벽, IPS/IDS, WAF 등을 이중화(H-A)로 구성하고, 보안 정책(ACL, NAT, VPN 등)을 실시간 동기화하여 장애나 설정 오류에 대비한다. DDoS 방어(전용 어플라이언스, 클라우드 스크러빙 등)를 적극 도입해 대규모 공격으로부터 네트워크 인프라를 보호한다.

8.4.2 네트워크 이중화 설계 전략

네트워크 이중화는 데이터센터 신뢰성을 높이는 핵심 요소이며, 장비와 경로, ISP 등 물리·논리 여러 측면에서 중복성을 확보해야 한다. 주요 이중화 방식은 다음과 같다.

1) 장비 이중화(Redundant Equipment)

주요 네트워크 장비 복수 설치

코어 스위치, 라우터, 방화벽, 로드 밸런서 등 치명적 장애가 발생할 경우 전체 서비스가 중단될 수 있는 장비는 반드시 이중화가 필수이다. 하드웨어 이중화 시 Active/Standby(주·예비), Active/Active(트래픽 분산) 방식을 선택해, 장애 극복과 성능(Throughput) 사이에서 균형을 맞춘다.

파워·냉각 이중화

장비 수준에서 파워 서플라이를 듀얼 PSU로 구성하고, 냉각 설비도 이중화(N+1)해 장비 과열로 인한 고장 가능성을 최소화한다. 전력 경로(UPS, PDU)도 2개 이상의 라인에서 공급하여 단일 전원선 장애 시에도 운영이 가능하도록 준비한다.

2) 경로 이중화(Diverse Path)

물리적 경로 분리

코어/백본 스위치 간 연결, 건물 간, 데이터센터 간 경로를 전혀 다른 루트로 구성하여, 한 경로에서 단선이 발생해도 다른 루트로 트래픽이 우회하도록 한다. 지리적으로 케이블의 트레이, 관로가 겹치지 않도록 설계해야 재난(화재, 지진 등) 시에도 생존성이 높아진다.

라우팅 프로토콜 활용

OSPF, BGP, EIGRP 등 라우팅 프로토콜에서 'ECMP(Equal-Costmulti-Path)'를 활성화하면, 여러 경로로 트래픽을 분산 가능하며 장애 시 자동 절체를 빠르게 수행한다. L2/L3 통신이 혼합된 대규모 데이터센터 내부에서는 **Leaf-Spine** 구조 또는 **VXLAN/EVPN** 방식으로 다중경로를 구성할 수 있다.

3) ISP 및 네트워크 서비스 이중화

복수 ISP 구성

인터넷 연결(Out-Bound)이 핵심인 데이터센터라면, 다중 ISP를 통해 인터넷 백본을 확보해야 단일 ISP 장애 발생 시에도 서비스가 중단되지 않는다. BGP 멀티 홈(Multi-homing), AS 번호 활용, 공인 IP 대역 이원화를 통해 **자동 절체, 부하 분산**이 가능하도록 설계한다.

클라우드 연결 이중화

퍼블릭 클라우드(예: AWS, Azure, GCP)와 Direct Connect, ExpressRoute 등 전용회선을 사용하는 경우에도 복수경로, 다중 리전(Region)을 통해 **연결 안정성**을 확보해야 한다.

■ 네트워크 이중화 및 장애 대응 시 고려사항

자동화 및 모니터링

DCIM(데이터센터 인프라 관리) 및 NMS(네트워크 관리 시스템)를 연동해 실시간 상태 모니터링, 장애 알림(이메일, SMS, 앱) 등 자동화 체계를 구축한다. 머신러닝/AI 기반 분석을 통해 장애 징후(에러율 급증, 트래픽 폭주, 이상 패턴)를 조기에 감지하는 방안도 고

려할 수 있다.

DR(Disaster Recovery) 및 백업

네트워크 이중화와 함께, **재해복구(DR) 전략**을 설계해 장비나 경로 수준을 넘어 데이터센터 자체가 마비되는 경우에도 다른 위치(Region)에서 서비스가 이어지도록 해야 한다. 백업 데이터, DNS Failover, GSLB(Global Server Load Balancing) 등을 결합하여 **글로벌 수준**의 가용성을 확보할 수 있다.

정기 테스트와 문서화

장애 시나리오별(장비 고장, 케이블 절단, 특정 ISP 다운 등) **모의훈련**을 진행해 실제 이중화가 제대로 작동하는지, 절체 시간(RTO)이 SLA를 만족하는지 확인한다. 이중화 관련 구성도, 회선 경로, 장비 설정(HA Pair, Routing Table 등)을 **주기적으로 업데이트**하고 문서화하여, 장애 시 빠른 참고가 가능하도록 유지한다.

보안 연계

이중화된 네트워크 경로와 장비가 보안 우회로가 되지 않도록, **방화벽 규칙 동기화, 라우팅 프로토콜 인증, VPN 터널 이중화** 등 보안 설정도 함께 이중화해야 한다. DDoS 공격이나 악성 트래픽으로 인해 장애가 확산되지 않도록, **보안 정책**을 각 경로별, 장비별로 동일하게 적용하고 실시간 모니터링한다.

데이터센터 네트워크 인프라를 구축·운영하실 때, 위에서 정리된 **네트워크 장애 유형**과 **이중화 설계 전략**을 종합적으로 반영하시면, **장애 대응력**과 **서비스 연속성**을 극대화할 수 있다. **장비 장애나 케이블 단선, 설정 오류** 등의 위험을 사전에 인지하고, 이중화된 인프라와 절체 프로세스로 빠르게 대처해야 한다.

장비 이중화, 경로 이중화, ISP/서비스 이중화를 단계적으로 구축함으로써 데이터센터 네트워크의 '가용성(Availability)'을 높은 수준에서 유지할 수 있다. 나아가 지속적인 **자동화 모니터링, DR 전략, 보안 연계**가 뒷받침되어야만, 실제 운영 환경에서 무중단에 가까운 안정성과 유연성을 달성할 수 있다. 이를 위해선 정기적인 점검과 장애 훈련이 필수적이며, 각종 매뉴얼과 SOP, 장비 설정 백업을 체계적으로 관리하는 것이 중요하다.

8.5 통신설비 유지관리 및 운영 전략

8.5.1 통신설비 유지관리 계획 수립

데이터센터 통신설비 유지관리는 서버, 스토리지, 네트워크 장비와 함께 **가장 빈번하게 점검 및 업데이트**가 요구되는 영역이다. 다음 점검 계획을 기준으로 주기적이고 체계적인 유지보수를 수행하면, 장애 발생 가능성을 크게 줄이고 네트워크 성능을 안정적으로 유지할 수 있다.

1) 매월 점검 (Monthly Check)

장비 상태 모니터링

스위치, 라우터, 방화벽 등의 온도, 팬 속도, 전원 상태, 포트 에러율 등을 정기적으로 확인한다. NMS(Network Management System)나 DCIM(Data Center Infrastructure-Management) 툴을 활용하여 실시간 상태 모니터링이 가능하도록 설정한다.

펌웨어 & 소프트웨어 업데이트

장비 제조사에서 배포하는 펌웨어나 OS 패치, 보안 패치를 주기적으로 적용한다. 업데이트 전후에는 **릴리즈 노트**를 검토하고 사전 테스트를 실시해, 실제 운영 환경에서의 호환성 및 기능 안정성을 점검한다.

2) 분기별 점검 (Quarterly Check)

케이블 연결 상태 확인

광케이블/UTP 커넥터의 물리적 손상(굴곡, 이물질, 부식 등)을 점검하고, 케이블 트레이나 덕트 내 케이블 배열이 변형되지 않았는지 살핀다. 레이블링(Port ID, Cable ID) 등을 재확인하고 필요한 경우 재작업하여 추적성을 개선한다.

장비 성능 측정 및 정기 테스트

스위치, 방화벽, 로드밸런서 등이 **과부하 없이 안정**적으로 작동하는지, 트래픽 처리량·지연(latency)·패킷 손실률 등을 측정한다. 기능 테스트(HA 장애 전환, QoS, VLAN 설정 등)를 진행하여 설정이 제대로 작동하는지 정기적으로 검증한다.

3) 연간 점검 (Yearly Inspection)

전체 케이블링 시스템 & 장비 정밀 진단
종합적인 열화 상태(UTP 케이블 테스터, 광케이블 OTDR 검사), 물리적 마모나 내부 부식 상태 등을 확인하여 필요시 교체 계획을 세운다. **장비 End-of-Life(EOL) 스케줄**을 참조하여, 노후 장비(스위치, 방화벽, 전원 모듈 등)의 교체 시점과 예산을 사전에 계획한다.

교체 계획 수립
향후 1~3년 내 트래픽 증가, 기술 진화(10G→25G, 100G→400G 등)에 대응할 수 있도록 **확장성 있는 장비 업그레이드** 계획을 수립한다. 예산 편성과 실행 로드맵, 다운타임 최소화를 위한 교체 일정 등을 구체화해 운영과 연동한다.

8.5.2 통신설비 장애 대응 프로세스

통신설비 장애는 데이터센터의 핵심 서비스(인터넷 접속, 내부 서버 간 트래픽 등)에 직접적인 영향을 끼치므로, **신속한 복구와 재발 방지**가 가장 중요하다. 따라서 다음 단계별 표준 절차(SOP)를 갖추어야 한다.

1) 장애 인지 및 보고

자동 경보 시스템
NMS/DCIM에서 장비 상태, 링크 다운, 포트 에러 등을 실시간 감지 후 관리자(운영자)에게 알람(이메일, SMS, 대시보드 등) 전송.

장애 보고 체계
장애 인지 시 즉시 NOC(Network Operations Center) 담당자에게 보고하고, 심각도(Critical, Major, Minor)에 따라 **우선순위**를 분류한다.

2) 초기 대응

장애 범위 및 원인 파악
구체적인 장애 구간(장비 고장? 케이블 절단? 소프트웨어 설정 오류?)을 확인하고, 영향 받는 서버·서비스 범위를 신속히 식별한다.

우회 경로 확보

이중화된 경로(스위치, 방화벽, 라우팅 등)를 즉시 활성화(Active/Standby 전환)하거나, 장애 장비를 우회하여 **서비스 연속성**을 확보한다. 운영팀 간 협업(전기·기계·IT 팀 등)으로 장애 확대를 막고, 인접 장비나 배선에 미치는 영향을 최소화한다.

3) 장애 복구

예비 장비·케이블 활용

예비 장비(Spare Unit)나 케이블로 **가장 빠르게** 복구를 진행하고, 일시적으로 서비스 트래픽을 정상화한다. 장비 고장인 경우 교체나 파워 리셋, 모듈 변경 등 표준화된 절차에 따라 처리하며, 설정 파일(Backup Config)을 적용해 즉시 운영 상태로 복원한다.

최종 정상화 확인

복구 후, 트래픽 모니터링과 테스트 핑(Ping, Trace)으로 정상 동작을 확인하고, 모니터링 알람이 해제되었는지 점검한다.

4) 사후 분석

장애 원인 분석(RCA, Root Cause Analysis)

장애 발생 원인을 세부적으로 파악(물리·논리·운영절차 등)하고, 재발 방지책을 작성한다. 주요 결과를 NOC 기록 및 지식베이스(Knowledge Base)에 반영해 향후 비슷한 장애 시 즉각 활용한다.

향후 예방책 마련

장비 교체 주기 조정, 이중화 구성을 재점검, 운영 인력 교육 강화 등 사후 조치(Action Item)를 실행한다. 교훈(Lesson Learned)을 정기 운영 회의에서 공유해 전사적 수준의 인식 제고와 시스템 개선에 반영한다.

8.5.3 인력 교육 및 비상 대응 훈련

데이터센터 운영에 있어서 '사람(운영 인력)'의 역량과 조직적 대처 능력은 기술적 인프라만큼이나 중요하다. 주기적 교육과 비상 대응 훈련을 통해 인력의 장애 대응 능력을 극대화할 수 있다.

1) 운영 인력의 전문성 강화

정기 교육
네트워크 이론(라우팅, 스위칭, 보안), 장비 설정 방법, 케이블링 표준, 장애 사례 등을 주제로 **분기별/연간** 교육을 실시한다. 제조사(시스코, 주니퍼 등)나 전문 교육 기관과 협력하여 최신 기술 동향 및 모범사례(Best Practice)를 습득하도록 지원한다.

기술 자격 인증
CCNA/CCNP, JNCIA/JNCIP 등 전문 자격 취득을 장려해 **운영 인력의 실무 역량**을 객관적으로 검증하고 동기를 부여한다.

2) 비상 대응 모의훈련

연 2회 이상 정기 훈련
데이터센터 실제 운영 환경을 시뮬레이션해, 특정 장애(스위치 다운, 케이블 절단, 방화벽 설정 오류 등)를 가정한 훈련을 진행한다. 장애 상황에서의 대응 속도, 절차 준수 여부, 협업 방식 등을 평가하고, 훈련 결과를 개선사항으로 피드백한다.

체계적인 시나리오 설계
훈련 시나리오를 다각도로 구성(주요 장비별, 시간대별, 부분 장애/전체 장애)하여, 운영 인력이 **다양한 상황**에 대비할 수 있게 한다. 장애 수준별(경미, 중대, 긴급)로 우선순위를 구분하고, 의사결정 권한 및 보고 체계를 훈련에서 명확히 숙지시킨다.

8.5.4 종합 제언, 유지관리·비상 대응의 완성도 제고

문서화 & 자동화
모든 유지보수 및 장애 대응 활동을 기록하고, 정기적인 문서 업데이트로 최신 상태를 반영한다. NMS, DCIM, ITSM(Ticketing) 시스템을 적극 도입해 장비 로그, 장애 이력, 변경 이력 등을 중앙 집중화하고 **자동화 프로세스**(알람, 티켓 생성, 작업 승인 등)를 구축한다.

지속적 개선(CQI, Continuous Quality Improvement)
데이터센터 운영팀, 네트워크팀, 보안팀 간 **주기적인 협의체**를 구성해, 지난 분기/연도에 발생한 장애·점검 결과를 공유하고 개선점을 발굴한다. 설비 확장, 신규 서비스 론칭, 클라우드 연계 등 변화 요인에 맞춰 **운영 프로세스**와 **장비 스펙**을 유연하게 업데이트한다.

관리자·임원 레벨 지원

장애 예방 및 빠른 복구를 위한 **예산 확보, 인력 충원, 교육 기회 제공** 등이 꾸준히 이뤄지려면, 경영진이나 임원진의 인식과 지원이 필수적이다. SLA(서비스레벨)와 가동률(가용성) 목표가 조직 차원에서 분명히 설정되어 있어야, 유지관리와 비상 대응 체계가 흔들리지 않고 일관성 있게 운영될 수 있다.

데이터센터 통신설비를 운영·유지보수하실 때, 위에서 소개한 **점검 계획, 장애 대응 프로세스, 인력 교육 및 비상훈련**을 종합적으로 수행하면, **서비스 안정성**과 **운영 효율성**을 동시에 확보하실 수 있다. '정기 점검(월·분기·연간)'으로 설비 노후화와 설정 이슈를 조기에 발견·해결, **장애 발생 시 단계적 대응 프로세스**로 신속 복구 및 서비스 연속성 보장, **운영 인력 역량 강화**와 **비상 대응 훈련**을 통해 실제 위기 상황에서도 체계적이고 빠른 대응이 가능하다.

제9장

소방 및 안전설비 설계

제9장 소방 및 안전설비 설계

9.1 데이터센터 화재 위험성 및 예방의 중요성

9.1.1 데이터센터 화재 특성 및 위험성 분석

전기적·기계적 설비 밀집

데이터센터는 높은 처리 용량과 안정성을 위해 다수의 서버, 스토리지, 네트워크 장비, UPS(무정전 전원 장치) 및 냉각 장치 등이 밀집되어 있다. 이러한 고밀도 환경은 전기 설비에서 과부하, 단락(쇼트), 접촉불량 등이 발생할 경우 화재 위험이 크게 증가한다.

고밀도의 전력 사용 및 장비 과열

최신 데이터센터에서는 랙(Rack)당 수 kW 이상, 때로는 10kW를 넘는 높은 전력 사용량을 보인다. 고성능 서버는 많은 열을 발생시키고, 쿨링 시스템이 적절히 작동하지 않거나 장애가 발생하면 랙 내부 온도가 급격히 상승할 수 있다. 이때 장비가 과열되어 발화로 이어질 가능성이 높아진다.

케이블 및 배선의 복잡성

데이터센터에서는 다양한 전원 케이블, 통신 케이블이 밀집 배선되어 있다. 케이블 절연 손상, 과부하, 접속부위 발열 등은 화재를 일으키는 주요 요인이 된다. 특히 대규모 케이블 트레이(Tray)나 플로어 아래 배선 공간에서 화재가 발생하면, 급격히 확산되어 조기 진압이 어려울 수 있다. 특히 케이블 트레이나 배관 배선을 주 배전반 상부에 설치하여 배전반 화재 사고 시 전력케이블까지 손상을 입을 경우 복구하는데 시간이 너무 많이 걸리기 때문에 전력케이블 공급설비를 결정할 때는 모든 경우의 수를 감안하여 안전하도록 구성하여야 한다.

화재 발생 시 대규모 피해 가능성

데이터센터는 기업 및 기관의 핵심 정보 인프라를 담고 있어 화재 발생 시 막대한 경제적 손실과 서비스 중단이 일어난다. 물리적 자산인 서버, 네트워크 장비, 스토리지 손실뿐 아니라, 고객 데이터 손실, 신뢰도 하락 등 2차 피해도 심각한다. 복구에 긴 시간이 소요되며, 추가적인 보안 리스크까지 야기될 수 있다. 그렇기 때문에 화재가 발생하지 않도록 하는 것이 중요하다.

배터리(UPS) 시스템의 화재 위험

UPS(무정전 전원 공급 장치)에 사용하는 배터리는 대개 납산(Lead-acid), 리튬이온(Li-ion) 등으로 구성된다. 잘못된 충전, 충격, 내부 결함 등으로 인한 열폭주(thermal runaway) 현상이 발생하면 배터리에서 발화·폭발 가능성이 있다. 따라서 배터리실 또는 UPS룸의 독립된 화재감지 및 소화시스템이 매우 중요하다.

9.1.2 데이터센터 화재 예방의 중요성

인적·물적 손실 최소화

화재 예방은 한 번의 사고로 막대한 인명 피해와 자산 손실을 막아주는 핵심 수단이다. 특히 24시간 무중단 운영이 중요한 데이터센터 특성상, 화재 방지는 가용성과 신뢰성을 지키는 데 필수적이다.

화재 조기감지 시스템의 중요성

데이터센터 내부는 공조 시스템으로 인해 공기 순환이 빨라 연기가 빠르게 확산되거나 일부 구역에만 머무를 수 있다. 조기 감지를 위해 VESDA(Very Early Smoke Detection Apparatus) 같은 흡입형 연기감지 시스템 또는 광학 센서 등을 활용하면, 미세한 연기 입자 상태부터 화재 조짐을 인지할 수 있다. 초기 단계에서 화재 징후를 포착하여 알람을 제공함으로써 신속 대응이 가능해진다.

자동 소화시스템의 구축

전통적인 스프링클러 시스템은 데이터센터 장비를 물로 인한 손상으로부터 보호하기 어렵다.
따라서 가스계 소화설비(FM-200, Novec 1230, IG-541 등)를 주로 사용하며, 이를 통해 장비 손상을 최소화하고 빠르게 화재를 진압할 수 있다. 소화약제 선택 시 환경 영향, 인체 유해성, 소화 효율 등을 종합적으로 고려해야 한다.

체계적인 화재 대응 계획 및 훈련

화재 발생 시 신속·정확한 대응을 위해 사전에 **비상대응 매뉴얼**을 준비해야 한다. 화재 감지, 소화, 대피 경로, 전원 차단 순서 등을 구체적으로 규정하고, 정기적으로 모의훈련(드릴)을 실시해야 한다. 초기 진압 실패 시, 외부 소방대가 데이터센터 특수장비와 구조를 충분히 인지할 수 있도록 협조 체계를 유지해야 한다.

설비 유지보수 및 점검의 중요성

전력계통 설비(변압기, UPS, PDU 등)와 냉각 시스템, 배선·케이블 상태를 정기적으로 점검하고 과열·노화·절연 파손 등을 조기에 발견해야 한다. 항온·항습 조건이 제대로 유지되지 않으면 장비 이상과 결로(結露) 등이 발생해 전기적 위험을 높일 수 있으므로 환경 모니터링이 매우 중요하다. 모든 감지·경보·소화 장치의 정기점검을 통해 유사시 정상 작동을 보장해야 한다.

디자인 단계에서의 화재 예방 고려

데이터센터 건물을 신축하거나 설계할 때부터 **내화(耐火) 자재**와 **방화 구획**을 충분히 고려해야 한다. 호환성 높은 케이블과 규격화된 부품을 사용하여 전기설비의 안정성을 높이고, 케이블 배선 경로를 명확히 구분하여 트레이 과밀화를 방지한다. 냉각 효율을 높이기 위해 **핫·콜드 아일(Hot and Cold Aisle) 컨테인먼트**를 구현하면 장비 과열을 줄이고 과도한 전력 소모를 방지할 수 있다. 에너지저장장치(ESS)나 배터리룸은 별도의 방화 구역으로 설정하고, 적절한 환기 및 소화설비를 갖추어 열폭주 위험을 관리한다.

〈그림 9.1〉 소방설비 및 안전설비 시설 예

■ 최신 데이터센터 기획 및 설계를 위한 추가 고려 사항

표준 및 규정 준수

NFPA(미국방화협회) 75, 76, 70(National Electrical Code) 등 국제 표준과 국내 소방법, 전기설비기술기준 등을 충실히 준수하여 설계한다. TIA-942(Telecommunications Infrastructure Standard for Data Centers)와 같은 권고 사항을 반영해 설비 안정성을 확보한다.

설비(이중화) 및 모듈화

주요 전력, 냉각, 네트워크 라인을 이중화(Redundancy)하여 일부 설비의 화재나 장애에도 서비스 연속성을 유지한다. 모듈형 데이터센터 구조를 적용하면 확장과 유지보수가 용이해지며, 화재 확산도 제한적으로 관리할 수 있다.

지능형 화재 감지 및 자동화

AI 기반 화재 모니터링 시스템을 활용하면, 여러 센서로부터 얻은 온도·연기·습도 데이터를 실시간 분석하여 이상 징후를 감지할 수 있다. IoT(사물인터넷) 기술과 연계해 화재 발생 지점을 즉각 파악하고, 관련 구역만 소화를 작동시키도록 자동화하면 장비 피해를 최소화할 수 있다.

정기 감사 및 리스크 평가

데이터센터 운영 중에는 주기적으로 외부 전문가나 관련 기관의 검증을 받아 화재 안전성을 평가 받는 것이 좋다. 리스크 분석을 통해 사각지대나 노후 설비를 파악하여 조치함으로써, 화재 예방 효과를 극대화할 수 있다.

인적 요소 관리

운영 인력의 부주의나 작업 실수로도 화재가 발생할 수 있으므로, 작업 절차 확립 및 안전 교육, 작업 승인 프로세스(Work Permit System) 등이 중요하다. 24시간 모니터링이 가능하도록 적절한 인력을 배치하고, 기기 점검 시 안전 수칙을 반드시 준수하도록 한다.

데이터센터는 현대 비즈니스와 사회의 필수 인프라로서, 화재는 가장 치명적인 위험 중 하나이다. '사고는 예방이 최선'이라는 말처럼, 화재 예방을 위한 설비 투자와 체계적인 운영 프로세스 확립이 그 무엇보다 중요하다. 이에 최고의 전문가이자 교수님께서 제공하신 위의 내용들은 데이터센터를 기획하고 설계하는 단계에서부터 안전성을 확보하기 위

한 핵심 지침이다.

요약

고밀도 환경과 복잡한 전력·케이블 구조로 인해 화재 위험이 상존하지 않도록 해야한다. 특히 조기감지(VESDA 등), 가스계 자동소화(FM-200, Novec 1230 등), 철저한 배선·장비 유지보수가 핵심이다. 설계 초기부터 방화 구획, 내화 자재, 효율적 냉각 설계 등을 고려해야 한다. 그리고 정기적인 모의 훈련과 비상 대응 매뉴얼 마련으로 화재 발생 시 피해 최소화할 수 있도록 하며 표준·규정(NFPA, TIA-942 등)을 준수하고, 정기적으로 위험 평가 및 관리를 수행하여야 한다.

9.2 소방설비 설계 기준 및 최신 기술 동향

9.2.1 화재 감지 및 경보 시스템 설계

데이터센터는 전산 장비의 정상적인 가동과 서비스 연속성을 유지하기 위해, 화재를 **최대한 빠르게 인지하고 조기 대응**해야 한다. 이를 위해 적용할 수 있는 최신 화재감지 및 경보 시스템은 다음과 같다.

1) 초기 연기감지기(VESDA: Very Early Smoke Detection Apparatus)

- **감지 원리:** 공기 샘플링 방식을 사용하여 미세한 연기 입자까지도 포착이 가능하다.
- **설치 위치 및 배관 설계:** 서버 랙 상단 또는 천장, 이중 바닥 하부 등 잠재적 발화 지점 인근을 중심으로 흡입관(파이프)을 배치한다.
- **장점:** 화재 발생 극초기에 연기를 감지해 알람을 발생시키므로, **초기 진압**과 **장애 최소화**가 가능하다.

2) 스팟형 감지기(Spot-type Detector) 및 불꽃 감지기(Flame Detector)

- **스팟형 감지기:** 천장 또는 대상 설비 인근에 설치되는 전통적인 연기감지기로, 열·연기·광학 센서를 이용하여 화재 징후를 파악한다.
- **불꽃 감지기:** UV/IR 센서를 통해 불꽃을 직접 감지할 수 있어, 일부 화재(예: 전기 스파크)에 대하여 **신속하고 정확한 화재 위치 확인**이 가능하다.
- **효율적 적용:** 주요 UPS실, 배터리실, 발전기실 등 발화 위험이 높은 구역에 집중 배치

하면 유용하다.

3) 통합 화재 경보 시스템
- **중앙 집중식 제어:** 각종 감지기(VESDA, 스팟형, 불꽃)에서 수신된 신호를 통합 관리실 또는 NOC(Network Operation Center)로 전송한다.
- **실시간 모니터링:** 경보 시스템이 화재 징후를 포착하면, 관리자는 즉시 **CCTV 확인, 현장 출동** 등으로 초기 진단을 수행할 수 있다.
- **자동 알림:** 관리실 및 담당 인력에게 SMS, 푸시 알림 등을 동시에 전송하여 **신속 대응**이 가능하도록 한다.

4) AI·IoT 융합 감지
최근에는 **AI 기반 분석**을 통해 화재 징후(온도 급상승, 연기 농도 변동, 공기 흐름 패턴 이상 등)를 조합적으로 탐지하는 사례가 늘고 있다. IoT 센서를 활용해 **서버 랙별 온도/습도/연기 농도**를 모니터링하고, 이상 징후가 포착되면 중앙 시스템에서 자동으로 경보를 발생시키는 체계도 고려해볼 수 있다.

5) 설계 시 주의사항
- **배선 및 전원 이중화:** 화재 감지·경보 시스템 자체가 중단되지 않도록 독립된 전원(UPS 등) 및 통신 라인을 갖춰야 한다.
- **정기 점검 및 유지보수:** 흡입형 감지기의 경우 파이프나 필터가 먼지로 막히지 않도록 정기 점검이 필수이다.
- **국제·국내 기준 준수:** NFPA 72(미국 화재경보 코드), 국내 소방법 및 국가화재안전기준에 부합하도록 설계하여야 한다.

〈표 9.1〉 데이터센터 소방용 감지기 종류와 특성

감지기 종류	설치 장소	주요 기능 및 특징
광전식 연기감지기 (Photoelectric)	- 서버실 내부 천장 또는 공조 덕트 부근 - 통신/네트워크 장비실 - 일반 사무공간(사무실, UPS실 등)	- 연기에 포함된 미세 입자를 적외선(또는 레이저)으로 감지 - 화재 초기에 발생하는 연기를 빠르게 감지하여 조기 경보 - 유지보수가 비교적 간단하고 가격이 합리적

감지기 종류	설치 장소	주요 기능 및 특징
이온화식 연기감지기 (Ionization)	- 서버실 내부 천장(보조적 용도로 사용) - 다른 연기감지기와 병행 사용	- 연기 입자의 이온화 흐름 변화를 감지 - 발화 시점의 아주 미세한 연기에도 반응 가능 - 높은 민감도로 밀폐된 공간에서 효과적이나, 환경적 제약(방사성 물질)으로 인해 선호도가 낮아지는 추세
고감도 연기감지기 (Aspirating / HSSD)	- 서버실 천장 및 이중 바닥 하부 - 케이블 트레이, 랙 상단 등 - 화재 위험이 높은 구역(배터리실 등)	- 공기 샘플링 파이프를 통해 매우 미세한 농도의 연기를 지속적으로 채취 및 분석 - 극초기 단계 화재(연소 전단계 포함)까지 포착 가능 - 민감도가 매우 높아 오경보 방지를 위한 적절한 알람 설정 및 단계별 대응 프로세스가 필요
정온식 열감지기 (Fixed-Temperature)	- 장비 발열이 많아 온도 상승이 클 가능성이 있는 장소 - UPS실, 전기실, 배터리실, 냉각기실 등	- 설정된 한계 온도 이상으로 온도가 상승하면 경보 발생 - 연기 발생 없이 온도만 급상승하는 상황에도 대처 가능 - 장비 과열, 단락 등으로 인한 급격 온도 상승을 감지
차동식 열감지기 (Rate-of-Rise)	- 공조 장비 인접 구역 (급격한 온도 변화 모니터링) - 데이터센터 출입구, 케이블실	- 일정 비율 이상으로 급격히 상승하는 온도를 감지하여 경보 발생 - 화재로 인한 급격한 온도 상승을 조기에 인지 - 서버실 냉각 환경 변화 등 일상적 온도 편차가 큰 구역에서는 오경보 가능성에 유의
복합형(멀티센서) 감지기 (Multi-Criteria)	- 화재 위험이 높거나 다양한 유형의 화재 가능성이 있는 구역 - 대규모 서버실, 중요 장비실	- 연기(광전식/이온화식), 열, CO, 화학 센서 등 여러 센서가 하나의 감지기에 통합 - 다양한 화재 특성을 동시에 감지해 정확도 향상 & 오경보 최소화 - 시스템 비용이 상대적으로 높지만 신뢰성이 높아 중요 구역에서 자주 사용
연기/가스 복합 감지기 (Smoke/Gas Detector)	- 배터리실, 디젤 발전기실 등 유해가스가 발생할 수 있는 구역 - HVAC실(냉매 유출 우려)	- 연기 + 유해가스(CO, CO_2, 냉매가스 등) 동시 감지 - 화재뿐 아니라 유독 가스 누출 시에도 신속한 알람 가능 - 안전 관리 및 장비 보호 측면에서 효과적
분할형 감지기 (Beam Detector)	- 천장 높이가 매우 높은 대형 서버실, 대형 로비/복도 등 - 광대한 면적에서 화재 감시가 필요한 구역	- 감지기와 반사판(또는 송수신부)이 마주 보고 있어, 연기로 인해 빛이 감쇄되면 경보를 발생 - 높은 층고와 넓은 면적을 효율적으로 커버 가능 - 먼지 등으로 인한 오염 시 감지 민감도 저하 가능성

데이터센터 전기설비 계획과 설계

감지기 종류	설치 장소	주요 기능 및 특징
분진감지기 (Dust Detector)	- 외부 공기 유입부(프리 에어 냉각 시) - 공조 설비 흡입/배기 라인 및 필터 구역 - 장비실 내부(특정 구역)	- 공기 중의 먼지·미세입자(분진) 농도를 측정하여 데이터센터 내부 오염도 파악 - 고성능 장비(서버, 스토리지 등)의 발열부, 공조 라인 주변에서 분진 축적 여부 모니터링 - 화재 직접 감지는 아니지만, 분진이 장비 과열·오작동을 유발할 수 있으므로 사전관리 측면에서 중요

※ 각 감지기별 장·단점 요약

▶ **광전식 연기감지기**
- **장점**: 초기 연기 감지에 효과적, 유지보수 간편, 비용이 낮음
- **단점**: 오염 시 민감도 저하, 먼지가 많은 환경에서 오작동 우려

▶ **이온화식 연기감지기**
- **장점**: 미세 연기에도 민감, 작은 공간에서 빠른 반응
- **단점**: 방사성 물질 취급 이슈로 규제가 강화되는 추세, 유지관리 어려움

▶ **고감도 연기감지기 (HSSD)**
- **장점**: 극초기 화재(숨은 열원, 열적 분해 단계)도 감지 가능, 조기 대응 체계 구축
- **단점**: 가격이 높고 오경보 가능성 있으므로 세밀한 설정 필요

▶ **정온식 열감지기**
- **장점**: 온도 상승만으로도 확실히 감지, 발열로 인한 화재 위험 관리
- **단점**: 연기 없는 화재를 제외하면 감지까지 시간이 걸릴 수 있음

▶ **차동식 열감지기**
- **장점**: 급격 온도 상승에 민감, 순간적 발화 상황에 빠르게 반응
- **단점**: 일상적 온도 편차가 큰 환경에서는 오작동 우려

▶ **복합형(멀티센서) 감지기**
- **장점**: 연기·열·가스 등을 통합 감지하여 정확도 높음, 오경보율 낮춤
- **단점**: 단일 감지기에 비해 비용과 유지보수 부담이 큼

▶ **연기/가스 복합 감지기**
- **장점**: 화재(연기)와 유독 가스(예: CO, 냉매 누출)까지 동시 모니터링 가능
- **단점**: 설치 및 운영 비용 상승, 감지 범위별로 교정 필요

- ▶ **분할형 감지기 (Beam Detector)**
  - **장점**: 높은 천장·넓은 면적도 커버 가능, 설치 시 감지기 수량 절약 가능
  - **단점**: 먼지 쌓임, 반사판 오염에 취약해 점검 주기가 짧아질 수 있음

- ▶ **분진감지기 (Dust Detector)**
  - **장점**: 장비실 환경 오염도를 실시간 파악하여 서버 장비 과열·오작동 사전 예방
  - **단점**: 화재 직접 감지는 불가능(소방 측면에서는 보조 감지기), 미세먼지 기준 설정 등 추가 운영 비용 발생

6) 설치 시 고려 사항

이중 바닥 및 천장 공간

데이터센터는 이중 바닥(Access Floor)과 천장 공간(Plenum Space)을 통해 케이블, 공조 덕트, 각종 배선을 설치한다. 이러한 공간은 열 축적, 분진 축적, 또는 방화 취약 지점이 되기 쉽다. 따라서 **고감도(HSSD) 연기감지기**나 일반 연기감지기를 이중 바닥 및 천장 공간에도 별도 설치하는 것이 권장된다.

냉각·공조 시스템 연계 (덕트형 감지기)

내부 공기가 공조 시스템을 통해 순환하거나 외부로 배출될 수 있으므로, 덕트형 감지기를 설치하여 공조 덕트를 통해 이동하는 연기를 모니터링할 수 있다. 이와 함께 **분진감지기**를 공조 흡입/배기 라인에 설치하면, 외부 공기나 내부 순환 공기 중에 포함된 분진 농도를 실시간 확인하여 필터 교체 시점 등을 효율적으로 관리할 수 있다.

오경보 및 오작동 방지

데이터센터 장비의 발열 및 내부 환경 특성상 온도, 습도, 분진 등의 변화 폭이 일반 건물보다 클 수 있다. 특히 '고감도 연기감지기(HSSD)'는 매우 민감하여, 적절한 다단계 경보 설정(Alert, Action, Fire 등)과 함께 운영하는 것이 좋다.

정기 점검 및 유지 보수

데이터센터는 장비가 많고 24시간 공조가 이루어지므로, 감지기의 오염(먼지·오일·습기 등)에 대한 주기적 점검이 필수적이다. 분진감지기의 경우도 측정 범위 교정(Calibration)을 주기적으로 실시해야 신뢰할 만한 오염도 데이터를 확보할 수 있다.

자동 소화설비 및 연동

데이터센터 화재 시 초기에 빠르게 대응하기 위해 가스 소화설비(FM-200, NOVEC

1230 등)를 사용하며, 감지기에서 화재를 인지하면 자동으로 소화약제가 방출되도록 하는 구조가 일반적이다. 소방 감지기와 **전력 차단, 방화댐퍼 폐쇄, 냉각기 제어** 등과도 연동하여 화재 시 피해를 최소화해야 한다.

분진 관리 중요성

분진(먼지)이 데이터센터 장비 내부에 쌓이면 발열 및 단락이 발생할 수 있으며, 장기적으로 신뢰성에 악영향을 미친다. 분진감지기를 통해 먼지 농도를 모니터링하고, 필터 교체 및 청소 시점을 예측 관리함으로써 설비 장애 예방과 에너지 효율을 높일 수 있다.

9.2.2 자동 소화설비의 종류 및 특성

데이터센터 특성상, 화재 진압 시 **장비 손상 최소화**가 매우 중요하다. 또한 친환경적이고 인체에 유해성이 낮은 소화약제를 사용하는 추세가 강화되고 있다. 주요 자동 소화설비와 특징은 다음과 같다.

1) 가스계 자동소화설비(청정소화약제)

(1) FM-200(HFC-227ea)
- **효과**: 화염의 열 에너지를 흡수하고, 산소 농도를 크게 낮추지 않는 방식으로 화재를 진압한다.
- **장점**: 잔여물이 거의 없고, 전자 장비에 대한 손상이 매우 적어 **데이터센터 핵심 구역**(서버실, UPS실)에 적합하다.
- **주의사항**: 인체 노출에 대한 안전 기준(설계 농도, 배출 시간)을 반드시 준수해야 한다.

(2) NOVEC-1230
- **소화 메커니즘**: 증발 잠열을 통해 열을 흡수하며, 화학적 반응을 억제하는 방식으로 화재를 진압한다.
- **장점**: 지구온난화지수(GWP)가 매우 낮아 **환경 친화적**이며, 인체 안전성이 상대적으로 높다.
- **적용 대상**: **고가 장비**가 밀집된 구역이나, **친환경 규제**를 중시하는 글로벌 기업의 데이터센터에 많이 적용한다.

(3) IG-계열 소화약제(IG-541, IG-55 등)

- **구성**: 질소, 아르곤, 이산화탄소 등을 혼합해 산소 농도를 낮추어 화재를 진압한다.
- **장점**: **오존파괴지수(ODP)=0**, 인체 유해성도 상대적으로 낮고, 자연상태에서 얻을 수 있는 기체들이라 친환경적이다.
- **고려 사항**: 고압용기의 설치 공간이 많이 필요하며, 방호구역의 누기가 없어야 설계 농도를 유지할 수 있다.

(4) 가스계 소화설비 설계 포인트

- **방호구역 밀폐성**: 소화약제가 빠르게 누출되지 않도록 방호구역(서버실 등)의 기밀도를 확보해야 한다.
- **배기 시스템(venting) 고려**: 소화약제 방출 후 과도한 압력 상승을 방지하기 위한 압력조절구(Pressure Relief Vent)를 적절히 설계해야 한다.
- **배관 및 노즐 배치**: 모든 장비가 균등하게 소화약제를 공급받도록 노즐 배치와 배관망을 면밀히 설계한다.

2) 스프링클러 설비(Pre-action 방식)

(1) Pre-action Sprinkler의 특징

- **화재 신호 확인 후 밸브 개방**: 감지기가 실제 화재를 인지하면, 밸브가 열리며 스프링클러 헤드가 동작하도록 구성된다.
- **오작동 방지**: 일반 습식 스프링클러 시스템에 비해, **의도치 않은 물 분사**가 줄어들어 장비 피해 위험을 낮춘다.
- **적용 영역**: 장비 밀집 구역보다는, 상대적으로 화재 위험이 낮은 사무실·부속 시설 등에 주로 활용된다.

(2) 하이브리드(이중) 방식

일부 데이터센터에서는, 서버실 내부에 가스계 설비를 우선 배치하되, **2차 대응** 또는 **비주요 구역**에 Pre-action 스프링클러를 병행 설치하기도 한다.

3) 미분무(Watermist) 소화설비

(1) 기본 원리

고압의 물을 미세 입자로 분사하여 화염 및 주변 온도를 신속히 낮추고, 산소 농도를 약간 희석시켜 **화재를 물리적으로 진압**한다.

(2) 장점

- **냉각 효과 극대화:** 미세 물방울은 표면적이 넓기 때문에 열 흡수가 매우 효율적이다.
- **물 사용량 절감:** 전통적인 스프링클러보다 훨씬 적은 물로 소화가 가능하므로, **장비 침수 피해**를 줄이고 **환경 부담**도 낮다.

적용 사례

전기·전자 장비 보호가 필요한 영역에서, 가스계 설비 대안으로 각광 받고 있다. 친환경·안전성 측면에서 주목받고 있으나, 초기 설치비용과 시스템 구성이 복잡할 수 있으므로 **사전 검토**가 필요하다.

(3) 미분무 설비 도입 시 유의사항

- **분사 압력:** 높은 압력을 요구하므로, 배관 시스템과 펌프 선택에 주의해야 한다.
- **해외·국내 인증:** NFPA 750(Watermist Fire Protection Systems), IMO(국제해사기구) 인증 등 공신력 있는 기준을 준수하면 신뢰성을 높일 수 있다.

■ 최신 데이터센터 기획 및 설계를 위한 추가 고려사항

1) 복합 소화 전략

- **가스계 + Pre-action 스프링클러:** 서버실에는 가스계, 비주요 영역(사무실, 부속실 등)은 Pre-action 스프링클러를 적용해 효율을 높인다.
- **가스계 + 미분무:** 예산·설비 운영환경에 따라, 친환경성과 장비 보호 효과를 극대화하기 위해 병행 설치를 고려할 수도 있다.

2) 기밀도 측정(Enclosure Integrity Test)

가스계 설비를 신뢰성 있게 운영하려면, **ASTM E779**(건물 밀폐도 시험) 또는 **NFPA 2001**(Clean Agent Fire Extinguishing Systems)에 따른 누기 시험을 진행해야 한다.

3) 통합 모니터링 시스템

화재 감지·경보와 소화설비가 **연동**되도록 통합 플랫폼(NOC, BMS, DCIM 등)으로 관리하면, **상황 인식과 신속 대응**이 한층 강화된다.

4) 정기 점검 및 시뮬레이션

화재 시뮬레이션(Firemodeling, FDS 등)을 통해 위험구역을 사전에 파악하고, 소화약제 방출 시 시뮬레이션으로 문제점을 예측하여 개선할 수 있다. 실제 소방 훈련 및 점검(배관 누수, 노즐 막힘, 밸브 오류)을 주기적으로 수행해야 한다.

5) 법규 및 국제 표준 준수

NFPA 시리즈(70, 72, 75, 76, 2001), TIA-942(A or B), 국내 소방법·전기설비기술기준 등 규정에 부합하도록 설계·시공·운영한다.

6) 인적 요소 관리

소방설비 운영에 대한 **전문 교육**(관리자, 서버 담당자, 외주 인력)을 통해, 실제 화재 발생 시 장비 보호와 인명 안전을 모두 확보해야 한다. 비상 대응 매뉴얼(SOP)을 만들어, 화재 감지 후 어떤 순서로 어떤 설비를 동작시키고, 어떻게 대피·대응할지를 사전에 숙지시킨다.

데이터센터는 기업과 기관의 **핵심 인프라**로서, 화재에 대한 철저한 대응 체계를 갖추지 않으면 막대한 손실과 서비스 중단을 초래할 수 있다. 이에 **최고의 전문가**와 **교수님**께서는 화재 위험을 최소화하기 위해 **조기 감지**(VESDA, 스팟형, 불꽃 감지기 등), **자동 소화설비**(가스계, Pre-action 스프링클러, 미분무 시스템 등)를 유기적으로 **연계**할 것을 강조한다. 또한 설계 초기부터 건축·전기·기계 설비와 함께 **화재 안전성**을 높이는 방향으로 종합적 검토가 필요하다. **가장 중요한 점**은 '사전 예방'과 '초기 진압'이다. 데이터를 보호하고 인적·물적 피해를 최소화하기 위해서는 **체계적인 점검**과 **비상대응 훈련**이 필수이다. 환경 규제와 친환경 경영이 대두되는 현대 추세에서, **청정·친환경 소화약제**와 **스마트 화재감지 기술**이 앞으로 더욱 보편화될 것으로 전망된다.

9.3 데이터센터 소방설비 설계 및 시공 실무

9.3.1 소방설비 설계 시 고려 사항

1) 화재 위험 평가

목표: 건물 전체 및 중요 구역(서버실, 전기실, 배터리실 등)의 화재 발생 가능성과 피해

규모를 **정량화**하여 적절한 소방설비를 선택해야 한다.

2) 평가 요소

IT 장비 고밀도 배치로 인한 발열 및 전기적 과부하 가능성

케이블 트레이 및 **UPS 배터리**(열폭주 위험) 구역에 대한 발화 위험

'전기설비(변압기, 분전반 등)'의 노후도 및 부하 특성

결과 반영: 위험도가 높은 구역에는 **가스계 자동 소화설비**나 **미분무 소화설비** 등을 우선 배치하고, 상대적으로 위험도가 낮은 구역은 **Pre-action 스프링클러** 등의 전통적 방식을 적용하는 것이 일반적이다.

3) 설비의 이중화 및 안정성

- **이중화(redundancy):** 데이터센터 내 소방설비(감지·경보·소화)와 전력 공급(UPS, 비상 발전기 등) 모두 **독립된 회선**이나 **전용 전원**으로 구성하여, 단일 장애 시에도 정상 작동을 보장해야 한다.

4) 전력 안정성

소방펌프나 소화약제 방출 제어장치가 전력 문제로 작동하지 않는 상황을 방지하기 위해, **전원 이중화** 또는 **별도 UPS 라인** 적용을 검토한다. 대정전(Blackout) 상황에서도 화재감지·경보·소화가 정상적으로 이루어지도록 '자체 발전설비(Generator)'와 연동한다.

- **시스템 모니터링:** 유지보수 시에도 감지·소화 기능이 중단되지 않도록 **Hot Swap** 또는 **병렬 운용**이 가능하도록 시스템을 설계한다.

5) 데이터센터 공간별 소화설비 적용

(1) 서버실

고밀도 IT 장비 구역으로, **가스계 자동 소화설비**(예: FM-200, NOVEC-1230, IG 계열)를 우선적으로 고려한다. 물로 인한 장비 손상을 최소화해야 하므로, **Pre-action 스프링클러**보다는 **가스계**가 선호된다. 중요도가 매우 높은 서버실에는 **공간 기밀도**(방호구역)와 **압력 배출시스템**(Pressure Relief Vent)을 동시에 설계하여 약제 효율과 장비 보호를 높여야 한다.

(2) 전기실 및 배전반

전기설비가 집중된 공간으로 **단락(Short), 과부하** 등으로 발화 위험이 크므로 **미분무 소화설비**나 **가스계 소화설비**를 적용한다. **미분무(Watermist)** 방식은 높은 냉각 효율과 적은 물 사용량으로 전기기기를 보호할 수 있어, 최근 각광 받고 있다. 일부 시설에서는 CO_2 **소화설비**를 사용하는 경우도 있지만, 인체 유해성 및 안전성 문제로 인해 점차 가스계 청정소화약제로 대체되는 추세이다.

(3) 기타 시설(사무실, 휴게실, 복도 등):

상대적으로 중요도가 낮거나, 인원이 상주하는 구역은 **프리액션(Pre-action) 스프링클러 설비** 또는 **일반 습식 스프링클러**를 설치한다. 인원이 많이 오가는 곳은 화재 시 물 사용으로 인한 안전 확보(냉각·억제 효과)도 중요하므로, 오작동 방지를 위해 **이중 감지(감지기 + 스프링클러 헤드)** 조건을 갖추는 Pre-action 방식을 선호한다.

9.3.2 소방설비 시공 및 설치 기준

1) 법규 및 안전기준 준수

소방설비는 반드시『소방법』,『화재안전기준(NFSC)』을 비롯한 국내외 관련 법규를 준수해야 한다. **NFPA**(미국방화협회) 시리즈(NFPA 70, 72, 75, 76, 2001 등)나 **TIA-942**(데이터센터 표준)와 같은 국제 표준도 함께 고려하면, **품질**과 **신뢰도**를 높일 수 있다.

2) 소화약제 저장 탱크 및 배관 설계

- **공간 활용도**: 데이터센터 내 공간은 매우 귀중하므로, 소화약제 탱크(가스계)나 펌프실(미분무, 스프링클러) 배치를 효율적으로 설계해야 한다.
- **유지보수 접근성**: 소화약제 저장 탱크는 **점검·보충**이 용이한 위치에 두고, 배관 노선은 **최단 경로** 및 **라벨링(Labeling)**을 통해 추후 점검 편의성을 고려한다.
- **누출 및 압력 관리**: 고압 가스계 설비의 경우 **배관·용기**가 과도한 충격을 받거나 누설이 생기지 않도록 **적정 배관 재질**(스테인리스강 또는 Schedule 기준 부합 탄소강 등)과 **지지대(Support)**를 설계한다.

3) 화재감지기 설치 위치

- **연기 흐름**: 데이터센터 냉각 시스템(열 순환, 에어 플로우)을 파악하여, 감지기가 연기를 가장 빠르게 포착할 수 있는 지점(랙 상부, 천장, 이중 바닥 등)에 설치한다.

- **설비 배치 고려:** UPS, 배터리룸, 발전기실 등 발열이 심하거나 전기적 스파크 가능성이 큰 공간에는 **VESDA(초기 연기감지), 열감지기, 불꽃 감지기** 등을 복합적으로 배치하기도 한다.
- **설치 간격 및 커버리지:** 국내외 규격(NFPA 72, 국가화재안전기준 등)에 따른 **최대 감지 범위**(Coverage)를 준수하되, **고밀도 장비 구역**은 감지기를 촘촘히 배치해야 조기 발견이 가능한다.

4) 시공 품질 관리

- **자격 있는 시공사 선정:** 소방시설 공사의 경우, **소방시설공사업** 등록 업체 중에서도 데이터센터 경험이 풍부한 시공사를 선정해야 한다.

검수·시험(commissioning)

압력시험(배관 누출 검사), 배출시험(약제 배출량), 시스템 연동시험(감지기 → 경보 → 소화 제어)은 **실제 시나리오**에 준하여 엄격하게 진행한다. 시험 후, **증명서류**(Test Report, Certification)를 확보하여 향후 감사 및 유지보수 시 활용한다.

5) 유지보수 및 교육

- **정기 점검:** 소방시설 작동 점검(반기별 또는 분기별), 약제 잔량 검사, 배관·노즐 막힘 여부 점검 등을 체계적으로 시행한다.
- **비상대응 매뉴얼:** 화재 발생 시 운영 인력이 **어떤 절차**로 장비 전원 차단, 알림 발송, 대피 지시, 소방설비 수동 조작 등을 수행해야 하는지 **매뉴얼화**하고, 주기적으로 교육·훈련을 실시한다.
- **외주(Outsourcing) 관리:** 데이터센터 내 작업(랙 설치, 케이블 증설 등) 시 발생하는 **화재 위험 요소**를 최소화하기 위해, 외주 인력에게도 **소방·안전 규정**을 숙지시키고 준수 여부를 상시 모니터링해야 한다.

■ 추가 실무 팁 및 최신 트렌드

AI 기반 화재 감지

최근에는 **AI 영상분석**을 통해 실시간 CCTV 영상을 모니터링하면서, 연기·불꽃·온도 상승을 다각적으로 분석하여 '오감지(오보)'를 줄이고 **조기 감지**를 높이는 추세이다.

IoT 센서를 활용한 환경 감시

서버 랙 내부 온도·습도, 배터리실 온도, 전력실 배선 온도 등을 IoT 센서로 **실시간 모니터링**하고, 이상 징후가 포착되면 소방·설비 담당자에게 즉시 알림을 주어 **사전 대응**을 유도한다.

그린(친환경) 소화약제 선호도 증가

GWP(지구온난화지수), 'ODP(오존파괴지수)'가 낮은 NOVEC-1230이나 IG 계열 약제가 늘어나는 추세이며, 향후 **환경 규제**가 강화될 가능성이 높으므로 이를 고려한 선제적 설계를 권장한다.

데이터센터 표준 준수(TIA-942, Uptime Institute 등급)

Tier III·IV 수준의 고가용성(Data Center Redundancy)을 달성하려면, 전력·냉각뿐 아니라 소방설비의 **이중화, 분리된 방호영역** 등을 충족해야 한다. 인증 기준에 부합하도록 **방화구획**(Fire Compartment), **난연 건축 재료, 출입통제** 등을 종합적으로 검토해야 한다.

데이터센터는 **고가의 전산 장비**와 **대규모 전력 설비**가 집약된 공간으로, 화재가 발생하면 막대한 경제적 손실과 서비스 중단, 고객 신뢰도 하락이 뒤따를 수 있다. 따라서 **소방 설비 설계 및 시공**은 단순 설치가 아닌 **정교한 위험 평가, 이중화 설계, 밀폐도·배관 구성** 등 여러 요소를 균형 있게 반영해야 한다.

핵심 요약

화재 위험 평가를 통해 구역별로 적절한 소화 방식을 선택.(서버실: 가스계 / 전기실: 미분무 등), 소방 설비는 전원 이중화, 경보 라인 이중화로 안정성을 확보하여야 한다. 시공 시에는 국내외 법규(NFSC, NFPA 등)를 엄격히 준수하고, **설비 접근성과 유지보수 용이성**을 고려, 운영 단계에서는 정기 점검, 교육·훈련, AI·IoT 기반의 지능형 감지 시스템 등을 통해 지속적인 안전 관리를 수행해야 한다.

9.4 데이터센터 내 배터리 사용 배경

UPS(무정전 전원 장치)의 필요성
데이터센터는 서버, 통신장비, 냉각장비 등이 동작하는 동안 어떠한 경우에도 전력 공급이 끊기면 안 된다. 순간 정전이나 전압 강하로부터 IT 인프라를 보호하기 위하여 UPS가 사용되며, UPS 시스템에서는 일반적으로 대용량 배터리를 통해 에너지를 저장한다.

배터리 기술의 변화
과거에는 주로 납축전지(VRLA, Valve Regulated Lead Acid)가 활용되었으나, 최근에는 고에너지밀도, 경량화, 긴 사이클 수명 등의 장점을 가진 리튬이온 배터리가 보편화되고 있다. 데이터센터도 점차 더 높은 효율, 공간 절약 등을 위하여 리튬이온 배터리를 채택하는 추세이다.

배터리 화재 위험성 증가
리튬이온 배터리는 에너지 밀도가 높아 열폭주(thermal runaway) 시 빠르게 큰 규모의 화재로 이어질 수 있다. 납축전지 또한 과충전, 환기 불량으로 인한 가스 축적 등으로 화재가 발생할 수 있다.

9.5 배터리 화재 위험 요인

열폭주(Thermal Runaway)
배터리 내부 온도가 임계치를 넘어서면 자체 발열로 인하여 온도가 급상승하는 현상이다. 리튬이온 배터리에서 가장 큰 화재 위험 요인이며, 내부 단락, 외부 단락, 과충전, 충·방전 환경 문제 등이 원인이 된다.

물리적 충격 및 손상
배터리 셀이 외부 충격이나 기계적 스트레스를 받으면 내부 단락이 발생할 수 있다. 무리한 장착, 운송 중 파손, 지진 대비 미비 등의 문제로 배터리 케이스가 손상될 경우 위험하다.

과충전 및 과방전

과충전은 배터리 내부 전해액의 분해를 촉진하고, 전극의 구조적 파괴를 유발하여 불안정성을 높인다. 과방전 역시 전극 손상을 일으킬 수 있으며, 재충전 시 발열이 커질 수 있다.

불량 BMS(Battery Management System) 또는 부적절한 관리

배터리를 모니터링하고 보호해야 할 BMS가 오작동하거나, 설정이 잘못되어 있으면 화재 위험을 조기에 감지하지 못할 수 있다. BMS가 과전압, 과전류, 과온도 등을 적절히 제어하지 못하면 화재 가능성이 커진다.

환기 및 방열 부실

납축전지의 경우 충·방전 시 수소 가스가 발생할 수 있는데, 환기가 제대로 이루어지지 않으면 폭발성 혼합 기체가 될 수 있다. 리튬이온 배터리의 열관리(냉각) 시스템이 부적절한 경우 국부 온도 상승이 가속화되어 열폭주로 이어질 수 있다.

9.6 국내·외 관련 규정 및 표준

1) NFPA (National Fire Protection Association) 표준

- **NFPA 855**: 고정형 에너지저장장치(ESS)에 대한 설치 기준을 다루며, 리튬이온 배터리를 포함한 다양한 배터리 시스템의 화재 예방, 방화벽 설치, 배기 시스템 등의 요구사항을 명시한다.
- **NFPA 70(NEC, National Electrical Code)**: 배터리 배선, 보호장치 설치, 케이블 규격 등 전기적 안전에 대한 지침을 제공한다.

국제 소방 규정(IFC, International Fire Code)

에너지저장장치 및 대형 배터리 설치 시 소방 안전, 환기, 접근성 등을 규정하고 있다. 배터리 룸(Battery Room) 내 차단 시설, 접근 경로, 소화 설비 등을 세부적으로 다룬다.

2) UL (Underwriters Laboratories) 테스트 및 인증

- **UL 9540/UL 9540A**: 에너지저장장치(ESS) 전체 시스템 레벨의 화재 안전성 시험 및 인증 기준이다.

- **UL 1973:** 고정형 및 모빌리티용 배터리의 안전 표준으로, 충격, 진동, 온도 등에서의 안전성을 평가한다.

3) 국내 법규 및 가이드라인

국내에서도 에너지저장장치(ESS)에 대한 안전 가이드라인이 제정되고 있으며, 데이터센터 UPS용 배터리에 대해서도 소방청, 전기설비기술기준, KFI(한국소방산업기술원) 등에서 일부 관련 지침을 제시하고 있다. 건축법, 소방기본법 등을 통해 소방시설 및 방재 시설 설치에 대한 기본 요건을 명확히 하고 있다.

9.7 데이터센터 배터리 화재 예방을 위한 설계 방안

1) 전용 배터리실(룸) 설계

배터리를 집중 설치하는 경우, 다른 IT 장비와 분리된 전용 배터리실을 마련한다. 소방·위험물 관리 측면에서 별도의 방화벽(파이어 월)과 방화문을 설치하고, 필요한 경우 내화 구조물로 구획하여 화재 전이를 차단한다.

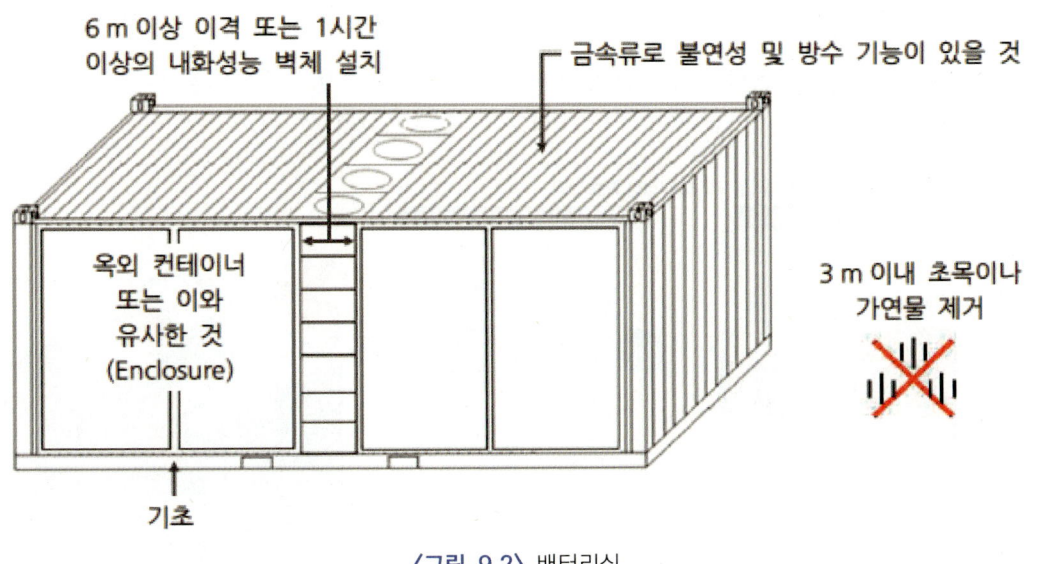

〈그림 9.2〉 배터리실

2) 적절한 환기 및 냉각

납축전지의 경우 수소 가스 농도를 일정 수준 이하로 유지할 수 있도록 환기팬, 배기 덕트를 설계한다. 리튬이온 배터리는 셀 간 온도 균형을 맞추고 열을 효과적으로 방출하기 위한 냉각 시스템(공랭 또는 액침 냉각 등)을 고려해야 한다.

3) BMS(배터리관리시스템)의 이중화 및 고도화

BMS가 배터리 상태(전압, 전류, 온도, 내부저항 등)를 실시간 감시하고 이상 상태 시 즉시 알람 또는 차단조치를 수행할 수 있도록 만든다. 핵심 구성품(BMS, 센서 등)에 대한 이중화 및 백업 전원 설계를 통해 BMS가 꺼지지 않도록 유지한다.

4) 전기적 보호장치의 적절한 배치

배터리와 UPS, 메인 전원 간 연결부에 적절한 차단기(DC 차단기, 과전류 보호장치 등)를 설치하여 과부하 및 단락에 대비한다. 정격과 트립 특성을 꼼꼼히 계산해 과전류 및 단락시 신속히 보호되도록 해야 한다.

5) 화재 초기 확산 방지 구조

랙(Rack) 단위로 화재 감지 센서(온도, 연기 등)를 부착하고, 한 셀이 폭주하더라도 인접 셀로 열이 전이되지 않도록 셀 간 적절한 간극을 설계한다. 내열 소재로 셀 모듈을 포장하거나 방열판을 삽입해, 국소 화재가 전체로 확산되는 것을 지연시킬 수 있다.

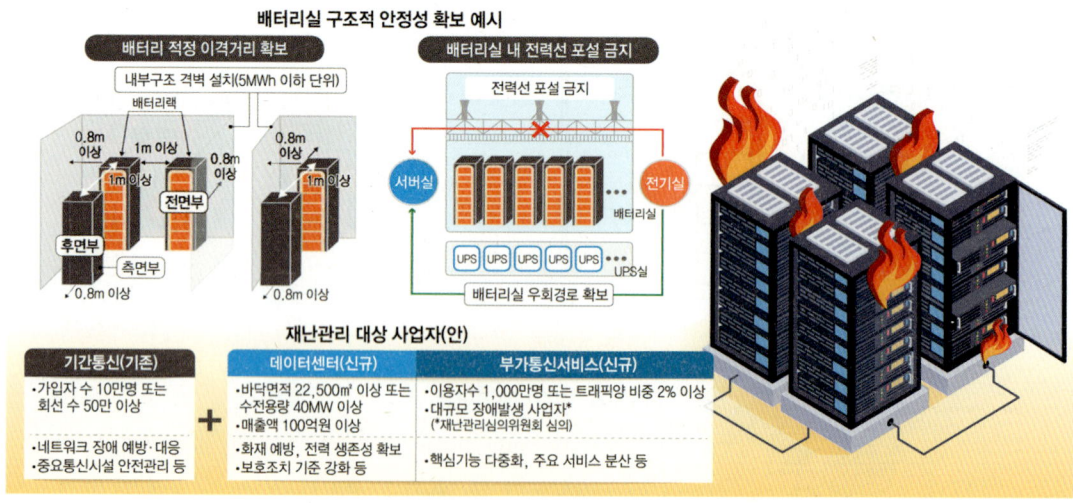

〈그림 9.3〉 배터리실 구조적 안정성 확보 예시

9.8 화재 감지 및 진압 시스템

1) 화재 감지 시스템
- **VESDA(Very Early Smoke Detection Apparatus):** 레이저 기반 고감도 연기감지 시스템으로, 화재 초기의 미세 연기 입자를 빠르게 감지할 수 있다.
- **가스 센서:** 리튬이온 배터리 폭주 시 방출되는 특정 가스(CO, HF, VOC 등)를 모니터링하여, 배터리 이상 징후를 조기에 포착한다.

2) 소화 시스템
- **가스 소화약제(CO_2, FM-200, NOVEC 1230 등):** 민감한 전자장비가 많은 데이터센터에는 물로 인한 손상을 최소화하기 위해 가스계 소화 시스템이 선호된다.
- **스프링클러:** 대량 화재에 대한 대응력을 위해 물소화 시스템 역시 중요하며, 방화 구역별로 선택적으로 적용한다. 리튬이온 배터리 화재 시에도 물 분무(미세분무, Watermist)는 효과가 어느 정도 입증되었다.
- **분할 소화 구역 설정:** 배터리실 내부를 구역별로 소화약제 방출이 가능하게 설계하여, 화재가 발생한 구역에 국소적으로 대응할 수 있다.

3) 자동화 연동
화재 감지 → 알람 → 소화 시스템 작동 → 배전반 차단 순으로 자동 연동이 되도록 설계하여, 화재 확산을 최소화하고 배터리 충·방전 경로를 즉시 차단한다. 소방패널, BMS, 데이터센터 통합 관제 시스템(DCIM) 등과 실시간 정보를 공유하여 신속히 대응할 수 있어야 한다.

9.9 운영 및 유지보수 전략

1) 정기 점검 및 시험(테스트)
배터리 상태(용량, 내부저항, 온도 특성 등)를 주기적으로 진단하고, 열화된 셀은 즉시 교체한다. BMS 펌웨어 업데이트, 과전압/과온도 보호장치 시험, 소방시설 작동 시험 등을 정기적으로 실시하여 언제든 정상 동작 가능하도록 유지한다.

2) 예측 진단(Predictive Maintenance)

IoT 기반 센서를 활용하여 배터리 전압, 전류, 온도, 충방전 사이클 등의 빅데이터를 축적하고, 이를 기반으로 고장 예측(예지 정비)을 시행한다. BMS에 AI 알고리즘을 탑재하면 배터리 이상 징후를 사전에 파악하여, 화재 리스크를 크게 줄일 수 있다.

3) 적정 충·방전 관리

모든 배터리에 100% 충전을 강제하기보다는 안전 구간(SOC 80% ~ 90%)을 유지하도록 충·방전 스케줄을 최적화한다. 깊은 방전을 자주 하는 것은 배터리 열화를 촉진하므로, 필요 이상으로 방전되는 일이 없도록 부하 관리가 중요하다.

4) 긴급 상황 대피 및 교육

데이터센터 직원들이 배터리 화재 발생 시 초기 소화 절차, 대피 루트, 시스템 차단 방법 등을 숙지하도록 정기적인 교육을 실시한다. 배터리 화재가 발생하면 유독가스가 배출될 수 있으므로, 이를 대비한 보호 장비와 피난 동선을 마련한다.

5) 안전 기술 업데이트 및 표준 준수

국제 표준(NFPA 855, IFC 등)이 업데이트될 때마다 최신 요건을 파악하여 설비를 보강한다. 새로 개발된 배터리 안정성 기술(예: 고체전해질, 난연 전해질 등)이 실용화되면 적극 도입을 검토한다.

데이터센터 내 배터리는 고도의 안정성을 요구하는 중요한 에너지 저장 장치이다. 최근 리튬이온 배터리의 채택이 늘어나면서 에너지 효율과 공간 활용성은 높아졌지만, 화재 발생 시 그 파급력이 매우 커졌기에 예방 대책의 중요성이 더욱 강조된다.

- **체계적 설계:** 배터리실 분리, BMS 이중화, 적절한 전기적 보호장치 구성 등 초기 설계부터 화재 위험 요소를 최소화해야 한다.
- **예지 정비 및 모니터링:** 상시 모니터링과 AI 기반 예측 진단 기법을 도입해, 열폭주 발생 전 단계에서 조기대응 가능하도록 해야 한다.
- **종합적인 소방 계획:** 가스계 소화, 스프링클러, 분할 소화 구역 설정 등 복합적인 소화 시스템을 갖추어, 배터리 화재가 발생해도 인근 IT 인프라와 인명 피해를 최소화해야

한다.
- **지속적인 교육 및 관리:** 데이터센터 근무자와 유지보수 팀에 대한 주기적 교육을 통해, 화재 발생 시 신속하고 올바른 대응이 이뤄질 수 있도록 준비해야 한다.

데이터센터가 대용량화, 고집적화될수록 배터리 또한 더 큰 에너지를 저장하게 된다. 이에 따른 화재 예방 및 안전 대책은 필수적이며, 시스템 설계부터 운영까지 전 주기에 걸친 종합적 접근이 필요하다. 앞으로 국내외 규제와 표준이 계속 개정 및 강화될 것으로 예상되므로, 이러한 흐름을 선제적으로 반영해 안전 수준을 높이는 것이 중요하겠다.

9.10 소방설비 유지관리 및 화재 대응 전략

9.10.1 소방설비 유지보수 및 점검 계획

데이터센터의 소방설비는 **무중단 운영**과 **안전성**을 유지하기 위해 정기적이고 체계적인 점검이 필수적이다. 특히 서버실, 전기실, 배터리실 등 화재 취약 구역이 많아 **유지보수의 주기**와 **내용**을 명확히 계획하고 실행해야 한다.

1) 주간 점검(Weekly)

화재감지기 상태 점검
연기감지기(VESDA, 스팟형 감지기 등)의 작동 LED, 에러 알람 확인
불꽃 감지기(Flame Detector)가 장착된 구역도 주간 점검 대상에 포함

경보 시스템 작동 확인
경보 패널, 사이렌, 경광등, 중앙감시실 연동 상태 등을 모니터링
이상이 발견될 경우 즉시 보수 작업 및 기록(로그) 유지

2) 월간 점검(Monthly)

자동 소화설비 가압 및 압력 상태 점검
가스계 소화약제(FM-200, NOVEC-1230 등)나 미분무(Watermist) 설비의 **압력 게이지** 및 **밸브 상태**를 확인, Pre-action 스프링클러의 밸브(Pre-action Valve) 및 수압 점검

배관 누출 여부
- 배관 및 노즐 부위를 시각적으로 점검하여 누수 혹은 손상이 없는지 확인
- 이상 징후가 있으면 즉시 수리·교체를 진행

3) 분기별 점검(Quarterly)

감지기의 성능 테스트
실제 연기(테스트 스프레이 등)를 이용해 연기감지기, 불꽃감지기가 정상적으로 작동하는지 확인한다. 그리고 흡입형 감지기(VESDA)의 경우 파이프 막힘 여부, 필터 상태를 점검하고 필요시 청소·교체한다.

경보 시스템 전체 테스트
- 감지기 → 경보 → 소방패널 → 중앙관리실(NOC)까지 **연동 프로세스**를 모의 화재 상황으로 테스트
- 오작동, 지연, 누락 여부를 확인하고 개선책 마련

4) 연간 점검(Yearly)

소화약제 저장량 및 설비 전체 상태 점검
- 가스계 소화설비의 **실제 약제량**(저장 용기 무게) 확인, 부족 시 **재충전**
- 미분무 설비는 펌프, 필터, 노즐 상태 점검 및 스프레이 패턴 검사

주요 부품 교체 및 유지관리
- 유효 기간이 있는 부품(밸브 시트, 씰, 필터 등)은 연간 주기로 교체
- UPS나 발전기실 내 배터리실 점검(온도, 충전상태 등)과 함께 소방설비 연동성 검토

Tip: 디지털 로그 관리

최근에는 CMMS(Computerized Maintenance Management System)나 DCIM(Data Center Infrastructure Management) 플랫폼을 활용해 **정기 점검 일정, 점검 결과, 교체 이력** 등을 전산화하여 관리한다. 이는 **이력 추적과 추후 감사** 시 신뢰도를 크게 높여준다.

9.10.2 데이터센터 화재 발생 시 대응 프로세스

데이터센터에서 화재가 발생하면, 무엇보다 **초기 진압**과 **인명 안전**이 최우선이다. 따라서 **자동화 시스템**과 **조직적 대응**이 동시에 작동할 수 있도록 **단계별 프로세스**를 수립해두어야 한다.

1) 화재 발생 즉시 초기 대응

자동 경보 시스템 발령

감지기(연기, 불꽃, 열)가 화재 징후를 인지하면 자동으로 경보 발생
관리실(NOC) 및 소방 담당자에게 즉시 알림(알람, SMS, 메신저 등)

인력 확인 및 초동 조치

화재 발생 위치를 빠르게 파악한 뒤, 근처 대피를 유도하고 소화기 비치 구역에서 **소화기(ABC 분말 등)** 활용해 초동 대응을 시도
에어컨·공조기를 통한 불필요한 **연기 확산**을 막기 위해 해당 구역 냉각기를 일시 정지하는 등의 조치 가능

2) 자동 소화설비 가동

가스계 설비 방출

일정 수준 이상의 화재 징후(감지기 신호) 또는 수동 방출 스위치 작동 시 약제가 분사 서버실, UPS실, 배터리실 등 장비 밀집 구역에서 **신속 진압**을 시도

미분무 또는 Pre-action 스프링클러 동작

가스계 설비가 없는 구역 또는 부가적인 보호를 위해 **Pre-action 스프링클러**가 2차로 가동
미분무 시스템이 설치된 전기실·배전반실은 화염을 빠르게 냉각해 화재 확산을 억제

3) 긴급 대피 및 피해 최소화

비상 대피 경로 확보

데이터센터 내부 인력 및 방문자는 안전 경로를 통해 신속히 대피

연기나 화염이 번지는 구역은 즉시 출입 통제

인명 구조 및 2차 피해 방지

인원 파악을 통해 **실종자**가 없는지 확인, 혹시 있을 경우 즉시 구조 요청
누전에 의한 전기 사고 방지를 위해, 필요한 경우 **전원 차단** 절차도 진행

4) 비상 복구 및 사후 처리

화재 진압 후 잔불 정리

잔열이나 재발화 가능성을 없애기 위해 **소방대** 및 **전문 유지보수팀**이 현장 마무리 작업을 수행

설비 복구 및 정상화 절차

데이터센터 설비(서버, 스토리지, 네트워크 장비)를 점검하고, 손상된 케이블·전력시설을 교체
UPS나 배터리, 냉각 시스템 등 핵심 인프라를 **우선 복구**하여 업무 연속성 복원

재발 방지 대책 수립

사고 원인 분석(어떤 장비, 어떤 구역, 어떤 오류로 발화되었는지)
화재 감지 사각지대, 소방설비 개선사항 등을 정리하고 추후 유지보수 계획에 반영

Tip: DR(Disaster Recovery) 및 BCP(Business Continuity Plan)

화재 등 재난 발생 시 **IT 서비스 연속성**을 보장하기 위해 **이중화된 데이터센터**(DR 센터)를 준비하거나, **클라우드 기반 백업**을 이용하기도 한다. 화재 대응 프로세스와 더불어, 서비스 및 업무 연속성을 유지하기 위한 **BCP 계획**을 별도로 마련해두면 피해를 최소화할 수 있다.

9.10.3 인력 교육 및 모의 훈련

아무리 **최첨단 소방설비**가 구비되어 있더라도, 실제 화재 상황에서는 **인적 대응**이 매우 중요하다. 운영 인력의 **숙련도**와 **협업 체계**가 뒷받침되지 않으면 초기 진압과 인명 보호에 차질이 생길 수 있다.

1) 정기 소방 훈련 및 교육

- **훈련 주기:** 최소 분기별 또는 반기별로 실전 훈련을 진행
- **교육 내용:** 소화기 사용법, 화재 초기 대처법, 비상 대피 경로 확인, 소방설비 수동 조작법(약제 방출 스위치 등)
- **훈련 시나리오:** 가상의 화재 위치(서버실, 전기실 등)를 설정하고, 실제 알람·경보를 사용해 **실전처럼** 훈련

2) 소방 및 안전설비 유지관리 업체와의 협업

공동 대응 체계 확립

소방설비 유지보수 업체와 안전관리 업체(예: FM 업체)가 서로 연락망을 공유하고, 화재 발생 시 신속히 협조

시설 개선 및 점검 지원

외부 전문 업체가 정기 점검 및 소방설비 업그레이드를 지원하며, **긴급상황**에 대비해 24/7 연락체계 구축

3) 인력 역량 강화

전문 자격 취득 장려

내부 운영자 중 일부에게는 소방안전관리자, 전기안전관리자 등의 자격증 취득을 권장 이를 통해 실질적인 **관리 역량**을 높이고, 문제 발생 시 **지체 없는 대응**이 가능해진다.

계속 교육(Refresher Training)

최신 소방기술·법규 개정사항이 있을 때마다 교육을 실시하고, **사례 연구**(화재 사고 사례)를 공유하여 교훈을 얻는다.

데이터센터는 막대한 양의 핵심 데이터와 고가의 장비, 그리고 이를 관리하는 인력이 공존하는 곳이기에, **화재 예방**과 **신속 대응**은 그 무엇보다 중요한 요소이다. 본 9.4절 내용은 **유지관리 방안**과 **화재 대응 전략**을 종합한 것으로서, 다음 사항을 다시 강조한다.

주기적이고 체계적인 소방설비 점검: 주간·월간·분기·연간 점검 일정을 확실히 이행하여 문제점을 조기 발견하고 수리·개선.

단계적 화재 대응 프로세스: 초기 감지 → 경보 → 자동 소화 → 대피 → 사후 복구까지 체계적인 절차 마련과 DR/BCP 대비책 실행.

인력 교육과 협업: 정기 훈련을 통해 위험 인지·설비 조작 능력을 키우고, 외부 전문 업체와 긴밀히 협력해 **빈틈없는 안전망** 구축.

제 **10**장

데이터센터 에너지 절감 및 효율화 전략

제10장 데이터센터 에너지 절감 및 효율화 전략

Data Centers Power Systems

10.1 데이터센터 에너지 소비 현황 및 문제점 분석

10.1.1 데이터센터 에너지 소비 현황

1) 고밀도 IT 장비 증가에 따른 전력 소모 확대

서버, 스토리지, 네트워크 장비 등 IT 인프라가 집약된 데이터센터는 일반적인 사무빌딩이나 상업시설에 비해 훨씬 높은 전력 소비 밀도를 갖는다. 클라우드 컴퓨팅, 빅데이터 분석, AI(인공지능) 등 고성능 연산을 필요로 하는 워크로드가 폭발적으로 증가함에 따라, IT 장비의 고성능화·고집적화가 진행되고 있다. 이에 따라 소비 전력도 급격히 늘어날 전망이다.

2) 냉각 에너지 사용 급증

고밀도로 배치된 IT 장비에서 발생하는 열을 효과적으로 제거하기 위해, 강력한 냉각 장치(CRAC, CRAH, 칠러, 공조 시스템 등)가 필요하다. 특히 국내외 대도시 지역에 위치한 대형 데이터센터들은 외기 조건이 냉방에 유리하지 않은 계절이 길어 냉각장치의 부하가 연중 지속적으로 높게 유지된다. 이에 따라 냉각을 위한 전력 소비가 전체 데이터센터 전력 소비의 30~40% 이상을 차지하는 경우도 흔히 발생한다.

3) 전력 인프라 확대에 따른 전기설비 운영 비용 상승

무정전 전원장치(UPS), 발전기, 변압기, 배전반 등과 같은 전기설비를 안정적으로 운영·관리하기 위해서는 충분한 예비 용량 확보와 더불어 높은 초기 투자비용이 필요하다. 데이터센터는 24시간 무중단 서비스를 제공해야 하므로, 전력 인프라 설비를 효율적으로 운영하기 위한 전력계통 관리 비용이 상당히 증가할 수밖에 없다.

4) 가속화되는 시장 확장 추세

ICT 산업 전반에서 데이터 사용량이 폭증하고 있으며, 이는 곧 데이터센터 시장의 빠른 성장과 맞물려 있다. 기업의 디지털 트랜스포메이션, IoT(사물인터넷) 도입, 엣지 컴퓨팅 확산, AI 연구개발 등의 흐름으로 인해 대형, 초대형 하이퍼스케일 데이터센터 수요가 더욱 늘어나고 있다.

10.1.2 데이터센터 에너지 소비의 주요 문제점

1) IT 장비 자체 전력 증가로 인한 총 전력 수요 급증

CPU, GPU, TPU 등 고성능 연산 장치가 늘어나면서 단위 면적당 처리 가능한 연산량은 크게 상승하였지만, 그만큼 전력 소모량도 비약적으로 증가했다. 코어당 전력 소모는 고성능 프로세서일수록 높아질 가능성이 크며, 앞으로도 클라우드 및 AI 수요가 확대됨에 따라 전력 사용량 증가 추세는 계속될 전망이다.

2) 냉각설비의 비효율적 운영으로 인한 에너지 낭비

냉각설비가 사용되는 비중이 증가함에도 불구하고, 실시간 온도·부하 추적 및 제어가 제대로 이뤄지지 않아 불필요한 냉방 에너지가 낭비되는 사례가 많다. 일부 데이터센터에서는 서버실 온도를 지나치게 낮추거나, 공조 시스템이 부분 부하 상태에서 비효율적으로 가동되는 경우도 있다. 이러한 비효율은 전체 전력 사용 효율(PUE: Power Usage Effectiveness)을 악화시킨다.

3) 낮은 설비 이용률과 부하 관리 실패로 인한 전력 손실

특정 시간대에는 IT 부하(Workload)가 몰리는 반면, 다른 시간대나 구역에서는 거의 사용되지 않는 상태로 방치되어 데이터센터 전체로 보면 저조한 설비 가동률을 보이기도 한다. 부하 분산, 가상화, 리소스 오케스트레이션 등의 전략이 부족하면, 전체적으로 전력 효율이 크게 떨어지며 불필요한 상시 가동이 이뤄져 추가적인 전력 손실이 발생한다.

4) 신·재생에너지 등 친환경 에너지 사용 비율 저조로 인한 환경 규제 문제

데이터센터의 에너지 수요가 급증함에 따라, 이 전력의 대부분을 화석연료 기반 전력에 의존할 경우 탄소 배출량이 크게 늘어난다. 전 세계적으로 ESG(환경·사회·지배구조) 경영이 강조되고 있으며, 각국 정부의 환경 규제도 점차 강화되고 있다. 그런데 데이터센터가 신·재생에너지 사용률을 높이지 않으면 탄소세 혹은 관련 규제로 인한 비용 부담이 늘어나게 된다.

〈그림 10.1〉 데이터센터 에너지절감 및 효율화 전략(예)

■ 데이터센터 에너지 소비 문제 극복을 위한 전략 및 설계 방향

위에서 제시한 에너지 소비 현황과 문제점을 바탕으로, 아래와 같은 개선 전략과 설계 방향을 고려할 수 있다. 이는 데이터센터 기획·설계를 담당하는 교수님(또는 박사님)께서 중장기적인 로드맵을 수립하는 데 중요한 참고가 될 것이다.

1) 효율적인 냉각 시스템 도입 및 운영 최적화

- **공조 시스템 최적화:** 실시간 모니터링을 통해 온도, 습도, 압력 등을 효율적으로 제어하는 지능형 BMS(Building Management System)나 DCIM(Data Center Infrastructure Management) 솔루션을 도입한다.
- **자연냉각(Free Cooling) 및 외기냉방 활용:** 특정 계절이나 지역 조건을 활용하여 외기 냉각을 적용하면 냉동기 사용 시간을 줄일 수 있다.
- **열 재활용(Heat Reuse):** IT 장비에서 발생하는 폐열을 회수하여 난방, 온수 공급 등에 재활용함으로써 전체 에너지 효율을 높일 수 있다.

- **액침냉각 및 수냉식 서버**: 고열량 연산 서버에 대해 액침냉각(Immersion Cooling) 또는 수냉식 쿨링을 적용하면, 공기냉각 대비 훨씬 높은 열 전도 효과를 기대할 수 있다.

2) 고효율 IT 하드웨어 및 서버 가상화 기술 활용

- **에너지 고효율 서버 및 저장장치 도입**: 최신 프로세서나 대용량 메모리 모듈일수록 전력 대비 성능(Power-Performance Ratio)이 우수하므로, 노후 장비를 주기적으로 교체함으로써 데이터센터 전체 전력 효율을 높일 수 있다.
- **가상화(Virtualization)와 컨테이너(Container) 기술**: 물리적 서버를 여러 개의 가상 서버로 분할 운영하여 IT 인프라 활용도를 극대화하고, 피크 시간대와 비피크 시간대 부하를 유연하게 분산·할당할 수 있다.
- **서버 전원 관리 및 유휴 자원 제어**: CPU, 메모리, 네트워크 대역폭을 자동으로 조절해 주는 전력 정책을 활용하여 부분 부하 상태에서도 효율적으로 전원을 관리할 수 있다.

3) 부하 예측 및 지능형 리소스 관리

- **AI/ML 기반 워크로드 예측**: 딥러닝, 머신러닝 알고리즘을 이용해 시간대별·요일별·트래픽 특성을 미리 파악하면, 불필요한 서버를 미리 대기 모드로 전환하거나 필요한 시점에만 증설 가동하여 전력을 절감할 수 있다.
- **워크로드 스케줄링 및 최적 배치**: 구역별, 랙(Rack)별 실시간 온도·전력 사용 데이터를 수집하여, 상대적으로 온도가 낮거나 부하율이 낮은 구역으로 워크로드를 이관한다. 이를 통해 냉각 부하를 균형 있게 분산한다.
- **DCIM(Data Center Infrastructure Management) 고도화**: 센서 네트워크와 연동한 실시간 데이터 수집·분석으로, 데이터센터 내 각종 설비를 통합 모니터링하고 자동 제어할 수 있다.

4) 친환경 에너지 사용 확대 및 ESG 전략 수립

- **신·재생에너지(태양광, 풍력 등) 연계**: 데이터센터 건물 옥상이나 부지 내에 태양광 패널 설치, 혹은 주변 풍력단지와 직접 전력구매계약(PPA)을 통해 친환경 전력 사용률을 높인다.
- **에너지 저장 장치(ESS) 활용**: 태양광·풍력 등 재생에너지가 과잉 생산될 때 저장하고, 피크시간대나 전력 단가가 비쌀 때 방전해 사용함으로써 전력 구매 비용과 탄소 배출량을 모두 절감할 수 있다.

- **탄소 중립 및 RE100 목표 설정:** 기업 차원에서 재생에너지만으로 운영하는 '그린 데이터센터'를 선언하고, ESG 관점에서 다양한 이해관계자(정부, 고객, 투자자)에 대한 신뢰도를 높인다.

5) 전력 인프라 최적화 및 안정성 제고

- **고효율 UPS와 고급형 배전 설계:** 전력 변환 과정에서의 손실을 최소화하기 위해, 모듈형(Monolithic ormodular) UPS를 적용하고 배전 계통의 효율도 면밀히 관리한다.
- **자동화된 전력 모니터링 및 분산형 전원 연계:** 태양광, 연료전지, ESS 등 분산형 전원을 데이터센터 운영에 유기적으로 연결하면 전력계통의 안정성과 효율성이 높아진다.
- **이중화(Redundancy)와 에너지 절감 간의 균형:** 데이터센터의 특성상 가용성(Availability) 확보를 위한 설비 이중화가 필수적이지만, 이중화로 인한 유휴설비를 최소화하는 설계가 중요하다.

데이터센터의 에너지 소비 문제는 갈수록 복잡해지고 있으며, 고성능 장비 확산과 클라우드·AI 수요 증가로 인해 단순히 장비 교체나 부분적인 냉각 개선만으로는 해결하기 어렵다. 따라서 **전체 데이터센터를 유기적으로 관장하는 지능형 에너지 관리 체계**를 구축하고, **지속가능성을 고려한 신·재생에너지 활용 및 탄소 배출 저감** 전략을 적극적으로 추진해야 한다.

- **통합적인 시각:** IT 인프라, 냉각 시스템, 전기·기계 설비, 빌딩 관리 시스템 등이 상호 긴밀히 연계된 총체적인 관점에서 데이터센터를 기획하고 설계해야 한다.
- **지속적 업그레이드:** 빠르게 발전하는 기술(예: 액침냉각, AI 기반 자율운영, HPC)을 적절히 도입하고, 노후화된 설비를 정기적으로 교체해 나감으로써 '고효율-고성능-친환경'이라는 세 마리 토끼를 동시에 잡아야 한다.
- **단계적 도입:** 즉각적인 대규모 투자가 부담스러운 경우, 먼저 부분적인 설비 개선이나 서버실 파일럿 운영으로 효율 개선 효과를 검증한 뒤 점차 확대 적용할 수 있다.
- **친환경 에너지 및 환경 규제 대응:** 전 세계적으로 강화되는 환경 규제, 그린 뉴딜 정책, ESG 경영 트렌드에 발맞춰 신·재생에너지 연계, ESS 적용, 폐열 재활용 등을 통해 친환경적인 데이터센터 이미지를 확립해야 한다.

10.2 데이터센터 에너지 효율화 기술과 전략

데이터센터에서 에너지를 효율적으로 사용하기 위해서는 우선적으로 PUE(Power Usage Effectiveness)를 중심으로 한 주요 성능 지표를 관리해야 하며, 동시에 전력설비와 냉각설비 각각에 대해 최적화된 기술을 적용해야 한다. 이를 위해 아래 세 가지 핵심 영역에 대한 고도화가 요구된다.

PUE(Power Usage Effectiveness) 지표 이해 및 관리
고효율 전력설비 적용 방안
냉각설비 에너지 절감 전략

이제 각 영역별로 구체적인 내용과 기술적·운영적 방안을 상세히 살펴보겠다.

10.2.1 데이터센터 효율화 지표(PUE)

1) PUE 정의

'PUE(Power Usage Effectiveness)'는 데이터센터 전체 소비 전력(Total Facility Power) 대비 IT 장비가 직접 사용하는 전력(IT Equipment Power)의 비율로 산정된다. 공식적으로는 다음과 같이 정의할 수 있다.

$$PUE = \frac{\text{Total Facility Power}}{\text{IT Equipment Power}}$$

- **Total Facility Power**: 데이터센터 내 모든 장비(IT 장비 + 냉각, 조명, UPS, 기타 시설 설비 등)가 소비하는 총 전력
- **IT Equipment Power**: 서버, 스토리지, 네트워크 장비 등이 직접 소모하는 전력

PUE 값이 **1에 가까울수록** 데이터센터에서 발생하는 '부수적인' 전력 사용(냉각, 조명, UPS 손실 등)이 작아 **에너지 효율이 높다**고 평가한다. 현실적으로는 1.0에 도달하기는 거의 불가능하고, 대형 하이퍼스케일 데이터센터의 경우 1.1 ~ 1.2 수준에 도달하는 사례가 늘어나고 있다.

2) 효율적 PUE 관리 전략

- **목표 PUE 설정**: 글로벌 데이터센터 기업들은 에너지 효율성 경쟁력을 확보하기 위해 PUE 목표를 적극적으로 설정한다. 예를 들어 **1.2 이하** 달성을 목표로 제시하는 것이 일반적이다.
- **냉각설비 최적화**: 전체 전력 사용에서 냉각시스템이 큰 비중을 차지하므로, 적절한 냉각기술 선택 및 설비 운영 최적화를 통해 PUE를 획기적으로 낮출 수 있다.
- **고효율 전력설비 도입**: UPS, 변압기, 배전반 등 전력 인프라에서의 손실을 줄여, IT 장비 외에 소모되는 전력을 최소화한다.
- **IT 장비 부하 관리**: 가상화, 컨테이너, 서버 리소스 할당 자동화 등으로 IT 인프라가 실제 필요로 하는 전력을 탄력적으로 조절함으로써 유휴 전력 낭비를 줄인다.

10.2.2 고효율 전력설비 적용 방안

데이터센터의 전력 인프라는 24시간 무중단 운용을 위해 필수적으로 이중화 또는 삼중화(2N, N+1 등) 설계를 갖추며, 이에 따라 초기 투자와 운영 비용이 크게 증가한다. 따라서 각 설비 단계에서 **고효율 장비를 선정**하고, **실시간 모니터링 및 관리**를 통해 에너지 손실을 최대한 줄이는 것이 관건이다.

1) 고효율 UPS 및 전력설비

고효율 UPS(효율 96% 이상) 도입

무정전 전원공급장치(UPS)는 정전 시 백업 전력을 공급하는 핵심 설비이지만, 전력 변환 과정에서 큰 손실이 발생할 수 있다.

최신 고효율 UPS는 **이중 변환(AC-DC-AC) 과정**에서 변환 손실을 최소화하고, 대기 모드나 절전 모드로 전환이 가능하여 전체 운용 효율을 높일 수 있다.

최신 전력관리 시스템 도입

전력 흐름을 실시간으로 추적·분석하고, 이상 징후나 과부하를 조기에 파악해 대처할 수 있는 EMS(Energy Management System) 혹은 DCIM(Data Center Infrastructure-Management) 솔루션이 권장된다. 부하 변화에 민감하게 대응하여 필요 전력만 공급하거나, UPS 모듈을 동적으로 ON/OFF 함으로써 불필요한 공회전 손실을 줄일 수 있다.

2) 변압기 효율화

고효율 몰드형 변압기 도입(효율 98.5% 이상 권장)

몰드형 변압기는 절연유를 사용하지 않고, 에폭시 수지로 권선을 몰딩하여 내열성·내습성이 뛰어나 데이터센터와 같은 민감 환경에 적합하다. 최근에는 철심 재질 및 권선 구조 최적화를 통해 공·부하 손실을 크게 낮춘 모델들이 출시되고 있으므로, 초기투자가 다소 높더라도 전체 운영 기간에 걸친 총소유비용(TCO)을 고려할 때 장기적으로 경제적이다.

3) 전력설비 최적화 관리

IoT 및 AI 기술을 활용한 실시간 전력 모니터링

각 변압기, 배전반, UPS, 서버 랙 등 주요 지점마다 전력계측 장치를 설치해 전류·전압·온도·습도 등의 데이터를 수집하고, 이를 AI 알고리즘으로 분석하여 이상 부하나 예지 정비를 수행한다. 이렇게 축적된 데이터를 통해 설비운영 효율을 지속적으로 개선할 수 있다.

에너지 효율 극대화 프로세스 정립

운영팀은 DCIM, BMS 등 통합 관제 시스템에서 전력 사용량과 PUE 추이, IT 부하 상황 등을 한눈에 파악할 수 있어야 한다. 정기적인 에너지 진단과 내부 감사를 통해 시스템 운영방식을 고도화하고, 신기술 도입과 설비 교체 시 효율 향상 효과를 점검하는 것이 중요하다.

10.2.3 냉각설비 에너지 절감 방안

IT 장비의 성능이 향상될수록 발열이 증가하고, 이를 적절히 제어하지 못하면 서버 성능 저하나 장애 발생 위험이 크다. 따라서 냉각설비는 데이터센터에서 필수불가결한 요소이지만, 전체 에너지 사용에서 상당한 비중을 차지한다. 아래 전략들을 종합적으로 적용하여 냉각 에너지를 절감할 수 있다.

1) 외기 냉각(Free Cooling) 기술 적용

자연 외기 온도를 활용한 냉각

외기 온도가 실내보다 낮은 계절(혹은 일교차가 큰 밤 시간대)에 외부의 찬 공기를 그대

로 또는 열교환을 통해 도입하여, 칠러나 냉동기를 최소화로 가동한다. 특히 온·습도 관리가 용이한 지역에서는 연중 상당 시간 동안 외기 냉각을 적용해 **에너지 비용을 크게 절감**할 수 있다.

에어 사이드·워터 사이드 프리 쿨링

에어 사이드(Air-Side) 프리 쿨링: 직접 외기를 유입하여 실내 온도를 낮추거나, 환기 시스템과 결합하여 사용하는 방식

워터 사이드(Water-Side) 프리 쿨링: 냉각수 루프에 외기 열교환 장치를 적용하여 냉동기의 동작을 줄이는 방식

2) 가변 유량 시스템(VFD) 도입

냉각장치 팬, 펌프 모터에 인버터(가변 주파수 드라이브, VFD) 적용

전통적인 고정 속도 팬·펌프는 부하가 감소해도 일정 속도로 작동하기 때문에 불필요한 에너지가 소비된다.

부하(Load)에 따라 **속도를 가변 제어**함으로써, 요구되는 냉각량에 정확히 맞춰 운전할 수 있어 **전력 사용량을 대폭 절감**할 수 있다.

지능형 제어 알고리즘 결합

DCIM이나 BMS 연동을 통해 실시간 온도·습도·열 부하 상황을 파악하고, 이에 맞게 팬·펌프 모터의 속도를 자동으로 조절하면 에너지 효율을 극대화할 수 있다.

3) 데이터센터 온도 최적화

ASHRAE 기준 준수

ASHRAE(미국 난방·냉동·공조학회)에서는 IT 장비가 정상 작동할 수 있는 환경 조건(온도, 습도 범위)을 권장하고 있다. 일반적으로 **서버실 온도를 24 ~ 27℃** 범위로 유지해도 문제가 없다고 제시한다. 일부 보수적인 운용에서는 20℃ 이하로 설정하는 경우도 있으나, 실제로는 **과도한 냉각으로 인한 에너지 낭비**가 발생한다.

온도 상승 효과 분석

온도를 1℃만 높여도 냉동기 및 공조 장치의 운전 에너지를 3 ~ 5% 이상 절감할 수 있다는 연구 결과가 다수 보고되었다. 다만 각 제조사 서버의 권장 온도 범위와 실제 워크

로드 특성을 고려하여, 온도를 단계적으로 상향 조정하는 것이 바람직하다.

데이터센터의 에너지 효율화는 단순히 일부 설비의 고효율화를 넘어, **설계-구축-운영 전 과정**에 걸쳐 종합적인 관리와 지속적인 최적화 노력이 필요하다. PUE를 대표 지표로 삼아 전력설비와 냉각설비를 정교하게 개선하고, IT 자원의 부하 관리 전략을 고도화해야만 큰 폭의 에너지 절감 및 안정적 서비스 운영을 동시에 달성할 수 있다.

PUE 목표 설정과 모니터링

데이터센터 건립 초기 단계부터 **PUE 목표**를 명확히 설정하고, 설계 과정에서 냉각·전력 손실을 최소화할 수 있는 건축적·기술적 대안을 적극 검토한다. 운영 단계에서는 **DCIM 시스템**을 통해 실시간 PUE 추이를 점검하며, 변칙적으로 증가하는 구간을 조기 발견·대처할 수 있도록 한다.

고효율 전력 인프라 도입과 운영 고도화

UPS, 변압기, 배전반 등은 **초기 투자 비용**이 크더라도, 고효율 장비를 선택하면 운용 기간 동안 누적되는 전력 비용을 상당히 아낄 수 있다. IoT 센서와 AI 기반 분석 시스템을 도입해 **실시간 모니터링**과 예측 유지보수를 시행함으로써, 설비 결함으로 인한 에너지 손실과 다운타임을 최소화한다.

냉각 시스템 최적화

외기 냉각, 가변 유량 시스템, 온도 최적화 등 다양한 냉각 효율화 전략을 병행 적용해 **에너지 사용량**을 크게 절감할 수 있다.

액침냉각, 수냉식 쿨링 등의 선진 기술도 서버 발열이 극심하거나, 고밀도(HPC) 워크로드가 발생하는 특정 구역에 점진적으로 도입을 검토해 볼 만하다.

지속가능성과 친환경 가치 실현

최근 전 세계적으로 ESG 경영 및 탄소중립에 대한 요구가 커지고 있으며, 데이터센터도 **RE100(재생에너지 100%)** 달성, **탄소 발자국 최소화** 등을 위해 노력해야 한다. 신·재생 에너지 연계, 에너지저장장치(ESS) 도입 등을 종합적으로 고려하여, 향후 환경규제와 탄소세 등의 리스크를 줄이고 사회적 책임을 다하는 친환경 데이터센터로 자리매김할 필요가 있다.

10.3 신·재생에너지 및 분산형 전원 활용 방안

10.3.1 데이터센터에서의 신·재생에너지 적용 필요성

환경적·법적 압력 증대

세계 각국이 탄소 중립을 목표로 환경 규제를 강화하고 있으며, 대형 전력 소비처인 데이터센터도 신·재생에너지 사용 비율을 높여야 하는 추세이다. ESG(환경·사회·지배구조) 경영 기조가 확산됨에 따라, 글로벌 주요 기업들은 RE100에 가입하거나, 데이터센터 전력을 100% 신·재생에너지로 조달하고자 노력하고 있다.

기업 이미지 및 비용 경쟁력

전 세계적으로 '그린 데이터센터'에 대한 수요가 증가하고 있으며, 신·재생에너지 사용 비율이 높은 데이터센터일수록 환경 친화적인 이미지를 구축할 수 있다. 장기적으로 화석연료 기반 전력보다 신·재생에너지 단가가 낮아질 가능성이 있어, 중·장기 비용 관점에서도 유리할 수 있다.(탄소세, 환경 부담금 등을 고려하면 더욱 그렇다)

10.3.2 주요 신·재생에너지 적용 기술 및 사례

데이터센터에서 적용하기 적합한 신·재생에너지는 다음과 같다.

1) 태양광 발전(Solar PV)

데이터센터 건물 지붕, 부지 내 유휴공간에 태양광 패널을 설치하여 자체적인 전력 생산이 가능하다. 일사량이 풍부한 지역에서 효율적으로 운영할 수 있으며, ESS(에너지저장장치)와 연계하면 전력 사용 시간을 확장할 수 있다. 그러나 데이터센터의 전기 사용 용량이 대용량이기 때문에 자체 태양광발전설비로는 100% 공급할 수 없기 때문에 RE100을 달성하기 위해서는 태양광발전설비를 부지내에 최대한 많이 설치하고 나머지 부족용량에 대해서는 PPA 계약이나 REC 등을 통해 공급받아야 한다.

2) 풍력 발전(Wind Power)

주변 지형 조건이 적절한 경우, 데이터센터 인근에 풍력 발전기를 설치하거나 풍력단지와 직접 연계해 전력을 공급받을 수 있다. 직접 설치가 어려운 지역이라면 멀리 떨어져 있는 풍력 발전소로부터 REC(신·재생에너지공급인증서)를 구매하거나, PPA 계약을 통해 신재생 전력을 확보하는 방식도 가능해진다.

3) 연료전지(Fuel Cell)

천연가스(LNG)나 수소를 연료로 사용하는 연료전지는 온실가스 배출이 적고, 안정적인 분산전원 역할을 할 수 있다. 대형 전력 수요에 대응하기 위해서는 일정 규모 이상의 설비가 필요하며, 냉난방과 연계가 가능하면 에너지 효율(열병합 개념)을 크게 높일 수 있다. 다만 연료전지를 사용하기 위해서는 주변에 도시가스와 같은 인프라고 함께 시설되어 있거나 수소를 쉽게 공급 받을 수 있는 조건이어야 한다.

4) 에너지저장장치(ESS) 연계

태양광·풍력 등이 간헐적으로 발전된 전력을 저장했다가 피크 시간대나 정전 등의 비상 상황에서 활용한다. 전력 수급이 불안정한 구간을 보완하고, 전력 품질 관리(주파수 조정 등)를 향상할 수 있다. 최근에는 데이터센터에 ESS시스템을 적용하여 UPS와 같은 용도로 함께 활용하려는 시도가 이루어지고 있다.

10.3.3 분산형 전원 활용 전략

신·재생에너지와 분산형 전원을 결합하면 데이터센터의 에너지 절감뿐 아니라, 전력계통 측면에서도 긍정적인 효과를 기대할 수 있다.

1) ESS 기반의 분산형 전원 구축

- **피크 부하 관리:** 전기요금이 높은 피크 시간대에 ESS로부터 전력을 공급함으로써 전력 요금을 절약할 수 있다.
- **비상 전력 공급:** 기존 UPS와 함께 ESS를 도입해 만일의 상황에 대비하면, 안정적이고 장기적인 백업 전력을 확보하게 된다.

2) 마이크로그리드(Microgrid) 구축

데이터센터를 중심으로 자체 마이크로그리드를 운영하면, 신·재생에너지(태양광, 풍력, 연료전지 등)와 ESS, 전력 부하(IT 장비) 간의 밸런스를 자율적으로 유지할 수 있다. 전력계통 이상 시에도 독립 운전이 가능해, 가용성(Availability) 측면에서 상당한 장점을 갖는다.

3) 열병합 발전(CHP) 활용

천연가스(LNG)를 연료로 하는 열병합발전기에서 발생하는 열을 데이터센터 냉난방(흡수식 냉동기 등)에 재활용하면 **종합 에너지 효율**이 획기적으로 향상된다. 고성능 서버에서 발생하는 폐열과 통합하여, 지역 난방이나 주변 부대시설의 온수 공급 등으로도 활용 가능성을 모색할 수 있다.

■ 신·재생에너지를 데이터센터에 효과적으로 이용하기 위한 방법

데이터센터에서 신·재생에너지를 직접 또는 간접적으로 조달하는 방식은 크게 **직접 PPA**(Power Purchase Agreement)와 **제3자 PPA, 녹색프리미엄 요금제, REC 구매** 등으로 구분할 수 있으며, 이 중 직접 PPA는 다시 **온사이트(On-site) PPA**와 **오프사이트(Off-site) PPA**로 나뉜다. 즉 **PPA**는 재생에너지 발전사와 전력 사용자가 서로 동의한 기간과 가격으로 전기를 사고파는 계약을 의미한다.

1) 직접 PPA(직접 전력구매계약)

- **개념**: 전력 생산자(신·재생에너지 발전사업자)와 전력 소비자(데이터센터)가 중개사업자(예: 전력거래소, 전기판매사업자)를 통해 직접 전력구매계약을 체결하는 방식이다. (용량은 1MW 이상이어야 함)

장점

발전소와 데이터센터 간 **장기 계약**을 통해 안정적인 신재생 전력 조달 가능, RE100 달성에 유리하며, 전력 요금이 고정 가격(또는 일정 범위 내)으로 설정되어 중·장기적인 비용 예측이 수월하다.

유의점

전력망(계통)을 경유하더라도 발전소와 데이터센터가 법적으로 직접 구매계약을 맺는 구조이므로, 전력거래 제도에 대한 이해와 법적 절차가 필요, 초기 계약 협상 과정에서 발전소 입지, 개발 리스크, 송배전 관련 이슈 등을 면밀히 검토해야 한다.

(1) 온사이트(On-site) PPA

- **설명**: 데이터센터 부지(옥상, 부지 내 유휴지 등)에 태양광·풍력 설비를 직접 설치하고, 여기서 생산되는 전력을 PPA 계약을 통해 직접 사용하는 방식이다.(직접시설, 제3자 투자)

장점

자체 부지에 발전소를 설치하므로 전력 사용 효율이 높고, 송전 손실이 적다. 데이터센터 운영자가 발전 현황을 쉽게 모니터링·관리할 수 있어 **실시간에 가까운 조율**이 가능하다.(전력망을 이용하지 않기 때문에 망이용료 없음)

단점

대규모 발전소를 설치하기 위한 충분한 부지나 적합한 지형·기상 조건이 필요하다. 건물 규모가 제한적이면, 설치 가능한 신재생 설비 용량이 작아 전력 수요를 온전히 충족하기 어려울 수 있다.

(2) 오프사이트(Off-site) PPA

- **설명:** 데이터센터 부지 외부(전력망 다른 지역)에 태양광·풍력 발전시설이 위치하고, 여기서 생산된 전력을 데이터센터가 장기 계약으로 구매하는 방식이다.(재생에너지 공급사업자 이용)

장점

넓은 면적과 최적의 자연 환경(풍력 자원 풍부 지역 등)을 활용해 대규모 발전소 건설 가능

지리적 제약이 적으므로, 데이터센터와 발전소 간 거리가 멀어도 **계약만 체결**하면 안정적으로 신재생 전력을 조달할 수 있다.(장기적으로 안정적 공급이 가능)

단점

송·배전망을 통해 전력을 공급받으므로 계통망 사용 비용이 발생할 수 있고, 계통 운영상 제약(접속 용량, 망 혼잡 등)이 있을 수 있다. 가시성이 낮아, 실제 운영 상태를 상시 직접 모니터링하기가 어려울 수 있다.(망 이용료를 부담하야 하며, 먼거리의 경우 kW 당 약 30원, 가까운 거리일 경우 0원 정도로 부담하고 있음)

⇒ **데이터센터에 가장 적합한 거래 방식**
시설 규모가 크고, 부지가 충분하며, 지역 환경이 태양광·풍력 발전에 적합할 경우 온사이트 PPA를 우선 고려해 볼만 하다.(설계 단계부터 건물 일체화와 최적화 가능) **그러나 부지 제약이 있거나 대규모 신재생 설비가 필요한 경우**에는 오프사이트 PPA가 더 실질적일 수 있다. 최근 글로벌 하이퍼스케일 데이터센터들은 오프사이트 PPA로 대규모 풍력·태양광 발전소와 계약을 맺는 추세이다.

※ 지역 여건과 데이터센터 전력 수요 규모, 투자 전략, 향후 확장 가능성 등을 종합적으로 평가해 두 방식을 병행하거나 선택적으로 적용하는 경우가 많다.

2) 제3자 PPA

제3자 PPA는 생산자와 사용자 사이에 한국전력공사가 중개자(제3자) 역할을 하는 방식을 말한다. **PPA는 재생에너지 사용 및 보급 확대에 큰 역할을 할 것으로 전망된다. 특히 기업이 탄소중립 달성을 위해 전력 사용량의 100%를 재생에너지로 충당하는 RE100을 이행할 수 있는 주요 수단으로 평가받고 있다.**

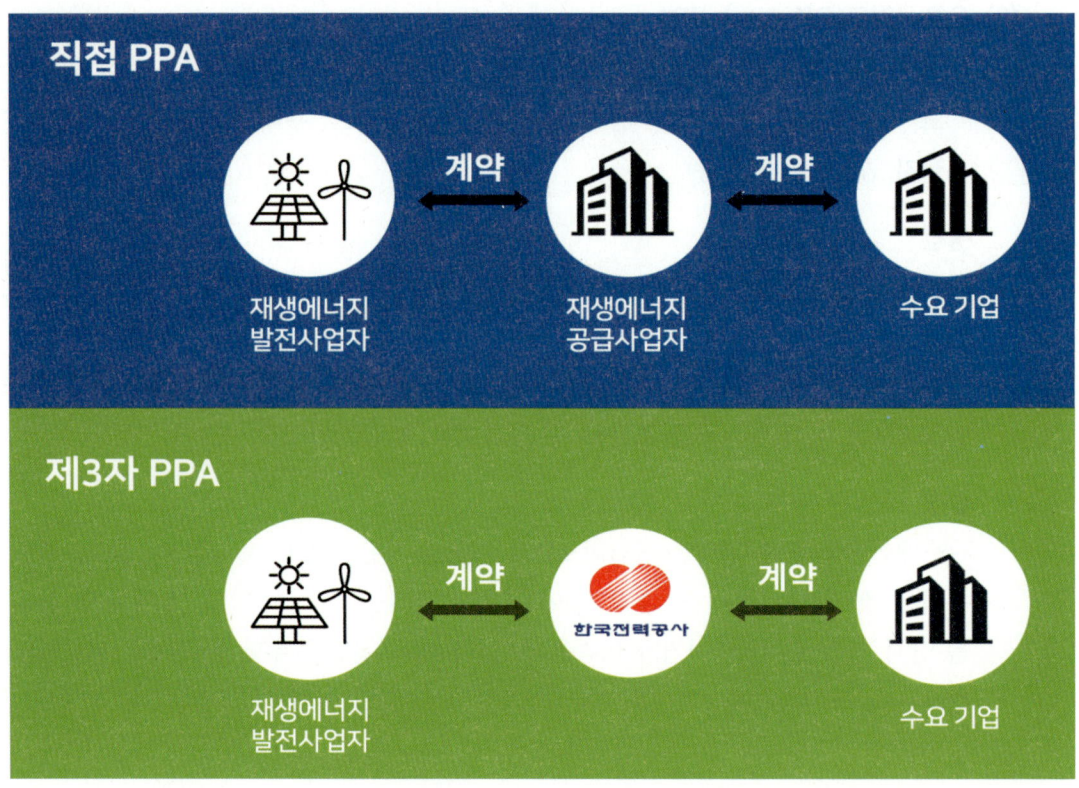

〈그림 10.2〉 직접 PPA와 제3자 PPA

3) 녹색프리미엄 요금제

- **개념**: 전력소비자가 '녹색' 전력을 사용한다는 인증을 받을 수 있도록, 기존 전력 요금에 일정 프리미엄을 추가로 지불하고 한전(또는 전력판매사업자)으로부터 신·재생에너지를 구매하는 제도이다.

장점

계약 절차가 간단하고, 별도 발전소 건설이나 장기 PPA 계약 없이도 '신재생 전력 사용 증서'를 발급받을 수 있어 **RE100 목표 달성**에 유리하다. 규모가 작은 데이터센터나 온사이트/오프사이트 PPA가 어려운 경우 대안이 된다.(kW당 하한가 약 10원 - 매년 3회 한전에서 실시하고 있음)

단점

일반 전력 요금보다 '프리미엄(추가 비용)'을 내야 하므로, 전력 사용량이 많은 데이터센터에서는 비용 부담이 다소 증가할 수 있다. 직접 신재생 설비를 소유하지 않으므로, 실질적 설비 확충 효과보다는 '환경 기여금 납부' 성격이 강하다.(온실가스 감축 인정 받지 못함)

4) REC(신·재생에너지 공급인증서) 구매 제도

- **개념**: 신·재생에너지 발전 사업자가 발급받은 REC(신·재생에너지 공급 인증서)를 데이터센터가 구매함으로써, 자신이 소비하는 전력 중 일정 비율을 신·재생에너지로 상계 처리할 수 있는 제도이다.(kW당 약 78원, 가격이 높아서 기업이 구매하기에는 부담)

장점

설치 여건이 여의치 않은 데이터센터도 재생에너지 활용 실적을 손쉽게 확보할 수 있다. 거래소(또는 중개사업자)를 통해 필요한 만큼 REC를 구매하므로 유연성이 높다.

단점

REC 시장 가격이 변동성이 있을 수 있어, 장기 비용 예측이 어렵다. 직접 PPA나 녹색프리미엄에 비해 **실제 재생에너지 설비 투자 기여도가 낮을 수 있다**는 지적이 있다.

■ 분산에너지 활성화 특별법과 '분산특화지역' 지정 시 데이터센터의 이점

최근 제정된 **「분산에너지 활성화 특별법」**(일명 분산에너지특별법)은 중앙집중형 전력망의 부담을 완화하고, 지역별로 분산된 전원과 수요처를 효율적으로 연계하기 위해 마련되었다. 이 법에 따라 '분산특화지역'으로 지정되면 다음과 같은 이점이 있을 수 있다.

1) 계통 안정화 지원

분산특화지역에서 신·재생에너지 설비와 ESS 등 분산형 전원을 적극적으로 도입하면, 전력망 운영에 대한 안정화 지원금이나 인센티브를 받을 수 있다. 데이터센터가 대규모 ESS를 구축하고, 피크 시 전력망 부담을 덜어주는 방식으로 참여하면 정부·지자체 차원의 지원을 기대할 수 있다.

2) 인허가 절차 간소화 및 금융 지원

분산특화지역 내에서 신·재생에너지 또는 분산형 전원 관련 설비를 설치할 때, **인허가 절차**가 간소화되거나 **금융 지원**(저리 융자, 보조금 등)을 받을 수 있는 제도적 장치가 마련될 가능성이 높다. 데이터센터 운영자는 이러한 혜택을 통해 초기 투자 비용을 절감하고, 설비 구축 기간을 단축할 수 있다.

3) 지역 활성화 및 주민 수용성 제고

분산특화지역 지정은 지역 주민들에게 신·재생에너지 이익공유나 전력요금 할인 등 다양한 정책 효과를 가져다줄 수 있어, 지역 사회와의 갈등이 줄어든다. 데이터센터와 신·재생에너지 설비가 상생 구조를 갖추면, 장기적으로 지역 인프라 발전 및 친환경 이미지 제고에 도움이 된다.

4) 신·재생에너지·분산형 전원 통합 설계

데이터센터를 설계할 때부터 태양광, 풍력, 연료전지, ESS 등 분산형 전원에 대한 수용력을 사전에 고려하고, 전력 인프라와 냉각시스템을 유기적으로 연동하는 것이 중요하다.

5) 가장 적합한 전력 거래 방식 선택

- **온사이트 PPA vs 오프사이트 PPA**: 부지 여건과 전력 수요 규모에 따라 선택하거나 병행 적용
- **녹색프리미엄·REC 구매**: 간편성을 우선할 때, 혹은 중·단기적으로 RE100 목표에 대응할 때 활용
- **장기적 비용·법적 안정성**과 함께 **탄소 배출 감소 효과**까지 함께 검토하여 결정한다.

6) 분산특화지역 지정 및 정책 활용

분산에너지 활성화 특별법에 따라 분산특화지역으로 지정받으면, 인허가 간소화와 재

정·금융 지원, 주민 수용성 제고 등 다양한 혜택을 누릴 수 있다. 데이터센터가 지역 전력 수급 안정에 기여하고, 신재생 설비를 적극 도입하여 정부 정책에 부합하는 방향으로 추진한다면, 중장기적으로 운영 비용 절감과 ESG 이미지를 강화하는 효과를 얻을 수 있다.

7) 지속적 모니터링과 기술 진화 대비

신·재생에너지 시장 및 전력거래 제도는 꾸준히 변화하고 있으므로, 관련 법규와 규정 개정 사항을 수시로 모니터링해야 한다. 액침냉각, 수소 기반 연료전지, 차세대 배터리 등 새롭게 등장하는 기술에도 관심을 갖고 단계적으로 적용하는 로드맵을 수립하면 경쟁력을 지속 확보할 수 있다.

10.4 데이터센터 에너지 관리 운영 전략 및 사례

10.4.1 에너지 관리 시스템 구축 및 운영

데이터센터에서는 전력 수요가 매우 크고, IT 장비의 발열 특성상 냉각 부하가 높다. 이러한 구조적 특성 때문에, 체계적인 에너지 관리 시스템(EMS, Energy Management System)을 구축하고 운영하지 않으면 불필요한 에너지 낭비가 발생하기 쉽다. 다음은 효과적인 EMS 구축·운영 전략의 핵심이다.

1) 실시간 모니터링 시스템 구축

- **전력 및 설비 상태의 상시 모니터링**: 서버실, UPS, 배전반, 냉각장치 등 각 구간별 전력 사용량과 온도·습도 등을 실시간으로 측정할 수 있는 센서를 설치한다. 이를 통해 **실시간 PUE(전력 사용 효율)** 및 부하 분포 현황을 종합적으로 파악할 수 있다.
- DCIM(Data Center Infrastructure Management) 및 BMS(Building Management System): 전력·냉각·보안·물리적 환경 등을 통합 관리할 수 있는 시스템을 도입하면, 운영 담당자가 데이터를 통합적으로 분석하고 이상 징후를 조기에 파악하기가 용이하다.

2) 데이터 기반 에너지 분석

- **AI 기반 최적화 기법 도입**: 최근에는 AI(인공지능)·ML(머신러닝)을 활용하여 온도·습도·IT 부하 트렌드를 예측하고, 냉각장치·팬 속도·펌프 유량 등을 자동으로 조절함으

로써 에너지 효율을 높이는 사례가 늘고 있다.
- **워크로드 분산 및 자원 오케스트레이션:** 물리적·가상화된 서버 자원에 대한 빅데이터 분석을 통해, 특정 시간대나 구역에서 발생하는 과도한 부하를 실시간 분산함으로써 냉각 부하를 균형 있게 유지할 수 있다. 이를 통해 온도 상승 방지와 에너지 절감 효과를 함께 얻을 수 있다.

3) 운영 프로세스 표준화 및 피드백 루프
- **에너지 사용 지표 정의:** PUE 외에도 WUE(Water Usage Effectiveness), CUE (Carbon Usage Effectiveness)와 같은 확장 지표를 도입해, 친환경성과 에너지 효율성을 종합적으로 평가·관리한다.
- **정기 감사와 개선 활동:** 에너지 사용에 대한 정기적인 진단(Audit)과 보고 체계를 마련해, 설비 교체 주기나 업그레이드 시점, 냉각 시스템 개선 포인트 등을 체계적으로 관리해야 한다.
- **피드백 루프:** 실시간 모니터링 결과와 AI 분석 결과를 다시 EMS에 반영하여, 냉각·전력 설비 운영에 즉각적으로 반응하도록 함으로써 '자동화된 최적 운영(Autonomous Operation)'을 추구한다.

10.4.2 국내·외 데이터센터 효율화 우수 사례 분석

다음으로, 국내외에서 성공적으로 에너지 효율화를 달성한 데이터센터 사례를 통해 구체적인 인사이트를 얻을 수 있다.

1) 국내 사례, 네이버 춘천 데이터센터

자연 외기 냉각 활용
강원도 춘천 지역은 연중 상당 기간 기온이 낮고 공기가 맑아, 외부 찬 공기를 데이터센터 내부로 직접 또는 열교환 방식으로 들여오는 '외기 냉각(Free Cooling)'을 효과적으로 활용할 수 있다. 이를 통해 냉동기 사용 시간을 크게 줄여, **연평균 PUE를 1.2 이하** 수준으로 유지하고 있다.

태양광 발전 연계
건물 옥상 또는 부지 인근 유휴 공간에 태양광 패널을 설치하여, 일부 전력을 자체 생산하고 있다. 이는 전력요금 절감 효과뿐 아니라, 녹색 에너지 사용을 통한 ESG 가치 강화에도 기여한다.

모듈형·최적화된 설비 구조

고밀도 랙 구성과 인프라 설계가 유기적으로 결합되었으며, 실시간 모니터링 시스템을 통해 점진적 개선을 이루어 낸 것이 특징이다. 초기부터 '에너지 효율 극대화'라는 목표를 명확히 설정하고 건축·IT·전력·냉각 등 각 영역별 전문가들이 협업하여 **통합 설계**를 수행한 점이 큰 성공 요인이다.

2) 글로벌 기업 사례: 구글, 애플, 페이스북 등

100% 신·재생에너지 사용

구글, 애플, 페이스북 등의 글로벌 하이퍼스케일 데이터센터는 **RE100**을 선언하고, 태양광·풍력·수력 등에서 생산되는 전력을 **직접 PPA** 또는 **오프사이트 PPA** 형태로 조달한다. 데이터센터 전력 사용량에 상응하는 신·재생에너지를 확보하여 '탄소 중립'을 실천하거나, 자체 발전 설비를 크게 늘려 나가는 추세이다.

AI 기반 에너지 효율 최적화

구글 딥마인드(DeepMind)에서 개발한 AI 솔루션을 데이터센터 냉각 운영에 적용한 대표적 사례가 잘 알려져 있다. 이를 통해 데이터센터 냉각에 필요한 에너지를 '최대 40%'까지 절감한 것으로 보고되었다.

애플은 실리콘 밸리에 있는 여러 데이터센터를 통합 관리하면서, 기상 데이터와 부하 데이터를 학습한 모델로 냉각·전력 수급을 자동 조절해 전력 사용량을 획기적으로 줄이고 있다.

가상화 및 자원 풀링(Resource Pooling) 극대화

페이스북은 오픈 컴퓨트 프로젝트(Open Compute Project)를 통해 자체 설계한 서버·랙 인프라를 사용하고, 서버 간 가상화·분산 처리를 적극 활용해 리소스 사용 효율을 극대화하고 있다. 이를 통해 IT 장비의 유휴율을 낮추고, 불필요한 에너지 소비를 방지함으로써 **효율적 PUE**를 달성한다.

10.5 데이터센터 에너지 관리 운영 전략 정리 및 시사점

설계 단계부터 에너지 효율 고려
우수 사례에서 공통적으로 도출되는 핵심은, **초기 설계 단계**에서부터 에너지 효율 달성을 위한 구조적·기술적 요소(냉각방식, 전력인프라 배치, 건물 형태, 자연환경 활용 등)를 충분히 반영한다는 것이다. 예비 타당성 조사와 함께 기상 조건, 사용자 트래픽 패턴, IT 장비 밀도 등에 대한 종합적인 고려가 필수적이다.

통합 EMS와 실시간 모니터링·제어
에너지 사용량을 줄이는 가장 효과적인 방법 중 하나는 **실시간 계측·분석**을 통한 자동 제어이다. DCIM, BMS, AI 기술 등이 결합된 통합 시스템을 구축하면, 냉각 부하나 전력 손실을 발 빠르게 감지하고 즉시 최적화 조치를 취할 수 있어 **운영 효율**이 크게 상승한다.

신·재생에너지 및 분산형 전원 연계
앞서 소개된 10.3 항목과 연계하자면, 탄소 배출 저감과 ESG 목표 달성을 위해 **직접 PPA**(온사이트·오프사이트), **녹색프리미엄 요금제, REC 구매** 등을 활용하여 신·재생에너지 사용 비율을 높이는 것이 경쟁력 강화에 도움이 된다.
ESS(에너지저장장치)나 열병합 발전(CHP) 등을 결합해 **분산형 전원**을 구축하면, 전력 안정성과 비용 절감을 동시에 추구할 수 있다.

AI 기반 운영 최적화 및 자동화
글로벌 기업들은 AI 기술을 선제적으로 도입해 냉각, 전력, IT 자원 할당 등을 **자동화**하고 있다. 전력 소비량과 서버 성능 간 상호작용을 축적된 빅데이터로 학습시켜, **주기적 피크 부하 예측, 냉각 장치 제어 최적화, 자원 할당 자동화** 등을 실행함으로써 효율성을 극대화한다.

지속적인 개선 문화와 협업 생태계 조성
데이터센터 에너지 효율은 일회성 투자가 아니라, **지속적인 개선(CI, Continuous Improvement)** 과정을 거치며 점진적으로 높아진다. 운영 조직 내에서 에너지 관리 담당자와 시설·전기·IT 엔지니어들이 협업할 수 있는 체계를 구축하고, 신규 기술과 솔루션 도입을 유연하게 수용할 수 있는 **혁신 문화**가 필요하다.

핵심 지표(PUE, WUE 등)의 상시 관리

PUE는 데이터센터의 에너지 효율성을 가늠하는 가장 대표적인 지표지만, 최근에는 물 사용량, 탄소 배출량도 함께 고려하는 추세이다.

AI·데이터 분석 역량 강화

에너지 관리의 핵심은 **정확한 데이터 계측과 실시간 분석**이다. AI와 빅데이터 기술을 적극적으로 도입해, 냉각·전력·IT 부하 사이의 복잡한 상호작용을 예측하고, 자동 제어로 전환하는 로드맵을 마련해 보길 바란다.

우수 사례 벤치마킹

국내 네이버 춘천 데이터센터 사례나, 글로벌 기업(구글, 애플, 페이스북 등)의 접근 방식을 꼼꼼히 연구하여, 자사의 입지 조건과 운영 인프라에 맞게 벤치마킹하는 것이 효율적이다. 건물 구조나 기상 특성이 유사한 지역, 또는 사업적 목적이 비슷한 데이터센터의 성공사례를 참고하면 시행착오를 크게 줄일 수 있다.

신·재생에너지 활용 및 분산형 전원 확대

RE100 달성, 탄소세 대응, 지역 전력계통 안정화 등 여러 측면에서 **신·재생에너지 연계**는 필수 요건이 되어가고 있다. 온사이트(태양광·연료전지 등)와 오프사이트(대규모 풍력단지 연계) PPA를 적절히 혼합하고, ESS 도입이나 마이크로그리드 운영을 통해 장기적인 비용 경쟁력과 에너지 자립도를 강화할 수 있다.

지속적인 R&D와 전문 인력 양성

데이터센터 에너지 효율 기술은 빠른 속도로 발전하고 있다. 예를 들어 **액침냉각(Immersion Cooling), 이산화탄소 냉각, 수소 연료전지** 등이 차세대 기술로 주목받고 있다.

이러한 신기술 도입을 위한 파일럿 프로젝트, 전문 인력 교육, 산·학·연 협력 등이 중장기 로드맵에 포함될 필요가 있다.

제 **11** 장

데이터센터 운영 및 유지관리 실무

제11장 데이터센터 운영 및 유지관리 실무

11.1 데이터센터 설비 유지관리의 중요성

11.1.1 데이터센터 유지관리 개요

데이터센터에서는 서버, 스토리지, 네트워크, 전력설비, 냉각설비, 소방설비 등 여러 요소가 밀접하게 연동되어야 안정적 운영이 가능하다. 모든 설비가 정상적으로 가동되고 서로 유기적으로 협력해야만 24시간 무중단 서비스를 보장할 수 있다. 이러한 안정적인 운영을 위해서는 계획적이고 체계적인 유지관리가 필수적이다.

데이터센터의 유지관리는 단순히 장애가 발생했을 때 수리하는 사후 대응 차원을 넘어, 장애가 발생하기 전에 사전에 문제를 발견하고 예방하기 위한 프로액티브(사전예방) 접근이 중요하다. 이를 위해서는 정기적인 모니터링 시스템과 점검 계획, 예비 부품 관리, 전문 인력 확보와 같은 종합적인 방안이 준비되어야 한다.

〈그림 11.1〉 운영 및 유지관리

1) 설비 구성 요소의 복합성

전력 및 냉각설비, 소방설비, 제어·감시장치, 네트워크 장비 등이 하나라도 이상이 생기면 전체 데이터센터 서비스에 영향을 줄 수 있다. 때문에 각 설비별 특성을 고려한 맞춤형 점검과 주기적인 시험 운영이 이루어져야 한다.

2) 장애 발생 시 손실 규모

데이터센터 장애는 서비스 중단으로 이어져 막대한 경제적·사회적 피해를 야기한다. 최근에는 클라우드 서비스, AI, 빅데이터 분석 등 데이터센터 기반 서비스가 국가 기반 서비스로 확대되고 있어, 한순간의 장애로 인해 국가 차원의 업무에도 심각한 영향을 줄 수 있다. 따라서 유지관리는 비용이 아니라 필수 투자로 인식되어야 한다.

3) 설비 효율성 극대화

적절한 유지관리는 전력소비와 냉각 비용을 최적화하며, 장비의 에너지 효율을 높이는 데 큰 역할을 한다. 에너지 사용 효율(PUE) 지표 개선을 위해서도 주기적인 유지보수와 관리가 필수적이다. 이는 환경 부담 감소와 더불어 운영비 절감으로 이어진다.

4) 장비 수명 연장 및 신뢰성 확보

장비 및 부품의 수명을 최대로 활용하기 위해서는 정기적인 점검과 예방적 교체, 정확한 교정 등이 중요하다. 이를 통해 장애 발생 가능성을 줄이고, 신뢰도를 향상시켜 서비스 품질을 보장할 수 있다.

11.1.2 유지관리가 미흡한 경우의 문제점

데이터센터 유지관리가 부족하거나 부실하게 수행되면, 다양한 문제가 발생할 수 있다.

1) 예상치 못한 설비 장애로 인한 서비스 중단

전력설비, 냉각설비, 네트워크 등 핵심 인프라에 문제가 생기면 데이터센터 전체 서비스에 영향을 미칠 수 있다. 이러한 불시의 서비스 장애는 막대한 경제적 손실뿐 아니라 고객 신뢰도 하락을 불러온다.

2) 전력 및 냉각 설비 성능 저하로 인한 에너지 소비량 증가

장비 내부의 열교환기나 공조 시스템이 제 기능을 못하거나, 전기설비의 효율이 떨어지면 동일한 IT 부하를 유지하기 위해 더 많은 에너지를 소비하게 된다. 이는 운영비 상승으로 이어지며, 장기적으로는 데이터센터 운영의 지속가능성에도 부정적인 영향을 준다.

3) 설비 수명 단축 및 전체 관리 비용 증가

전기·전자·기계부품을 제때 교체하지 않으면 설비 고장이 잦아지고 수명이 단축될 수 있다. 작은 결함이 방치되면 나비효과처럼 큰 고장으로 이어질 가능성이 커진다. 결과적으로 더 빈번한 장애와 긴급 수리를 야기해 장비 교체 비용, 복구 비용이 증가하며 전체 운용 예산을 압박한다.

4) 신뢰성 및 대외 이미지 저하

데이터센터는 기업의 핵심 자산이자 대외적인 브랜드 이미지를 좌우한다. 안정적인 서비스가 중단되면 고객 만족도와 신뢰도가 급격히 떨어지고, 이는 향후 비즈니스 경쟁력 약화로도 이어질 수 있다.

11.2 데이터센터 유지관리 전략

데이터센터 유지관리에서 중요한 것은 일관성 있고 체계적인 전략 수립이다. 이를 위해 다음과 같은 접근 방식을 고려할 수 있다.

1) 예방적 유지관리(Preventive Maintenance)

정기 점검과 부품 교체로 장애를 미연에 방지하는 방식이다. 제조사에서 권장하는 교체 주기와 점검 주기를 따른다. 체크리스트를 작성하고 이를 토대로 계획된 점검을 실행하며, 이력 관리 시스템을 통해 모든 점검 결과와 교체 이력을 추적할 수 있어야 한다.

2) 예측적 유지관리(Predictive Maintenance)

센서와 모니터링 시스템을 활용하여 장비 상태를 실시간으로 분석하고, 고장 징후를 사전에 파악하여 필요한 시점에만 유지보수를 수행하는 방식이다. AI 기반 분석 기법을 적용하면 진동, 온도, 전류, 전압 등의 데이터를 토대로 고장 확률을 예측할 수 있다.

3) 사후 유지관리(Corrective Maintenance)

장애 발생 후 이를 복구하는 전통적인 방식이다. 불가피한 측면이 있지만, 이를 최소화하기 위해서는 충분한 예비 부품과 신속한 복구 프로세스가 마련되어야 한다.

4) 주기적 교육 및 숙련도 향상

유지관리 담당자의 기술 역량 강화가 필수적이다. 정기 교육 프로그램, OJT(On-the-Job Training), 전문가 세미나 등을 통해 최신 기술 정보를 공유하고, 실제 설비 운영 경험을 축적해야 한다. 이를 통해 유지보수 과정에서의 오류를 줄이고 문제 해결 능력을 높일 수 있다.

11.3 데이터센터 유지관리 실행을 위한 핵심 포인트

1) 체계적인 문서화 및 이력 관리

각 설비에 대한 매뉴얼, 유지보수 기록, 점검 주기, 교체 이력 등을 체계적으로 관리해야 한다. CMMS(Computerized Maintenance Management System)와 같은 전문 솔루션을 활용하면 유지관리 업무 프로세스가 자동화되고 이력 조회가 간편해진다.

2) 안전 관리 및 리스크 최소화

고압전기, 디젤발전기, UPS, 냉동기 등은 전문적인 안전 관리가 필요하다. 작업 허가 절차, 보호구 사용, 시뮬레이션 점검 등이 정착되지 않으면 유지보수 과정에서 안전사고가 발생할 수 있다. 또한 테스트 및 점검 시 실제 서비스에 영향을 주지 않도록 절차를 철저히 설계해야 한다.

3) 주요 지표 모니터링 및 데이터 분석

PUE(Power Usage Effectiveness), CPU·메모리 사용률, 냉각 효율, 안정성 지표 등 다양한 데이터를 수집하고 주기적으로 분석해야 한다. 이를 통해 이상 징후를 조기에 포착하고, 향후 유지보수 계획에 반영할 수 있다.

4) 재난 대응 및 비상 복구(Disaster Recovery) 계획

자연재해, 화재, 대규모 전력 장애 등의 상황을 대비하기 위해 재난 대응 매뉴얼과 시뮬레이션 훈련이 수행되어야 한다. 비상 발전기, UPS, 네트워크 이중화, 이중화된 냉각 시스템 등을 구축하고, 실제 비상상황과 유사한 환경에서 정기 테스트를 진행해야 한다.

5) 지속적인 개선 및 투자

데이터센터 기술은 빠르게 발전하고 있으며, 신규 설비나 운영 기법이 지속적으로 등장한다. 최신 트렌드를 파악하고 장기적인 관점에서 필요 예산과 인력을 확보해나가는 것이 경쟁력 유지의 핵심이다.

데이터센터는 고가치의 IT 인프라를 담고 있으며, 24시간 무중단 운영이 필요한 핵심 시설이다. 전력, 냉각, 소방, 보안, 네트워크 등 다양한 분야가 유기적으로 결합되어 있다. 그만큼 전문적인 지식과 종합적인 접근이 필수적이며, 유지관리는 문제 발생 시 수리하는 사후 방식이 아닌, 미리 준비하고 예방하는 프로액티브 방식으로 전환되어야 한다.

유지관리는 단지 비용이 아니라 데이터센터의 운영 효율성과 신뢰도를 높이고, 서비스 경쟁력을 강화하는 핵심 투자 영역이다. 체계적인 점검 계획, 예측 진단 기술, 전문 인력 양성, 정기적인 개선 활동을 통해 데이터센터의 가치를 극대화할 수 있다.

데이터센터는 미래 사회에서 더욱 중요해질 것이며, 클라우드 컴퓨팅, 빅데이터, AI, 사물인터넷(IoT) 등의 확대에 따라 규모도 커지고 복잡성도 높아지고 있다. 따라서 데이터센터 유지관리 분야는 지금보다 더 폭넓은 전문성과 노하우가 요구되며, 이를 위해서는 지속적인 연구 개발과 업계 전문가 간의 교류가 필수적이다.

11.4 정기점검 및 유지보수 계획 수립

11.4.1 유지보수 계획 수립의 필요성

데이터센터의 전력, 냉각, 통신, 소방설비 등은 모두 유기적으로 연결되어 있으며, 한 분야의 이상이 전체 서비스 장애로 이어질 수 있다. 따라서 체계적인 유지보수 계획과 예측·예방 점검을 통해 장애 발생 가능성을 줄이고, 안정적인 서비스 운영을 달성해야 한다. 유지보수 계획 수립 시 고려해야 할 핵심 사항은 아래와 같다.

1) 설비 특성 및 중요도 파악

각 설비의 특성과 중요도를 분석하고, 위험도가 높은 설비는 우선순위로 관리한다

2) 장애 가능성 평가

과거 장애 이력과 제조사 권장 주기, 운영 환경 특성을 종합적으로 검토해 장애 발생 가능성을 예측한다

3) 정기 예방 점검 수행

설비별 주기에 따라 예방 점검을 수행하고, 노후 부품이나 잠재적 고장을 조기에 발견한다.

4) 신속한 대응 및 복구 프로세스 구축

장애 발생 시 즉각 대응할 수 있도록 예비 부품, 전문 인력, 복구 매뉴얼 등을 사전에 준비한다

11.4.2 주요 설비별 점검 항목 및 점검 주기

표 10.1은 데이터센터에서 주로 운영되는 전력, 냉각, 통신, 소방설비에 대해 각 점검 주기별 권장 점검 항목을 정리한 것이다. 각 데이터센터의 상황과 설비 구성에 따라 항목이나 주기가 조정될 수 있다.

1) 전력설비 점검 계획

〈표 11.1〉 전력설비 점검 계획

점검 주기	주요 점검 항목
매월	- 배전반, 차단기 상태 점검 및 열화상 촬영 - 주요 접속부(버스바, 케이블 접속부 등) 이상 열 발생 여부 확인
분기별	- UPS 및 발전기 성능 테스트 - 배터리 충전 상태·용량 점검
연간	- 변압기 절연 성능 측정 및 고압설비 전체 정밀 점검 - 주요 부품(차단기·계전기 등) 교체 주기 검토

> ※ 운영 포인트
>
> 전력설비는 데이터센터 운영의 기반이므로 점검 결과는 반드시 문서화하고 이력 관리 시스템에 반영한다. 배터리 상태는 주기적으로 체크해 셀(Cell) 간 전압 편차나 용량 저하가 있는지 확인한다. 유지보수 시 안전 절차와 잠금·표식(LOTO) 방식을 준수하여 안전사고를 방지한다.

2) 냉각설비 점검 계획

〈표 11.2〉 냉각설비 점검 계획

점검 주기	주요 점검 항목
매주	- 냉각장치 상태(Chiller, CRAC 등) 점검 및 필터 관리 - 팬, 벨트, 온도 센서 이상 여부 확인
분기별	- 냉각수·냉매 상태(압력, 농도, 누설 등) 점검 - 펌프 및 팬 구동장치 진동·소음 측정
연간	- 냉각설비 전체 세척 및 주요 부품(필터, 노즐 등) 교체 - 마모 상태 기록 후 예비 부품 구매 계획 수립

> ※ 운영 포인트
>
> 냉각장치 성능 저하는 서버 장애나 다운타임으로 직결될 수 있으므로 세심하게 관찰한다. 냉동기나 CRAC의 효율성은 데이터센터의 에너지 효율(PUE)에도 영향을 미치므로 정기 점검과 유지보수가 중요하다. 노후 설비 교체 시 최신 에너지 고효율 장비로 업그레이드해 장기적인 운영 비용을 절감한다.

3) 통신설비 점검 계획

〈표 11.3〉 통신설비 점검 계획

점검 주기	주요 점검 항목
매월	- 네트워크 장비(스위치, 라우터, 방화벽 등) 성능 및 오류 로그 점검 - 펌웨어·소프트웨어 업데이트 확인
분기별	- 케이블링(광케이블, UTP 등) 상태 점검 - 장비 가동 성능 평가(패킷 지연, 오류 전송율 등)
연간	- 전체 케이블 시스템 점검 및 노후 배선 교체 - 핵심 네트워크 장비 업그레이드·확장 계획 검토

※ 운영 포인트

통신설비는 데이터 전송과 연결 안정성을 책임지므로 점검 기록과 장애 로그를 주기적으로 분석한다. 보안 취약점을 최소화하기 위해 최신 펌웨어와 패치를 적용하고, 침입 탐지·차단 시스템(IDS/IPS)을 병행 운영한다. 핵심 장비는 이중화(HA) 구조를 적용해 장애 발생 시 신속히 대체할 수 있는 환경을 구축한다.

4) 소방설비 점검 계획

〈표 11.4〉 소방설비 점검 계획

점검 주기	주요 점검 항목
매월	- 화재감지기 작동 상태 점검 - 자동 소화설비(가스 소화, 물 소화, 에어로졸 소화 등) 이상 여부 확인
분기별	- 전체 소방시스템 작동 테스트(자동 경보, 소화 장치 등) - 소화약제 잔량 및 사용 가능 기간 점검
연간	- 소방설비 정밀 점검 및 주요 부품 교체 계획 수립 - 비상로, 소화전, 방화벽 상태 점검 및 모의훈련 실시

※ 운영 포인트

화재는 데이터센터에 치명적인 피해를 유발하므로 정기 점검뿐 아니라 상시 감시 시스템을 운영한다. 소화약제나 소방장비는 제조사 권장 주기에 따라 교체하거나 재충전하며, 비상훈련을 통해 실제 화재 상황에 대비한다. 장비실 내부의 불연재 사용, 케이블 정리, 화재 부하 최소화 등 사전 예방책을 함께 적용한다.

11.4.3 전문가 의견 및 운영 전략

1) 맞춤형 유지보수 일정

각 데이터센터의 특성에 따라 점검 주기를 조정하고, 중요도가 높은 설비를 우선 관리한다.

2) 이력 관리와 분석

모든 점검·유지보수 결과는 문서화하고, CMMS(Computerized Maintenance Management System)를 활용해 기록·분석한다.

3) 역할 분담과 역량 강화

내부 엔지니어와 외부 전문 업체 간 역할을 명확히 배분하고, 담당자의 기술 역량을 높이기 위해 정기 교육과 세미나를 개최한다.

4) 실시간 모니터링과 자동화

IoT 센서, AI 분석 기반의 예측 진단 기술을 도입해 고장 징후를 사전에 파악하고 유지보수 효율을 극대화한다.

5) 위기 대응 시뮬레이션

실제 장애 상황을 가정한 모의훈련을 주기적으로 실시해 신속한 장애 대응 능력을 확보한다.

데이터센터의 안정적인 운영과 서비스 연속성을 위해서는 체계적인 정기점검과 예방적 유지보수가 필수적이다. 전력, 냉각, 통신, 소방설비 각각의 특성을 고려해 주기별 점검 항목을 구분하고, 전문 인력과 시스템을 활용해 철저히 관리한다면, 장애 발생 위험을 현저히 줄이고 에너지 효율과 서비스 품질을 높일 수 있다.

11.5 장애 대응 및 긴급 복구 프로세스

11.5.1 데이터센터 장애 유형과 대응 방안

데이터센터 운영 중 자주 발생할 수 있는 주요 장애 유형과, 이에 적절히 대응하기 위한 핵심 방안을 정리한다. 각 장애 유형은 발생 가능성이 매우 높기 때문에, 평소 점검과 훈련을 통해 신속한 대응 절차가 숙지되어야 한다.

1) 전력 장애(정전, UPS 장애 등)

- **주요 특징:** 전력 계통이 불안정할 때 가장 먼저 위험해지는 부분은 서버와 네트워크 장비로, 인프라 전체가 순식간에 다운될 수 있다.

대응 방안

비상발전기(Generator) 자동 가동 및 UPS 시스템 우회 전환을 통한 즉각 대응이 필요하다.

UPS나 배터리 이상이 의심될 경우, 사전에 준비된 예비 전력 공급 장치(또는 UPS 모듈)로 신속히 대체한다. 전력 장애 원인을 빠르게 파악하기 위해 주전원 공급선, 배전반, 차단기, ATS(Automatic Transfer Switch), UPS 등의 고장 여부를 단계적으로 확인한다.

2) 냉각설비 장애(냉각수 공급 중단 등)

- **주요 특징**: 냉각설비 문제가 발생하면 IT 장비 과열로 인한 성능 저하 및 심각한 장애로 이어질 수 있다.

대응 방안

이중화된 냉각설비(Chiller, CRAC 등)를 긴급 가동해 온도 상승을 억제한다. 일시적으로 수동 냉각 설비(팬, 임시 공조 장치 등)를 사용하거나, 방열판과 외부 공조를 활용해 온도를 안정화한다. 냉각수 흐름이 막혔거나 냉매 누설이 의심되면, 즉시 해당 부위를 차단하고 예비 회선을 투입한다.

3) 통신 및 네트워크 장애(케이블 손상, 장비 고장 등)

- **주요 특징**: 네트워크 연결이 불안정해지면 데이터 송수신이 중단되어, 외부 서비스뿐 아니라 내부 관리 시스템까지 무력화될 수 있다.

대응 방안

이중화 경로를 활용해 자동 우회를 시도한다(Load Balancing, Redundant Router/Switch 등), 케이블 손상 시 예비 케이블로 신속 교체하고, 코어 스위치나 방화벽 고장 시 예비 장비로 대체한다. 장애 분석 도구(네트워크 모니터링 솔루션, Syslog 등)를 통해 오류 로그를 추적하고, 원인 부위를 정확히 찾아 해결한다.

4) 화재 및 재난 상황

- **주요 특징**: 화재, 지진, 홍수 등 물리적 재난은 데이터센터 인프라 전반에 치명적 손상을 유발할 가능성이 있다.

대응 방안

화재 발생 시 자동소화설비(가스 소화, 물 분무, 에어로졸 등)를 즉시 가동하고, 인력 긴급 대피 절차를 이행한다. 재해 발생이 예상될 경우 미리 중요 데이터 백업, 외부

DR(Disaster Recovery) 센터 이중화 및 전환 시뮬레이션을 수행한다. 상황 진정 후에는 설비 복구 프로세스를 진행하며, 손상 부위를 정확히 평가해 재발 방지 대책을 세운다. 각 장애 유형은 개별적으로 나타날 수도 있지만, 복합적으로 동시에 발생할 수도 있다. 예를 들어 전력 장애가 냉각설비 장애로 이어지거나, 화재 발생 후 네트워크 케이블이 손상되는 경우도 발생한다. 따라서 전체 설비를 유기적으로 바라보고, 장애 간 상호 연관성을 고려한 복합 대응 전략이 필요하다.

11.5.2 장애 대응 프로세스 절차

데이터센터 장애 발생 시 신속한 복구를 위해서는 사전에 수립된 절차와 매뉴얼이 있어야 한다. 아래는 일반적으로 권장되는 장애 대응 프로세스의 주요 단계다.

1) 장애 발생 인지 및 경보

장애 징후를 실시간 모니터링 시스템이나 관리자 알림(메일·SMS·음성 등)을 통해 즉시 파악한다. 장애 발생 사실을 데이터센터 운영 인력에게 즉시 보고하고, 상황 공유 툴(Slack, Teams, 전화 등)을 활용해 관련 부서에 알린다.

2) 초기 장애 범위 및 원인 분석

장애가 발생한 범위를 빠르게 파악해, 전력 계통인지, 냉각인지, 통신인지 등 문제 발생 지점을 추정한다. 로그 파일, 모니터링 지표, 현장 점검을 통해 가설을 세우고, 우선순위가 높은 영역부터 점검한다.

3) 긴급 대응 조치 수행

이중화 설비 가동: 예비 전력, 예비 냉각, 예비 네트워크 경로 등을 투입한다.
수동 복구 작업: 고장 난 부품, 배선, 장비 등을 신속 교체 또는 우회한다.
사고 확산 방지: 추가 피해가 발생하지 않도록, 문제가 확산되는 부분을 격리하거나 차단한다.

4) 장애 장기화 시 고객 및 이해관계자 공지

장애 시간이 길어질 것으로 예상되는 경우, 사전에 고객사·이해관계자에게 공지해 서비스 중단 이유와 예상 복구 시간을 전달한다. 내부 관리 시스템과 CS(Customer Support)

를 통해 문의에 적극 대응하고, 신뢰 손실이 없도록 자세한 상황 설명을 제공한다.

5) 장애 복구 및 사후 관리

장애 원인을 완전히 제거하고 설비를 복구해 정상 상태로 전환한다. 운영 재개 후 서비스 안정화를 위해 각 시스템의 지표와 상태를 일정 기간 집중 모니터링한다. 사후 보고서를 작성해 장애 원인, 복구 과정, 재발 방지 대책을 정리하고, 이를 통해 향후 비슷한 장애 발생 시 대응 역량을 강화한다.

장애 대응 과정에서는 사람들이 차분하고 정확하게 역할을 분담하는 것이 중요하다. 각 단계별로 책임자와 의사결정권자를 명확히 정의해두면, 긴급 상황에서도 혼선 없이 일사불란하게 대처할 수 있다. 또한 장애 대응 및 복구 매뉴얼은 수시로 업데이트하고, 모의 훈련(Drill)을 통해 실전과 유사한 상황에서 절차를 숙달하는 것이 바람직하다.

데이터센터는 복잡한 IT 인프라와 전력·냉각·통신·소방 설비가 유기적으로 결합된 공간이다. 장애 발생 시 신속한 대응과 적절한 긴급 복구 프로세스가 뒷받침되어야, 서비스 중단으로 인한 피해를 최소화할 수 있다. 전력, 냉각, 통신, 화재·재난 등 각 장애 유형별 특성을 명확히 이해하고, 사전에 이중화된 설비와 대응 매뉴얼을 준비해야 한다.

11.6 데이터센터 유지관리 효율성 증대 방안

11.6.1 데이터 기반 유지보수 전략

데이터센터 유지관리를 효율화하기 위해서는 설비 상태를 실시간으로 파악할 수 있는 체계적인 데이터 수집·분석 시스템이 구축되어야 한다. 최근 IoT 센서 기술과 AI 분석 알고리즘의 발전으로 데이터 기반의 예측 정비(Predictive Maintenance)가 가능해지고 있다.

1) IoT 및 AI 기반 설비 모니터링

전력, 냉각, 통신 설비 등에 IoT 센서를 설치해 온도, 전류, 진동, 압력 등의 실시간 데이터를 수집한다. AI 분석 모델을 통해 수집된 데이터를 학습하고, 특정 패턴이나 임계값 변화를 조기에 감지한다.

2) 예방적 유지관리(Predictive Maintenance) 구현

설비 노화나 이상 징후가 포착되면 교체 시기를 미리 안내하거나 정밀 점검을 수행한다. 갑작스런 장애 발생 빈도를 줄이고, 유지보수 비용과 다운타임을 최소화한다.

3) 데이터 관리 및 활용 체계 구축

CMMS(Computerized Maintenance Management System)와 연계해 설비 이력과 분석 결과를 한곳에서 확인한다. 수집된 빅데이터를 장기적으로 축적·분석해 설비 업그레이드나 확장 시 의사결정에 활용한다.

11.6.2 유지관리 인력 교육 및 역량 강화

데이터센터 설비가 복잡해지고 기술 발전 속도가 빨라지면서, 유지관리 인력에게 요구되는 전문성 수준도 높아지고 있다. 따라서 정기적인 교육과 훈련을 통해 설비 특성을 이해하고, 최신 기술 동향을 파악하며, 비상상황에 대비할 수 있어야 한다.

1) 정기 교육 프로그램 시행

매년 2회 이상 전문 교육 프로그램을 운영해 전력, 냉각, 통신, 소방 등 각 분야별 최신 동향과 이론·실습 교육을 제공한다. 설비 매뉴얼, 업계 표준, 법적 규정 등에 대한 정확한 이해를 높인다.

2) 비상 대응 능력 강화

장애 대응 모의훈련을 통해 실제 상황과 유사한 환경에서 실습하고, 팀 단위로 신속한 의사결정과 역할 분담을 훈련한다. 교육 이수 후 평가체계를 마련해, 개인별 역량 향상 정도를 파악하고 추가 교육 필요성을 확인한다.

3) 전문 자격·인증 취득 장려

유지관리 인력의 동기 부여를 위해 관련 자격증(Certified Data Centre Specialist 등) 취득을 적극적으로 지원한다. 이를 통해 내부 인력의 전문성이 높아지고, 외부 전문업체와 협력 시에도 효율적인 커뮤니케이션이 가능해진다.

11.6.3 유지관리 전문업체와의 협력 체계 구축

데이터센터 설비 관리는 전력, 냉각, 보안, 통신 등 다양한 기술 영역이 융합되어 있어, 외부 전문업체의 도움을 받는 것이 효율적인 경우가 많다. 전문업체의 전문 지식과 풍부한 실무 경험을 활용하면, 장애 대응과 정기 점검 체계를 더욱 견고히 구축할 수 있다.

1) 상시 소통 채널 확보 및 정기 점검

유지관리 전문업체와 긴밀한 커뮤니케이션 통로(전화, 메신저, 화상회의 등)를 마련해, 필요 시 즉시 연락이 가능하도록 한다. 정기 점검 계획을 수립할 때 전문업체와 협력해 설비별 세부 점검 항목, 교체 주기 등을 상호 검토한다.

2) 긴급 상황 대응 및 복구 지원

장애가 발생하면 전문업체가 신속히 현장에 투입돼 복구 작업을 지원할 수 있도록 계약 체계와 SLA(Service Level Agreement)를 명확히 설정한다. 전문업체의 지원 범위, 긴급 출동 시간, 예비 부품·장비 확보 등에 대한 세부 내용을 사전에 협의한다.

3) 협력업체 역량 평가 및 관리

전문업체의 업무 성과와 대응 능력을 정기적으로 평가해, 계약 갱신이나 추가 협력 여부를 결정한다. 여러 업체와 분산 계약을 맺어 리스크를 분산하거나, 단일 업체와 장기 계약을 통해 안정적인 협력관계를 유지할 수도 있다.

데이터센터 유지관리 효율성을 증대하기 위해서는 데이터 기반 예측 정비, 인력 교육 강화, 전문업체와의 협력 체계를 종합적으로 추진해야 한다. IoT 센서와 AI 분석 기술의 접목으로 실시간 모니터링과 예방적 유지관리가 가능해지고, 숙련된 유지관리 인력과 전문업체의 협업을 통해 비상 상황에도 빠르고 정확한 대응이 이루어진다.

11.6.4 데이터센터 주요 기기 및 기계의 유효 수명 표

〈표 11.5〉 주요기기 및 기계 유효 수명

장비명	일반 기대 수명 (년)	법적/기준 수명 또는 참조 기준	비고
변압기	25 ~ 35	한국전력, IEEE C57.91, IEC 60076	절연유 교체 및 정기 점검 시 수명 연장 가능
전력용 차단기	20 ~ 30	전기설비기술기준, IEC 62271	가스차단기(GIS)는 수명 길고 정밀 점검 필요
UPS (무정전 전원장치)	10 ~ 15	제조사 기준, ASHRAE	배터리는 3 ~ 5년 교체 주기 필요
비상용 발전기	20 ~ 30	「소방시설 유지관리 기준」, NFPA 110, KFI 기준	정기 점검 및 시험 운전이 필수
전력 케이블	30 ~ 40	전기설비기술기준, KS C IEC 60502	절연재에 따라 수명 상이함
냉동기 (Chiller)	20 ~ 25	ASHRAE, 국내 냉동공조설비 유지관리 지침	대형 터보 냉동기 기준
냉각탑	15 ~ 20	제조사 기준, 건물설비 수명자료	부식 환경에 따라 수명 차이
펌프 및 모터	15 ~ 25	KS B 6310, KS C IEC 60034	베어링 교체 및 정기 윤활 필요
팬 및 모터	10 ~ 20	ASHRAE, KS 기준	환경 조건에 따라 다름
CRAH (Computer Room Air Handler)	15 ~ 20	ASHRAE TC9.9, 제조사 기준	필터 교체 및 팬 유지보수 필요
외기 냉방기	10 ~ 15	에너지절약설비 기준	설치 지역 기후 영향 큼
가변인버터 (VFD)	10 ~ 15	KS C IEC 61800, 제조사 기준	콘덴서 수명에 민감함, 먼지 관리 중요

※ 참고 사항

- **정기적인 유지보수와 점검**이 이루어진다면 대부분의 장비는 기대 수명 이상 사용할 수 있다.
- **UPS 배터리, 가변인버터 콘덴서, 모터 베어링 등 소모성 부품**은 중간에 교체가 필요하며, 전체 장비 수명과 별개로 관리되어야 한다.

- **ASHRAE TC9.9**는 데이터센터 특화 HVAC 및 전원 시스템 수명 예측의 중요한 가이드라인을 제공한다.
- **NFPA 110** 및 국내 **KFI 기준**은 발전기 시험 운전과 관련된 주기적 유지보수를 명시하고 있다.
- **전기설비기술기준 및 해설서**에서는 일부 전기설비의 사용연한을 언급하고 있으나, 법적 유효 수명을 명확히 규정하기보다는 점검/검사 및 교체기준 중심이다.

부록

부록 1. 데이터센터 관련 국내·외 주요 법령 및 기준

Data Center Electrical Facility Planning and Design

데이터센터 구축 및 운영 시 반드시 준수해야 하는 국내외 주요 법령 및 기준은 다음과 같다.

〈부록 1.1〉 데이터센터 투시도(예)

1. 국내 법령 및 기준

『전기사업법』 및 『전기설비기술기준』(산업통상자원부)

『정보통신공사업법』 및 『정보통신설비기술기준』(과학기술정보통신부)

『건축법』 및 『건축법 시행령』(국토교통부)

『소방법』 및 『화재안전기준(NFSC)』(소방청)

『에너지이용 합리화법』 및 『신·재생에너지법』(산업통상자원부)

『환경보전법』(환경부)

『내진설계기준(KDS 41 17 00)』(국토교통부)

『개인정보 보호법』, 『지능정보화 기본법』,
『데이터센터 구축 및 운영 활성화를 위한 민간 데이터센터 필수시설 및 규모에 관한 고시』
『대용량전력 관련』, 『산업단지 관련』, 『지구단위계획 관련』,
『클라우드 컴퓨팅 발전 및 이용자 보호에 관한 법률』

2. 국제 표준

『Uptime Institute Tier Standard』(Tier 등급 기준)
『ASHRAE 데이터센터 냉각 및 환경 기준』(온습도 기준)
『IEC 60364』(국제 전기설비 표준)
『ISO/IEC 27001』(정보보안 경영시스템 표준)
『TIA-942』(데이터센터 통신설비 국제 표준)

부록 2. 데이터센터 구축 및 운영 체크리스트

Data Center Electrical Facility Planning and Design

1. 구축단계 체크리스트

구분	체크 항목	세부 점검내용	확인 방법 / 참고 사항
1. 부지 선정 및 인허가	입지 분석	- **전력 인프라**: 특고압 수전 가능 여부, 변전소 거리 및 전력망 안정성, 예비 전력 선로 유무 - **통신망 인프라**: 이중화 가능한 광케이블 회선, 주요 ISP 연동성, PoP(Point of Presence) 밀집도, 5G/메트로 이더넷 백본 여부 - **교통 접근성**: 물류(랙·장비 반입) 동선, 운영 인력 출퇴근 경로, 대형차량(트럭, 크레인) 진입 가능 여부 - **주변 리스크**: 홍수·수해·폭설·지진·태풍 등 자연재해 이력, 인접 공단·중공업 등 인공재해 위험도, 소음·분진 발생 가능성(주민 민원 사항) - **환경 데이터**: 기온·습도·대기질(에어필터 교체주기 영향), 기상청 과거기록 분석	- 지자체·한전(전력공사)·ISP·도로교통청 자료 수집 - 기상청 및 과거 재해지도(수자원공사, 국토지리정보원) 등 확인 - 현장 실사(부지 토질, 배수로, 주변 시설, 교통량) 및 3D 지형분석 - 필요 시 위험도 평가(Risk Assessment) 보고서 작성
	법적 규제 및 인허가 사항	- **건축 관련**: 건축법, 도시계획법, 용도지역·지구 지정 사항(예: 자연녹지, 상업지 등) - **환경 영향**: 환경영향평가 대상 여부, 대기오염·소음 규제, 폐수 처리 방안 - **전기안전**: 전기안전관리법, 전력기술관리법, 특고압 수전설비 인허가 절차(관할 관청, 한전 협의) - **소방·방재**: 소방법에 따른 소방설비·방화구역 기준, 방재계획 수립 여부 - **통신**: 정보통신공사업법, 외부 회선 매설 허가, 전파 간섭 여부(전기실·네트워크실 간섭 가능성)	- 관할 시·군·구청 인허가부서 사전 협의 - 건축사무소·법무법인·엔지니어링사 등 전문가 자문 - 각종 법령 및 조례 최신 개정 내용 확인 - 이해관계자(전력청, 소방서, 환경청, 통신사 등)와 협의 기록(문서, 공문) 보관
	설계 업체 선정 및 협의	- **설계사 전문성**: 건축, 전기·기계설비, 통신, 보안 등 분야별 실적·기술력 검증 - **등급 목표**: Uptime Institute Tier III, IV 또는 TIA-942, LEED 등 친환경 인증 목표 반영 - **기술 사양**: 에너지 효율, 가용성, 내진·방재 성능, 보	- 입찰공고(RFP) 및 기술평가(제안서) 검토 - 과거 프로젝트(유사 규모 데이터센터) 포트폴리오·레퍼런스 체크

구분	체크 항목	세부 점검내용	확인 방법 / 참고 사항
		안 수준 등을 포함하여 RFP(Request for Proposal) 작성 - **기술 협의**: Tier 수준별(2N, N+1 등) 이중화 구조, Hot/Cold Aisle 구조, 모듈형 확장성, 재생에너지 연계 등 설계 방향 결정	- 면담·기술 협의 회의록 작성 - 선정 후에도 사전기획 단계부터 긴밀한 커뮤니케이션 유지
2. 전력 및 냉각 (공조) 인프라	전력 인프라 설계	- **수전 설비 구조**: 초고압 변압기, 개폐장치(Switchgear), 전력 공급 경로(메인→분기→RPP) - **UPS 구성**: 2N 또는 N+1, 모듈형 UPS, 배터리 타입(VRLA, 리튬이온, Ni-Cd), 유지보수 접근성 - **ATS(Automatic Transfer Switch)**: 상용전원과 발전기 전환 로직, 테스트 시퀀스 - **비상발전기**: 디젤·가스터빈·이중연료 타입, 연료 보관 탱크(용량, 주기적 연료 순환), 배기가스·소음 저감대책 - **전력 모니터링**: DCIM/BMS로 실시간 부하분석, 누전·과전류·단락 보호장치(차단기) 상태 모니터링 - **접지·뇌서지 보호**: SPD(Surge Protective Device) 설치 위치, 접지 저항 측정, 낙뢰 위험 지역 대응	- 전력 부하 시뮬레이션(IT 부하 + 냉각 부하) 결과 보고서 - 전기실·UPS실·배터리실 평면도·단선결선도 확인 - 발전기 제조사 스펙 시트(정격 출력, 연료소비, 배기가스처리) 검토 - 수배전반 설계(IEC, KS 등) 국제 표준 준수 여부 점검
	냉각 (공조) 시스템 설계	- **냉동기 선정**: 흡수식 냉동기 vs 전기식 냉동기, 지역 기후·PUE 목표 고려 - **CRAC/CRAH 용량 및 배열**: 서버 랙당 열밀도(kW/랙) 기준, 균등 냉각 가능성, 리던던시 수준(N+1, 2N) - **공기흐름 구조**: Hot/Cold Aisle 컨테인먼트, 유출·유입 공기 경로, 기류 시뮬레이션(CFD) - **수랭식**: 냉각탑, 냉수 배관 재질(CPVC, 스틸), 펌프 이중화, 수질관리(부식, 스케일 방지) - **공랭식**: 외기냉방(Free Cooling), 팬 성능, 필터 관리 전략 - **에너지 효율**: 속도 제어(가변 주파수 드라이브, EC 팬), 냉동기 부분 부하 효율(IPLV)	- 냉각 부하 계산서(서버 장비 열발산량 + 조명 + UPS 손실) - CFD 시뮬레이션 결과 보고서(온도편차, 팬 동력 추정) - 냉동기·CRAC 제조사 기술 사양, 에너지 효율 등급 확인 - 냉각탑 열교환 효율 테스트, 수질분석(아연, 철 부식도)
	에너지 효율 및 친환경 요소	- **재생에너지 연계**: 옥상·주변 태양광 설치, 풍력 적용 가능성, 수소연료전지(PEMFC, SOFC) 도입 검토 - **폐열 회수**: 축열 탱크, 히트펌프, 지역난방 연계 방안, 냉각수 재활용 - **고효율 장비**: UPS(IGBT 정류·인버터), 냉동기(EER/COP 높은 모델), 팬(EC팬), 고효율 모터 - **지표 관리**: PUE(Power Usage Effectiveness), WUE(Water Usage Effectiveness), CUE(Carbon Usage Effectiveness) 목표 수립	- 사업 초기부터 친환경 설계(그린빌딩 인증 항목) 반영 - 부하 예측과 에너지 시뮬레이션 툴(eQUEST, EnergyPlus 등) 활용 - 재생에너지 전력 판매단가·보조금·REC(신·재생에너지 공급인증서) 여부 검토 - 종합 에너지관리 계획서 작

구분	체크 항목	세부 점검내용	확인 방법 / 참고 사항
		- **그린빌딩 인증**: LEED(미국 그린빌딩위원회), BREEAM (영국), G-SEED(국내) 등 인증 요건 충족	성
3. 구조 및 건축계획	건축 구조 및 내진 설계	- **바닥 하중**: 서버 랙·배터리·냉동기 등 중량 장비 위치별 하중 설계(≥1,000 ~ 1,500kg/㎡ 목표) - **내진 성능**: 지진지역 분포, 진동대책(댐퍼, 방진구), 면진 설계, 내풍 설계(태풍 대비) - **층고 확보**: 메인 플로어 및 복층(덕트, 배관, 케이블 트레이) 최소 3.5m 이상 권장 - **내화·단열**: 외벽·지붕 마감재 선택, 단열재·난연재 적용, 온도 안정성 확보	- 구조계산서, FEM(유한요소해석) 분석 자료 - 건설기술사 또는 구조기술사 검토보고서 - 국가 내진 설계 기준(KBC) 및 해외 인증(TIA-942 Seismic 등급) 비교 - 시공사와 사전 협의(철골·철근콘크리트 RC·복합구조 선정)
	공간 배치 계획	- **구역 분리**: 서버실, 통신실, 전산실, NOC, UPS룸, 배전실, 발전기실, 냉동기실, 부대시설(사무실, 회의실 등) 구획 - **동선 설계**: 운영 인력 출입동선, 장비 반입·반출 동선, 방문객 경로 분리(보안·안전) - **물류 작업 편의**: 랙·장비 입고 구역 높이(하역장), 대형 리프트·리프팅 장치 배치 - **환기·방음 대책**: 발전기·냉동기실 소음·배기가스 처리, 필터·배기 덕트 설치	- 평면도, 단면도, 동선 시뮬레이션 자료 - 부대시설(사무·휴게·창고) 면적 계산, 파티션 설치 계획 - 방음재, 방진 패드 적용 범위 검토 - 건축/설비팀 합동 리뷰(공기흐름, 장비 정비 공간, 이동 동선)
	방화 및 안전 설계	- **소방·방화구역 구획**: FM200·NOVEC·IG-541(가스 소화) vs 스프링클러, 방화벽, 연기 차단 설계 - **화재 감지**: 감지기(연기, 열, 이온화) 종류, 감지 구역, 조기경보 시스템(VESDA) 도입 - **비상구 및 피난 통로**: 인원 대피 경로, 비상조명, 유도등, 출입문 방화등급 - **기타 안전**: 방범(강도·테러 대비), 출입제한구역 설정, 가스누출·배관 파손 센서	- 소방기술사, 방재기술사 감리 및 점검보고서 - NFPA·FM Global·국내 소방법 기준 비교 - 피난 시뮬레이션(Evacuation Simulation) - 가스계 소화약제 친환경성(GWP, ODP) 검토
4. 보안 시스템 및 네트워	물리 보안	- **출입 통제**: 생체인증(지문, 홍채), RFID 카드키, QR·OTP 등, 방문객 절차, 로그 기록 - **CCTV 및 모니터링**: 24/7 실시간 감시, 사각지대 최소화, 해상도·저장일수(30일 이상), 보안 모니터룸(NOC/SOC) 연동 - **외곽 보안**: 펜스, 차량 차단기, 경비인력 배치, 초동대응 매뉴얼 - **내부 시설 보안**: 서버룸 잠금장치(도어락), 배전실·냉동기실 접근권한 최소화, 자산(랙, 서버) 물리 잠금	- 보안 등급(내부 등급 분류) 및 정책 수립 - CCTV 설치 위치(사각지대 분석), 적외선·열감지 센서 활용 - 방문객 체크인·체크아웃 프로세스 문서화 - 카드키 시스템 연동(출입권한 자동 갱신, 인사이동 반영)

구분	체크 항목	세부 점검내용	확인 방법 / 참고 사항
4. 네트워크	네트워크 인프라 설계	- **이중화 백본**: ISP 2곳 이상 확보, BGP 라우팅 설정, 회선 절체 테스트 시나리오 - **네트워크 구조**: Spine-Leaf(DC 스위치), 코어-엑세스 계층, VLAN·VXLAN, SDN 적용 여부 - **케이블링**: 광케이블(SMF·MMF), UTP(Cat6/6A) 구간, PoE 필요 여부, 트레이 배치(상부·하부) - **전송속도·대역폭**: 10G/25G/40G/100G 등 스위치 포트, 네트워크 장비 라우팅 용량, MTBF(평균무고장시간) - **IP 주소 설계**: IPv4·IPv6 동시 지원, Private IP 구성, NAT·FW 정책	- ISP 커버리지 맵 및 SLA(신호 지연, 가용성) 확인 - 네트워크 토폴로지 다이어그램 작성 - 케이블링 표준(TIA/EIA-568, ISO/IEC 11801) 준수 - VLAN·VXLAN 설계 문서, 라우팅 프로토콜(OSPF, BGP 등) 구성 검토
	사이버 보안	- **보안 솔루션**: 방화벽(Next-Gen FW), IDS/IPS, DDoS 방어, WAF(Web Application Firewall), NAC, SIEM(Splunk, QRadar 등) - **보안 정책**: ACL(Access Control List), 네트워크 분리(Management/Production), VPN 정책, Zero Trust 모델 도입 검토 - **SOC 구축**: 실시간 탐지 및 대응 조직, 모니터링 대시보드, 이상 트래픽 자동 차단, 로그 보관 - **보안 컴플라이언스**: ISO27001, PCI-DSS, 개인정보보호법 등 준수	- 보안 아키텍처 다이어그램, 솔루션 벤치마크 - 침투 테스트(내부/외부), 취약점 점검 보고서 - 규제별 요구사항 매핑표 작성 - 보안 관제센터(외부/자체) 연계 계획
5. 장비 배치 및 케이블링	랙 배치 전략	- **랙 종류**: 42U·45U·48U, 폭·깊이(600mm, 800mm, 1000mm 등), 서버랙·네트워크랙·스토리지랙 구분 - **열 통로**: Hot/Cold Aisle 컨테인먼트, 차폐 패널, 문 설치, 상부 덕트(열기 배출) - **공간 여유율**: 향후 3~5년 규모 확장 대비, 통로 폭(1.2m 이상), 유지보수 공간 - **중량 배분**: 바닥 슬래브 강도, 랙 배치 시 안전 기준(선형 배치 vs 군집 배치)	- 상면 레이아웃 설계도(Visio, CAD 등) - 장비 스펙별 크기·무게 확인 - 제조사 요구조건(서버 배출열, 공기흐름) 비교 - 현장 모형(목업) 시뮬레이션
	케이블 트레이 및 포설	- **포설 경로**: 전원 케이블(AC/DC)과 데이터 케이블 분리, 이중 바닥 또는 상부 트레이 배치, 안전 간격 유지(전자파 간섭 방지) - **정리 및 라벨링**: 케이블 코드체계, 양단 라벨 부착, 색상 규격 구분(전원·네트워크) - **방화용 케이블**: 방화 케이블(耐火케이블) 구간, 관통부 방화 실링(파이로크림 등) - **증설 용이성**: 추가 케이블 포설 경로 확보, 트레이 적재중량 확인	- 배선도, 케이블 트레이 단면도 확인 - TIA-942 케이블링 표준 문서 참조 - 라벨링 관련 내부 규정·소프트웨어(DCIM) 연동 - 화재 안전 기준(방화 구역 관통부 시공방법)

구분	체크 항목	세부 점검내용	확인 방법 / 참고 사항
	장비 통합 테스트 (Commissioning)	- **전력·냉각·보안 통합 테스트**: UPS 전환시험, 발전기 실제 부하 테스트, 냉동기 최대 부하(Full Load) 운전, 소방·보안 시나리오 동작 - **네트워크 성능·이중화**: ISP 회선 이중화 절체(Active-Active/Active-Passive), 방화벽 및 라우터 Failover 테스트 - **서버/스토리지**: 기본 성능 측정(Benchmark), 장애 복구 시나리오(디스크 장애, 전원 이중화) - **안전검사**: 현장 점검(감리) 결과 반영, 파이널 인스펙션 시 발견사항 개선	- 공인시험 기관(전기·소방·정보통신) 또는 감리 업체의 시험 보고서 - 시운전 프로토콜(Site Acceptance Test, SAT) 문서 - 실제 부하 시뮬레이션(Load Bank) 및 Failover 시나리오 영상 기록 - 커미셔닝 완료 후 Punch List(미비점 목록) 추적, 보완

2. 운영 단계 체크리스트

구분	체크 항목	세부 점검 내용	확인 방법 / 참고 사항
1. 운영 조직 및 인력 관리	조직 체계 수립	- **조직 구성**: 데이터센터장(센터장), 시설관리팀(전기·기계), 서버팀, 네트워크팀, 보안팀, 헬프데스크/고객 지원, SOC 등 - **SLA/OLA 설정**: 가동시간(Availability), 응답 시간(Response Time), 장애 복구 목표(RTO, RPO), 내부 부서 간 협업(OLA) - **직무 정의**: 장비 운영, 보안, 시설 유지보수, 긴급대응 등 각 직무별 권한·책임 명시 - **보고 체계**: 일상 운영 보고, 장애 보고, 재해 시 보고 등 수직·수평 커뮤니케이션 절차	- 조직도, RACI(Roles & Responsibilities) 차트 - SLA 문서(내부/외부 고객과 계약) - 정기회의, 긴급회의 프로토콜 수립 - 인사이동 시 권한 재설정(접근권·계정)
	운영 인력 교육	- **안전교육**: 전기안전(감전 위험, 로크아웃/태그아웃), 소방훈련, 응급처치 - **시스템/솔루션 교육**: DCIM, BMS, NMS, 보안 솔루션(SIEM, 방화벽 운영도구), 장비 특성(UPS·냉동기) - **보안교육**: 물리적 보안, 정보보안, 개인정보 보호, 내부자 보안정책 - **기술 역량 강화**: 최신 트렌드(클라우드, 가상화, 컨테이너, 에너지 효율), 자격증(전기·통신·보안) 취득	- 정기 세미나 개최, 외부 전문가 초청 강연 - e-Learning 포털 구축(동영상·매뉴얼) - 기술 자격·인증 취득 장려 (사내 포인트 제도 등) - 보안 계정·권한 사용 시 주기적 재교육
	운영 매뉴얼	- **SOP(표준 운영 절차)**: 장비 점검, 승인 절차(Work Permit), 변경관리(Change Management), 장애관리	- 문서관리시스템(DMS) 또는 협업툴(JIRA, Confluence,

구분	체크 항목	세부 점검 내용	확인 방법 / 참고 사항
	및 절차	(Incident Management), 문제관리(Problem Management) - **장애 대응 시나리오**: UPS 고장, 발전기 기동 실패, 회선 장애, 서버 장애, 보안 침해 등 사례별 프로세스 - **문서 현행화**: 랙 배치도, 케이블 맵, 장비 리스트, IP 리스트, 승인 절차 등 정기 업데이트 - **승인 워크플로우**: 시설 교체·유지보수 작업 시 사전 승인, 영향 범위 분석, 사후 보고	SharePoint 등) 활용 - 변경 이력(Version Control) 추적 - 인수·인계(Shift Handover) 시 운영 매뉴얼 전달 - DRY RUN(가상 시나리오) 테스트
2. 전력 및 냉각 설비 운영	전력 관리	- **전력 사용량 모니터링**: PUE 측정(IT 부하와 총 사용 전력), 서버랙별·시간대별 에너지 사용량 추적 - **UPS 및 ATS 상태 점검**: 배터리 내압, 사이클 테스트, ATS 절체 시뮬레이션(상용-발전기) - **비상 발전기 운용**: 주기적 무부하/부하 운전, 연료 품질 검사(수분·오염), 예비 부품(필터, 오일, 벨트) 관리 - **부스바·케이블·배전반**: 온도(열화상 검사), 접촉 저항, 차단기 트립동작, SPD 점검	- 주간·월간 전력 리포트 작성, DCIM 그래프 분석 - UPS 배터리 상태(내부 임피던스, 온도) 정기 측정 - 발전기 로드뱅크(Load Bank) 테스트 로그 - 서지 보호장치(SPD) 교체 주기, 차단기(MCCB, ACB) 점검 기록
	냉각· 공조 운영	- **냉동기/CRAC 운전 상태**: 온도(24±2℃ 권장), 습도(50±10% 권장), 부하율, 소모전력 모니터링 - **필터·팬 유지보수**: 필터 오염도, 팬 베어링 소음·진동 측정, 팬 벨트 장력 점검 - **냉각수 수질**: 스케일·부식(Fe, Cu), 박테리아 억제(레지오넬라균 검사), 적절한 약품 주입 - **정전·장비 고장 대비**: 냉수 펌프 이중화, 밸브·제어기 동작, 긴급 연락망(냉동기 제조사, 약품 업체)	- 냉각 시스템 모니터링 화면(BMS 또는 SCADA) - 주간/월간 필터 교체·세척 이력 관리 - 냉각수 시험성적서(화학 분석) 보관 - CRAC 온도센서·습도센서 보정(Calibration) 주기 확인
3. IT 장비 및 네트워크 운영	서버· 스토리 지 운영	- **서버 자원 모니터링**: CPU, 메모리, 디스크 I/O, 네트워크 대역폭, 장애 알람(트랩) 설정 - **OS·소프트웨어 패치**: Windows·Linux·가상화 하이퍼바이저·어플리케이션 정기 업데이트, 보안 패치 일정 관리 - **백업·DR 체계**: 전체/증분 백업 주기, 백업 데이터 암호화, 복구 테스트 시나리오(RTO/RPO 검증) - **스토리지 운영**: SAN/NAS 볼륨 할당, RAID 상태, 디스크 장애율, FC 스위치 상태, 스토리지 컨트롤러 펌웨어	- 서버관리툴(NMS, APM) 또는 로그 분석(Splunk 등) - 패치 릴리즈 노트·이행 계획서(백업 및 롤백 시나리오 포함) - 스토리지 제조사 진단 툴(디스크 진단, 성능 로그) - DR 센터와 정기 동기화 상태 보고서
	네트워 크 운영	- **라우터/스위치 구성**: 펌웨어 업데이트, VLAN/VRF 구성, QoS/ACL, 트렁킹 상태, STP/RSTP 확인 - **회선 상태**: ISP SLA 준수 모니터링, 회선 지연/패킷	- 네트워크 관리 솔루션(NMS, SDN 컨트롤러) - 라우터/스위치 Syslog 및

구분	체크 항목	세부 점검 내용	확인 방법 / 참고 사항
		손실 측정, BGP 라우팅 변경 로그 - **트래픽 모니터링**: NetFlow/SFlow, SNMP, Syslog 이벤트, 포트별 대역폭 분석, DDoS 공격 탐지 - **장애 관리**: 링크 업다운 알람, 루핑(Spanning Tree) 이슈, MTU 불일치, MAC 플러딩 사고 대응	Config 백업(주기적) - ISP 대시보드, Ping/Traceroute 도구로 지연 측정 - 장애 티켓 시스템(히스토리, RCA 문서화)
	장애 관리	- **모니터링·알람**: Zabbix, Nagios, SolarWinds 등 도구 사용, 임계값 설정(CPU, 메모리, 온도, 네트워크 트래픽) - **장애 티켓 발행**: 장애 유형 분류(긴급·보통), 처리 우선순위, 담당자 할당, SLA 타이머 - **RCA(Root Cause Analysis)**: 장애 원인 분석, 재발 방지 대책, 후속 조치 이행 - **장애 보고**: 실시간 보고(전화·메신저), 주간/월간 장애 통계, 장애 공지(내부/고객)	- 알람 시스템 SMS·메일·메신저(Teams, Slack 등) 연동 - 장애보고 템플릿(시간, 영향범위, 원인, 조치사항) - 블레이머 없는(Blameless) 사후검토 문화 조성 - 개선사항 Track & Follow-up (관리 시스템 내 스프린트 형식 진행)
4. 보안 및 접근 제어	물리적 보안 운영	- **CCTV·출입로그 확인**: 24시간 로그 분석, 이상행동(야간 미승인 방문, 반복 출입 시도), 해상도·저장공간 점검 - **인원·물품 관리**: 외부 방문객(업체, 택배) 사전 승인 절차, 서버·장비 반출입 시 태그·검수, 작업 종료 후 반출 확인 - **보안구역 권한 업데이트**: 인사 이동·퇴사 시 즉시 권한 회수, 시건장치(마스터키) 관리, 생체인증 등록 변경 - **위기대응 훈련**: 침입·테러·화재·도난·폭발물 신고 시나리오, 비정상 상황 시 모의훈련	- 출입통제 시스템(리더기, 게이트) 로그 분석 및 관리 툴 - 보안실(경비실) CCTV 관제 모니터링 주기적 확인 - 반출입 물품 관리 대장(장비 시리얼 번호 등) - 주기적 모의훈련(소방훈련과 병행 가능)
	네트워크 보안	- **방화벽 룰셋 관리**: 불필요 포트/프로토콜 차단, 주기적 룰셋 리뷰, NAT 정책, IPSec VPN 정책, IPS/IDS 시그니처 업데이트 - **DDoS 방어**: 임계치 설정, 트래픽 패턴 분석, 자동 차단 룰, 클린존 연동(유해 트래픽 필터링) - **SIEM·로그 분석**: 이상 징후, 계정 도용, 내부 정보 유출 시도, EDR/위협 헌팅 솔루션 연계 - **취약점 관리**: 정기 취약점 스캐너(OWASP ZAP, Nessus 등), 모의침투(내부·외부) 테스트, 취약점 패치	- 방화벽 장비·보안 솔루션 관리 콘솔 접속 권한 통제 - 보안 벤더 서브스크립션(시그니처, 룰 업데이트) 확인 - 취약점 관리 대시보드(스캔 주기, CVE 취약점 정보) - 모의침투 리포트 분석 및 조치사항 이행
	데이터 보안	- **데이터 암호화**: DB, 파일시스템, 전송구간(SSL/TLS, SSH), 암호키 관리 수명주기(생성·폐기), HSM(Hardware Security Module) - **접근권한 최소화**: Privileged Access Management	- DB 접근제어 솔루션(이력 로그, 세션 모니터링) - 암호화 키 로테이션 주기 설정(분기·연간)

구분	체크 항목	세부 점검 내용	확인 방법 / 참고 사항
		(PAM), 계정 분리(관리계정·일반계정), MFA(2-Factor) 적용 - **감사 로그·감사 추적**: DB 감사 로그, OS 커맨드 이력, DLP(Data Loss Prevention), GDPR 등 개인정보 규정 준수 - **백업·암호화키 보관**: 복구 시 요구되는 키·인증서, 별도 물리 장소 또는 HSM 내 저장	- GDPR, 개인정보 보호법 가이드라인 준수 - DLP 솔루션(메일, 웹 업로드 모니터링)
5. 유지보수 및 성능 최적화	정기 점검 (Routine Maintenance)	- **설비별 점검 주기**: 전기(UPS, 배전반, 발전기), 기계(냉동기, 펌프, CRAC), 소방(소화기, 감지기, 배관), 보안(출입장치, CCTV) - **오작동·노후 부품 교체**: UPS 배터리 수명(3~5년), 팬 모터, 밸브·패킹류, 소방 헤드·가스 약제 충전 - **점검 결과 이력**: 양식화된 점검표 작성, 항목별 Pass/Fail, 이상 징후·예방정비(PM) 실행 - **스페어 파트**: 장비 제조사별 필수 예비품(퓨즈, 베어링, 필터, 벨트 등), 재고 관리	- 주별/월별/분기별 점검 스케줄표 작성 - 점검 후 교체 이력 및 비용(정비보고서) 기록 - 제조사 권장 수명·MTBF (Mean Time Between Failures) 참조 - 시설팀·보안팀·IT 운영팀 간 협조(점검 시 전산중단 최소화)
	성능 모니터링 및 튜닝	- **리소스 모니터링**: CPU, 메모리, I/O, 네트워크(대역폭), GPU 클러스터(딥러닝 등) - **서버 가상화/컨테이너**: VMWare, KVM, Docker/Kubernetes 등에서 노드 오버커밋, 리소스 할당 최적화 - **애플리케이션 성능**: APM 도구(New Relic, Dynatrace 등)로 TPS, 응답시간, DB 쿼리 튜닝 - **에너지 효율**: PUE·CUE·WUE 실시간 대시보드, 부분부하 효율 모니터링, 서버 재배치(Hot Spot 해소)	- DCIM, NMS, APM 등 종합 대시보드 활용 - 자원 임계치 설정(CPU 80% 이상 시 알람) - 하드웨어·소프트웨어 튜닝(커널 파라미터, DB 인덱스, 캐시 정책) - 라이프사이클 관리(노후 서버 폐기, 신규 고효율 서버 도입)
	용량 관리 및 확장 계획	- **IT 인프라 사용량 추세**: 서버 CPU/메모리·스토리지 용량(GB/TB)·네트워크 트래픽 증가율 - **전력·냉각 여유도**: 랙별 전력 한계(kW/랙), CRAC 용량, UPS 용량, 배전반 증설 가능성 - **물리 공간 확장**: 랙 배치도에서 남은 공간, 차세대 장비 높이·무게 고려 - **신규 서비스/고객 수용**: 클라우드, MSP, HPC workload 등 도입 시 부하량, 시설 증축 or 모듈 확장 가능 여부 - **투자 계획**: 예산, ROI, 미래 3~5년 예측	- Capacity Planning 보고서(분기·반기·연간) - 인프라 관제 툴에서 성장률 분석(전년 대비 +% 증가) - 신규 프로젝트(신규 서비스, 대규모 고객) 사전 수요 파악 - 확장 시 건축 인허가 재필요 여부, 부지 여유 공간 체크
6. 재해	비상 대응 매뉴얼	- **재해 유형별 시나리오**: 화재, 정전, 침수, 지진, 태풍, 보안 침해(랜섬웨어), 핵심 인력 부재(팬데믹) 등 - **알람·연락망**: 상황 발생 시 즉시 알람(모니터링 시	- 비상대응 매뉴얼 및 연락망(연락처 주기적 갱신) - BCP(Business Continuity

구분	체크 항목	세부 점검 내용	확인 방법 / 참고 사항
복구 및 비상 계획		템, SMS, 전화), 책임자·관련 부서·고객 통보 절차 - **NOC·SOC 연동**: 중앙 관제실과 협업, 상황 전파 및 팀 간 역할 분담 - **임시 대응 방법**: 임시 전원(UPS+발전기), 임시 네트워크(무선, 임시 라우터), 백업 시스템 전환	Plan)와 연계 - 정기 점검 시나리오 작성 (각 재해 유형별 구체적 단계) - 대규모 장애 Drill(교육훈련) 결과 보고서
	DR (Disaster Recovery) 및 백업	- **백업 정책**: 온사이트/오프사이트 이중화(테이프, 클라우드), 백업 주기(일간·주간·월간), 차등·증분·전체 백업 - **DR 센터 운영**: Active-Active(동시 운영) vs Active-Passive, DR 센터 위치(물리적 거리), 회선 구성 - **복구 테스트**: DR 시나리오별 전환 절차, RTO(복구 목표시간), RPO(데이터 손실 허용 범위) 만족 여부 - **백업 암호화**: 중요한 데이터(개인정보, 금융 정보) 백업 시 암호화·키 관리, 백업 미디어 물리 보안	- 백업/DR 솔루션(Veritas, Veeam, Commvault 등) 리포트 - DR 센터 주기적 전환 테스트(부분·전체) 결과 문서화 - 데이터 무결성 체크섬, 복구 시나리오(데이터베이스 복원 절차) - 안전한 운송(테이프, 디스크) 및 보관 프로세스
	정기 모의 훈련	- **재해 복구 훈련**: 화재 발생, 메인 전원 차단, 발전기 기동, DR 전환 등 실제와 유사한 시나리오 - **각 팀별 역할 분담**: 시설팀(전원복구), 네트워크팀(경로절체), 서버팀(백업복구), 보안팀(침해 조사) - **훈련 결과 피드백**: 시간, 정확도, 예비물자(부품·연료) 적정성, 커뮤니케이션 개선사항 - **훈련 주기**: 분기별/반기별 1회, 결과 보고서, 시정 조치사항 추적	- 팀장 주도 혹은 외부 컨설턴트 참관 하에 모의훈련 - 훈련 시나리오 단계별 체크리스트, 타이머로 실제 대응 속도 측정 - 훈련 결과 정리(강평, 문제점, 보완계획) - 일정 지연·돌발상황 대비 대체 계획(Backup Plan) 마련
7. 감사 및 규제 준수	내부 감사	- **운영 절차 준수**: SOP, 변경관리 프로세스, 승인 절차 적합 여부 - **보안 지침 이행**: 보안솔루션 로그, 계정·권한 관리, CCTV·출입 기록 검토 - **운영 로그·장애 이력**: 티켓 시스템, 알람 이력, 해결 기간, 재발 방지책 이행 여부 - **설비·장비 자산관리**: 자산 리스트 최신화, 감가상각, 폐기 장비 절차(보안 삭제)	- 내부 감사팀 또는 품질관리팀 수행 - 감사 체크리스트(ISO27001, ITIL, COBIT) 기반 평가 - 도출된 지적사항·개선 권고사항 문서화 - 사후조치(시정·예방조치) 이행 계획 및 재확인(후속 감사)
	외부 인증· 감사	- **국제 인증**: ISO 27001(정보보호), ISO 20000(IT서비스관리), ISO 22301(BCMS), TIA-942(시설표준) - **업타임 인증**: Tier I~IV 인증(디자인, 구축, 운영)에 대한 요구사항 충족 여부(가용성, 이중화, 유지보수 용이성)	- 인증 기관(각 ISO 인증심사원, Uptime Institute 등) 심사 계획 및 준비(갭 분석) - 감사 대비 문서 정리(절차서, 이행 실적, 로그 증빙)

구분	체크 항목	세부 점검 내용	확인 방법 / 참고 사항
		- **산업별 컴플라이언스**: PCI-DSS(결제카드), HIPAA(의료), 금융보안원 지침(금융권) 등 - **주기적 재심사**: 인증 만료 전 재심사, 변경사항에 따른 추가 요구사항(설비 증축, 보안 정책 변경)	- 필요 시 자문사 컨설팅(미비점 보완) - 주기별(연간/3년 단위) Surveillance Audit 수행
	개선 이행	- **감사 결과 조치**: 지적사항 우선순위 부여, 단기·중기·장기 계획 수립, 예산 투입 - **재발 방지**: 운영 매뉴얼 보완, 교육 강화, 프로세스 변경(자동화 도구, 체크포인트 추가) - **성과 확인**: 개선 후 KPI 변동(장애 건수 감소, SLA 준수율 상승, 보안 사고 건수 감소), 구성원 피드백 - **최종 보고**: 경영진·내부 감사팀 승인, 외부 규제기관 제출(필요 시)	- 개선 과제 추적 시스템(JIRA, Redmine 등) 사용 - 개선 활동 결과를 문서화(PT, 보고서)하여 전사 공유 - 추가 투자(솔루션 도입, 인력 충원 등) 필요 시 예산·ROI 검토 - 지속적인 PDCA(Plan-Do-Check-Act) 순환으로 운영 프로세스 품질 향상

위 표는 **대형 데이터센터 구축단계**에서부터 **운영단계**에 이르는 전 과정을 한층 더 세분화하여 작성한 **상세 체크리스트**이다. **구축단계**에서는 부지 및 인허가, 전력/냉각/보안 설계, 구조 및 건축, 장비 통합 테스트 등 단계별로 매우 광범위한 검토가 필요하다. 특히 '설계 표준(TIA-942, Uptime Institute Tier 등)'과 **법적 인허가, 환경·소방·보안 기준**을 충족하면서도 **에너지 효율과 확장성**을 고려하여야 한다. **운영단계**에서는 **SOP 표준화, 정기점검, 인프라·네트워크 모니터링, 장애 관리, 보안 및 재해복구(BCP/DR), 감사 및 규제 준수** 등 체계적인 유지보수와 운영관리가 핵심이다.

부록 3. 주요 설비 제조업체 및 공급업체 리스트(국내 기준)

Data Center Electrical Facility Planning and Design

1. 전력설비 및 UPS 제조업체

- LS Electric (www.lselectric.co.kr)
- Schneider Electric Korea (www.se.com/kr)
- 현대일렉트릭 (www.hyundai-electric.com)
- ABB Korea (new.abb.com/kr)
- Eaton Korea (www.eaton.com/kr)

2. 비상발전기 제조업체

- 두산에너빌리티 (www.doosanenerbility.com)
- 현대중공업 엔진기계사업부 (engine.hyundai-ce.com)
- Cummins Korea (www.cummins.com/kr)
- Caterpillar Korea (www.cat.com/ko_KR)

3. 냉각설비 제조업체

- LG전자 공조사업부 (www.lge.co.kr)
- 삼성전자 공조사업부 (www.samsung.com/sec)
- Carrier Korea (www.carrier.co.kr)
- Johnson Controls Korea (www.johnsoncontrols.com/ko_kr)

4. 통신설비 제조업체

- Cisco Korea (www.cisco.com/c/ko_kr)
- Huawei Korea (www.huawei.com/kr)
- Juniper Networks Korea (www.juniper.net/kr)
- Arista Networks Korea (www.arista.com/ko)

5. 소방 및 안전설비 제조업체

- 한컴라이프케어 (www.hancomlifecare.com)
- 효성에바라엔지니어링 (www.hyosungebara.com)
- 한국소방기구제작소 (www.kfic.kr)
- Siemens Korea (new.siemens.com/kr)

부록 4. 전기 설계 시 체크리스트

1. 기본 설계 및 법·규정 준수

관련 법규 및 표준 확인
- 국내·국제 데이터센터 규격(TIA-942, Uptime Institute Tier 표준, ISO/IEC 27001 등)
- 전기설비기술기준, IEC, IEEE, NFPA 등 표준
- 건축 관련 규정(소방법, 건축법, 전기안전관리법 등)

입지와 건축적 제약 조건 파악
- 변전소/배전반과의 거리, 건물 내 전기실 배치
- 통신실, 냉각실(Chiller Room), UPS실 등과의 위치 관계
- 지하 설치 여부, 화재 및 침수 위험 지역 여부

에너지 효율 및 확장성 고려
- PUE(Power Usage Effectiveness) 목표 설정
- 장비 확장성(Load Growth)에 대응할 수 있는 설비 용량 예비분 확보
- 냉동기, 공조 설비와의 연동 계획

2. 전력 수전 및 변전 설계

수전 설비(한전 수전 혹은 독립 전원) 설계
- 수전 전압(고압/특고압) 결정 및 전력 사용 용도별 계약
- 2회선 이상의 이중화 수전 방식(Loop Feeding) 검토
- 수전 변압기, 메인 스위치기어(MSG), 보호 계전기 등 선정

변압기(Transformers)
- **용량 산정**: 초기 부하 + 예비 용량 고려
- 효율 등급 및 열 관리: 저손실 변압기, ONAN/ONAF 등 냉각 방식

- **권선 방식:** Delta-Wye 결선(3상 4선식) 검토 등
- 무게, 부피, 설치 위치, 방음·방열 대책(진동, 온도 상승, 환기)

부하 특성별 배분
- IT 장비 부하, 설비(냉동기, CRAC 등) 부하, 보안·방재 부하 등 분리
- 단락 용량, 통신 간섭(EMI/RFI) 우려 사항 고려
- 배전 분할 방식(분산형 PDU, 집중형 MDP 등) 결정

3. 무정전 전원장치(UPS) 및 배터리

UPS 시스템 구조
- 2N, N+1, N+N 등 이중화 레벨 설정
- 온라인(이중변환), 라인 인터랙티브, 에코 모드 등 UPS 유형 선택
- **용량 및 직류전압(Vdc) 산정:** IT 부하, 장애 발생 시 유지시간 등 고려

배터리 및 에너지저장장치(ESS) 설계
- **배터리 유형:** 납축전지(VRLA, OPzS), 리튬이온, Ni-Cd 등
- 설치 공간, 환기, 온도 관리(배터리 룸 온도 유지)
- BMS(Battery Management System) 연동 여부, 수명 및 점검 주기

기능 및 안전성 평가
- UPS 병렬 운전 시 위상 제어, 출력 전압 동기화 등 안정성 체크
- 교체·점검 시 IT부하에 무정전 전원 공급 가능 여부
- 배터리 과방전·과충전 보호, 소방설비 연동 체크

4. 비상발전기(Generator) 및 ATS(Automatic Transfer Switch)

비상발전기 용량 및 형태
- 통상 IT 부하 전부를 커버할 용량, 필요 시 냉동기 등 Critical Load 고려
- 디젤발전기, 가스터빈, 연료전지 등 에너지원 유형 검토
- 발전기 병렬 운전(N+1, 2N 등) 계획 여부

연료(디젤) 저장 및 공급 시스템
- 연료 탱크 용량, 위험물 취급 허가 사항, 소방 규정 충족
- 비상 시 연료 보급 계획(운송 경로, 물류 확보)

ATS/MTS(Transfer Switch) 설계
- 정상전원 – 비상발전기 간 자동 절체(ATS), 수동 절체(MTS) 차이
- 절체 시 무정전 여부(시퀀스), 과도응답 시간, 시작 시간 확인
- ATS/CTTS/STS 확장성, 유지관리 환경 고려

5. 메인배전반(Main Distribution Panel, MDP) 및 분전반(Power Distribution Unit, PDU)

배전반 설계
- 차단기(Air Circuit Breaker, Molded Case Circuit Breaker) 정격 선정
- 보호 계전기(OC, GF, UV, OV, 등) 정정값 산출 및 보호 협조
- 부스덕트(Bus Duct) vs 케이블(Cable) 방식 선택

PDU 구성
- IT 장비 랙까지 전원 공급(각 랙으로 가는 분기 회로)
- 랙내 PDU(각 PDUs의 소켓, 모니터링, 원격 제어)
- 계측(전압·전류·전력량·역률 등) 기능 통합 여부

이중화 및 고장 격리
- 메인배전반 이중화(2N 구성) 여부
- 고장 시 빠른 개방 및 복구 설계(Selective Coordination)
- 병렬 운전 시 각 분전반 간 상호 간섭 예방

6. 모니터링 및 제어 시스템

전력 관리 시스템(PMS)
- 실시간 전력 사용량 모니터링, PUE 측정
- 전력요금 관리, 피크 제어(수요관리)
- 유틸리티(한전 등)와 연계되는 SCADA 구현

빌딩 관리 시스템(BMS) & DCIM(Data Center Infrastructure Management)
- 전기·기계·보안·냉각·소방 등 모든 시설 통합 모니터링
- 개별 장비 상태(UPS, 배터리, ATS, 발전기 등) 실시간 알림
- IT 장비 랙 수준까지 파워·열원 모니터링이 가능한 DCIM 솔루션

자동화 및 지능형 제어
- 부하 이동(Load Shifting), 배터리 충·방전 스케줄링
- 냉각 부하 최적화(공조 자동화, 온도·습도 제어)
- 이상징후 예측 분석(Predictive Maintenance)

7. 접지(Grounding) 및 번개(서지) 보호

접지 시스템
- TN, TT, IT 등 어떤 방식으로 접지할 것인지 결정
- 건물 전체 접지, 통신 접지, 설비 접지, 외부피뢰 접지 분리 여부
- 접지 저항 관리(규정에서 요구하는 최대값) 및 계측 스케줄

SPD(Surge Protective Device) 및 번개 보호
- 서지 보호장치 등급(Class I, II, III) 배치
- 외부 피뢰침(피뢰시스템 설계), 메쉬(Mesh)나 ESE(Early Streamer Emission) 방식 검토
- 케이블·통신 라인 서지 보호 계획

EMI/RFI 방지 대책
- 고주파 방해 요소(UPS 스위칭, 인버터, VFD 등) 차폐
- 외부 안테나 통신 장비와 간섭 방지

8. 케이블 및 부스덕트(배선) 설계

케이블 선정 및 배선 경로
- 사용 전압, 전류 용량, 온도 상승, 길이에 따른 전압강하 고려
- 방화 케이블 사용, 난연재(FR, LSZH 등) 사용 여부
- 트레이, 덕트, 라이저 구간 분리(파워/통신)

케이블 포설 및 단말 처리
- 장비 단말 Box, 방수·방폭 설계, 먼지·이물질 유입 대책
- 케이블 Bend Radius 준수, 인입부 스트레인 릴리프(Stress Relief)

정전용량 및 유도장해
- 데이터 신호선 주변의 고전류 케이블 동선 분리
- 고주파/저주파 노이즈 차단(Sheath 접지, Shield Cable)

9. 냉각 설비와의 연동(전기 설비 관점)

공조기(냉동기)부하 파악
- CRAC(Computer Room Air Conditioning), CRAH, Chiller, Cooling Tower 등 구동 전력
- 구동 장비(펌프, 팬, 압축기) 기동 전류 고려

냉동기 및 송풍 팬의 전원 이중화
- IT 부하만큼 중요하게 보호할지 혹은 일부만 보호할지 결정(N등급)
- 비상 시 최소 필수 냉각 유지 방안(UPS or Generator)

제어 및 모니터링
- BMS/DCIM을 통한 온도 센서, 습도 센서, 수위 센서 관리
- 냉각수 배관 누수 감지 시스템, 누수 시 전원 트립 인터락

10. 소방 및 방재 설비 연동

소화 설비
- 화재 감지 시 IT 장비 보호를 위한 소화약제 선택(FM-200, NOVEC 1230 등)
- 수배전반, UPS실 등 주요 전기실 방화구역 설정
- SPCC(Special Purpose Clean Agent) 사용 여부 및 방호구역

연동 인터락
- 화재 알람 시 전원 차단(Interlock) 범위: 전체 차단, 구역별 차단
- 비상 조명, 피난구 유도등 등 필수 부하 공급 유지

- 소방 설비 전원 공급(펌프, 송수장치)의 별도 이중화

유해가스 감지
- 배터리실의 산성가스(H_2, SO_2 등) 감지
- 디젤 발전기실의 배출가스 관리(CO, NOx)

11. 에너지 효율 및 친환경 설비

전력 사용 효율(PUE) 개선 요소
- 고효율 전력 변환장치(UPS, 변압기)
- **IT 부하 통합관리:** 가상화, 서버 밀도 최적화
- 자연 냉각(Free Cooling) 가능 여부 검토

신·재생에너지 연계
- 태양광, ESS, 연료전지 등과의 연동 설계
- 자체발전 전력 사용 비율, 에너지 저장·방출 계획
- **전력 품질 관리:** 계통연계(인버터, 보호계전), 역률 관리

폐열 재활용(열 회수 시스템)
- 데이터센터의 랙 열기를 다른 용도로 활용 가능성
- 지역 난방, 흡수식냉동기 등과의 연계

12. 안전 및 방호

작업자 안전
- 전기실 출입 통제, 키 관리, 잠금장치(Lockout/Tagout)
- 충전부 안전 커버, Arc Flash Protection(아크 플래시 사고 예방)
- 2인1조 작업, 분전반 접근 시 보호구 착용

고장 및 사고 시 대처 시나리오
- 정전 발생, 케이블 손상, UPS 고장, 배터리 화재 등 시뮬레이션
- SOP(Standard Operating Procedure) 및 EOP(Emergency Operating Procedure) 마련
- 재난 상황(지진, 홍수) 대응 지침

출입 보안 및 물리적 보호
- 생체 인식, CCTV, 침입 감지 센서 등
- 외부 전원 케이블 관통부 밀폐, 방수, 방습, 방화 대책

13. 시험 및 검증

시운전(Commissioning) 테스트
- **기동 테스트:** UPS, 발전기, 스위치기어, 배전반, ATS 순차 동작
- 풀로드(Public Utility Load) 테스트, 부하 뱅크(Load Bank) 테스트
- **성능검증:** 효율 측정, 온도 상승 시험, THD(고조파 왜곡) 측정

리던던시(Redundancy) 및 페일오버(Failover) 테스트
- N+1, 2N 구성 시 주요 장비 이중화 정상 동작 확인
- 전원 절체(ATS) 시간, UPS 트랜스퍼 시간, 서버 다운 여부 확인
- 최악의 시나리오를 상정한 안전장치 동작 시험

설비 별 문서화
- 계통 단선결선도, 부하 리스트, 케이블 경로, 접지 지점 등 상세 도면
- 실제 시운전 결과 보고서 및 측정 데이터
- 모든 설비의 점검 리스트(유지보수 매뉴얼)

14. 유지보수 및 운영 계획

주기적 점검
- UPS 배터리 상태, 발전기 시동 테스트(Week/Month), 분전반 열화 상태
- 절연 저항 측정, 접지 저항 재측정, 서지 보호장치 점검
- 소방 시험, 누수 감지 시험, 공조 필터 교체 등

장비 교체 및 노후화 관리
- 설비 수명 주기(Life Cycle), 경년변화로 인한 성능 저하 모니터링
- **예비 부품(Spare Parts) 확보:** 차단기, 계전기, 베어링, 밸브, 케이블 등
- 모듈러식 확장 대비 또는 용량 증설 계획

업무 매뉴얼 및 교육
- 운영자, 유지보수 인력 대상 정기 교육(안전 교육, 설비 동작 교육)
- 정전·화재 등 유사시 대처 매뉴얼 공유, 정기 훈련 실시
- 신기술 도입(DCIM, 자동화 솔루션) 시 실무 교육

15. 문서화 및 관리 체계

도면 및 시방서(As-built Documentation) 유지
- 설비 설치 위치, 배선 경로, 회로도 등 최신 상태로 유지
- 변경 이력(Rev. 관리) 기록: 장비 교체, 설정 변경, 확장, 철거 등

운영 정책 및 SLA(Service Level Agreement)
- IT 서비스 가용성 목표, 장애 발생 시 책임 및 대응 시간
- 품질 모니터링 지표 설정(신뢰도, 전력 품질, 온도/습도 범위, UPS 충전 상태 등)

보안 관리
- 물리 보안, 네트워크 보안, 전력 공급 보호(사이버 공격 방지)
- 계정·접근 권한 관리, 로깅/감사 추적 기능

위 체크리스트는 대형 데이터센터 전기설비를 설계할 때 필요한 핵심 사항들을 정리한 것이다. 실제 설계에서는 데이터센터의 규모나 가동 표준(Tier I ~ IV), 사용 목적, 예산과 인프라 환경 등에 따라 항목 간 중요도가 달라질 수 있다. 또한 국내외 인증이나 업계 표준(Uptime, TIA-942, ISO 27001 등)을 만족시키기 위해 각 항목마다 더 세부적인 요구사항이 추가될 수 있다.

설계 단계에서 이 체크리스트를 기준으로 본인만의 전기설비 설계 매뉴얼을 만들고, 시공 단계까지 전 과정에서 꼼꼼히 검증하시길 권장드린다. 설비 운영 중에는 주기적인 모니터링과 점검으로 장애 가능성을 최소화하시기 바란다. 항상 안전과 신뢰도를 최우선으로 하셔서 훌륭한 데이터센터를 구축하시길 바라겠다.

부록 5. 대형 데이터센터 전기설비 설계 종합 체크리스트

구분	체크 항목	상세 확인 내용	체크 (Y/N)	비고 (메모)
기본 설계 및 법·규정 준수	관련 법규 및 표준 확인	- 전기설비기술기준, IEC, IEEE, NFPA 등 국내·외 규정 및 표준 충족 여부 - TIA-942, Uptime Institute Tier 등 데이터센터 표준 고려 - 건축법, 소방법, 전기안전관리법 등 필수 인·허가 사항 파악		
	입지와 건축적 제약 조건 파악	- 변전소/배전반과의 거리, 건물 내부 전기실 배치 가능성 - 통신실, 냉각실, UPS실 등 주요 기계실과의 연계 위치 - 침수, 화재 위험 지역 여부(지하 설치 시 배수·방수 대책 포함)		
	에너지 효율 및 확장성 고려	- 목표 PUE 설정, 부하 증설 대비 예비 용량(UPS, 변압기 등) 확보 - 냉동기, 공조 설비와의 연동(냉각용량, 전력량) 계획 - 향후 IT 장비 확장성, 모듈식 설계(스케일 아웃) 검토		
전력 수전 및 변전 설계	수전 설비(한전 또는 독립 전원) 설계	- 계약 전압(고압/특고압), 2회선 이상 이중화(Loop Feeding) 여부 - 수전 변압기, 메인 스위치기어(MSG), 보호 계전기 선정 - 초기 부하 및 확장 부하 고려한 수전 용량 산정		
	변압기(Transformers) 선정	- 용량 산정(초기 부하 + 예비분), 권선 방식(Delta-Wye 등) - 효율 등급, 냉각 방식(ONAN/ONAF), 소음·진동 관리 - 설치 위치(무게, 부피), 방열·방음 대책		
	부하 특성별 배분	- IT 부하, 냉동기·공조 부하, 보안·방재 등 구분 배치 - 단락 용량 및 EMI/RFI(통신 간섭) 고려 - 분산형 PDU 또는 집중형 MDP 구성 결정		

구분	체크 항목	상세 확인 내용	체크 (Y/N)	비고 (메모)
무정전 전원장치 (UPS) 및 배터리	UPS 시스템 구조	- 이중화 수준(N+1, 2N, 2N+1 등) 설정 - UPS 방식(온라인 이중변환, 라인인터랙티브, 에코 모드 등) 검토 - 용량 및 직류 전압(Vdc) 산정: IT 부하·장애 유지 시간 고려		
	배터리 및 ESS 설계	- 배터리 유형: 납축전지(VRLA, OPzS), 리튬이온, Ni-Cd 등 - 배터리룸 환경(온도, 환기, 안전성), BMS 연동 - 배터리 수명·점검 주기 및 스페어 확보		
	기능 및 안전성 평가	- UPS 병렬 운전 시 위상·출력 전압 동기화 - 과방전·과충전 보호, 배터리 화재 시 소방설비 연동 - UPS·배터리 교체 시 무정전 공급 가능 여부		
비상 발전기 (Generator) 및 ATS/ /CTTS STS	비상발전기 용량 및 형태	- 디젤발전기, 가스터빈, 연료전지 등 에너지원 선택 - IT 부하(전체/일부)를 커버할 용량, 냉동기 등 필수 부하 대응 - 발전기 병렬 운전(N+1, 2N) 계획 및 설치 가능성		
	연료 저장 및 공급 시스템	- 연료 탱크 용량, 위험물 취급 허가(소방 규정 등), 환기·온도 관리 - 비상 시 연료 수급 계획(운송 경로, 물류 확보) - 연료 필터, 배출가스 후처리(환경 규제)		
	ATS/MTS(절체 스위치) 설계	- 정상 전원 – 비상발전기 간 자동 절체(ATS) 또는 수동 절체(MTS) 방식 - 절체 시 무정전 여부(시퀀스, 과도응답 시간), 발전기 기동 시간 - ATS/CTTS/STS 이중화 및 확장성, 유지관리 조건		
메인 배전반 (MDP) 및 분전반 (PDU)	배전반 설계	- 차단기(Air CB, MCCB) 정격 선정, 보호 계전기 (OC, GF, UV 등) 협조 - 단락 용량 고려, 보호 협조(Selectivity) 설계 - 부스덕트(Bus Duct) vs 케이블(Cable) 선택		
	PDU(분산 또는 랙 PDU) 구성	- IT 랙에 공급되는 분기 회로 설계(랙 단위 PDU, 소켓 수 등) - PDU 계측(전압, 전류, 전력량, 역률) 및 모니터링 기능 - 원격 제어, 개별 장비별 전력 소비 모니터링(DCIM 연동)		
	이중화 및 고장 격리	- MDP 이중화(2N 구성) 여부, 고장시 빠른 격리 - 병렬 운전 시 분전반 간 상호 간섭 방지		

구분	체크 항목	상세 확인 내용	체크 (Y/N)	비고 (메모)
		- 고장 발생 시 신속한 개방·복구 체계(Selective Coordination)		
모니터링 및 제어 시스템	전력 관리 시스템(PMS)	- 실시간 전력 사용량, PUE 모니터링 - 전력 요금, 피크 제어(수요관리), 유틸리티(SCADA) 연계 - 에너지 절감, 최적 부하 분산 등 자동화 기능		
	BMS & DCIM	- 전기·기계·보안·냉각·소방 등 모든 시설 통합 모니터링 - UPS, 배터리, ATS, 발전기 상태 실시간 점검 알림 - IT 랙 수준까지 파워·열원 모니터링(DCIM)		
	자동화 및 지능형 제어	- 부하 이동(Load Shifting), 배터리 충·방전 스케줄링 - 냉각 부하 최적화(냉동기·CRAC 자동 제어), 예측 정비(Predictive Maintenance) - 이상 징후 발생 시 알림 및 자동 조치(알고리즘)		
접지(Grounding) 및 서지(번개) 보호	접지 시스템	- TN, TT, IT 등 접지 방식 결정, 건물 내 메인 접지 설계 - 접지 저항 목표값(법규, 표준) 충족 여부 - 통신 접지, 전기 설비 접지, 피뢰접지 분리·병합 관리		
	SPD(Surge Protective Device) 및 번개 보호	- 서지 보호장치(SPD) 등급(Class I, II, III)별 설치 위치 - 외부 피뢰시스템(피뢰침, 메쉬 등), 케이블·통신 라인 보호 - SPD 동작 모니터링, 교체 주기 관리		
	EMI/RFI 방지 대책	- UPS, 인버터 스위칭 잡음 차폐, 케이블 Shield 설계 - 고주파/저주파 간섭 방지, 접지 처리(Shield 접지) - 데이터 신호선과 전력선 분리(물리적·배선 트레이 분리)		
케이블 및 부스덕트 (배선) 설계	케이블 선정 및 배선 경로	- 전압·전류용량, 길이에 따른 전압강하, 온도 상승 고려 - 난연재(FR, LSZH 등) 사용, 방화구역 통과 시 방화 케이블 - 전력선/통신선 분리(트레이 분리 배선, 라이저 구간 등)		
	케이블 포설 및 단말 처리	- 케이블 Bend Radius 준수, 인입부 스트레인 릴리프		

구분	체크 항목	상세 확인 내용	체크 (Y/N)	비고 (메모)
		- 단말 Box 방수·방폭 설계, 먼지·이물질 유입 방지 - 접속부 온도 상승, 크림핑(Crimping) 품질 관리		
	정전용량 및 유도장해	- 고전류 케이블에 의한 데이터 신호선 간섭 방지 - Shield Cable 및 케이블 체배(접지) 여부 - 고조파·누설 전류·임피던스 상승에 대한 대책		
냉각 설비와의 연동 (전기 설비 관점)	공조기(냉동기) 부하 파악	- CRAC, CRAH, Chiller, Cooling Tower 등 동력 부하 - 펌프·팬·압축기 기동 전류 및 운전 전류 - 냉동기별 전력 소비량, 에너지 절감 기술(Variable Speed Drive 등)		
	냉동기 및 팬의 전원 이중화	- IT 부하 보호 수준에 맞춘 N+1, 2N 구성 적용 여부 - 비상발전기/UPS 전원 공급 범위(전체/일부) 결정 - 최소 필수 냉각 유지(정전 시 일부 냉각 라인만 UPS/Generator 공급)		
	제어 및 모니터링	- 온도·습도·누수 센서, BMS/DCIM을 통한 통합 모니터링 - 냉각수 배관 누수 감지 시 전원 차단 인터락 - 전력 사용량과 냉각 부하 연동(자동 제어)		
소방 및 방재 설비 연동	소화 설비	- 전기실, UPS실 등에 대한 청정소화약제(FM-200, NOVEC 1230) 적용 여부 - 방화구역 설정, 배전반·케이블 화재 방지 대책 - SPCC(특수목적 청정소화시스템) 및 가스방출 설비 점검		
	연동 인터락	- 화재 감지 시 전원 차단 또는 구역별 차단 범위 설정 - 비상 조명, 피난구 유도등 전원 유지 방식 - 소방 펌프·송수장치 등 소방 설비용 전원 이중화		
	유해가스 감지	- 배터리실(납축전지 시 H_2, SO_2 등) 가스 센서 - 디젤 발전기실 배출가스(CO, NOx) 관리 - 이상 농도 발생 시 환기, 자동 제어, 알람 시스템		
에너지 효율 및 친환경 설비	PUE 개선 요소	- 고효율 UPS, 고효율 변압기 도입 - 자연 냉각(Free Cooling) 적용 가능성, 냉각 부하 절감 - 서버 밀도 최적화, 가상화, 랙 간 Hot/Cold Aisle 전략		
	신·재생에너지	- 태양광, ESS, 연료전지 등과의 계통 연계 설계		

구분	체크 항목	상세 확인 내용	체크 (Y/N)	비고 (메모)
	연계	- 인버터 보호계전, 역률·주파수 제어 방식 - 자체발전 전력 사용 비중, 전력 품질 관리		
	폐열 재활용	- 데이터센터 랙의 폐열을 난방 등에 활용 가능성 - 흡수식 냉동기, 지역 난방 네트워크 연동 - 열 회수 설비 투자 대비 효율 분석		
안전 및 방호	작업자 안전	- 전기실 출입 통제, Lockout/Tagout 절차, 보호구 착용 - 충전부 안전커버, Arc Flash(아크 플래시) 보호 대책 - 2인1조 작업 원칙, 비상시 구조·대피 경로		
	고장 및 사고 시 대처 시나리오	- 정전, 케이블 손상, UPS 고장, 배터리 화재 등 상황별 SOP/EOP - 비상발전기 기동 실패 시 대체 방안 - 지진, 홍수, 폭우 등 재난 재해 대응 시뮬레이션		
	출입 보안 및 물리적 보호	- 생체인식, CCTV, 침입 감지 센서, 서버실 Lock 장치 - 외부 전원 케이블·관통부 방수·방화 차단 - 내부자 보안 관리(권한 분배, 작업 이력 기록)		
시험 및 검증	시운전(Commissioning) 테스트	- UPS, 발전기, 배전반, ATS 단계별 기동 테스트 - 풀로드(Load Bank) 테스트, 에너지 효율 측정 - THD(고조파) 측정, 온도 상승 시험, 단락 테스트		
	리던던시 및 페일오버 테스트	- N+1, 2N 등 이중화 구성 실제 동작 시나리오 검증 - ATS 전환 시간, UPS 버퍼링 시간(서버 다운 여부 확인) - UPS 한 대 고장 시 병렬 구동 지속 가능 여부		
	설비별 문서화	- As-built 도면(계통 단선결선도, 부하 리스트, 케이블 경로, 접지 지점) - 각 설비 시운전 결과보고서(측정 데이터 포함) - 유지보수 매뉴얼 및 점검 이력 관리		
유지보수 및 운영 계획	주기적 점검	- UPS 배터리 상태, 발전기 기동 테스트(주/월 단위) - 절연저항, 접지저항, 서지보호장치(SPD) 상태 - 소방 설비·누수 감지 등 전기/기계/소방 전 분야 정기 점검		
	장비 교체 및 노후화 관리	- 각 설비(UPS, 배터리, 차단기 등) 수명주기 파악 - 예비 부품(스페어 파츠) 확보 계획, 모듈러식 교체 - 설비 증설 또는 교체 시 호환성·확장성 고려		

구분	체크 항목	상세 확인 내용	체크 (Y/N)	비고 (메모)
문서화 및 관리 체계	업무 매뉴얼 및 교육	- 운영자, 유지보수 인력 정기 교육(안전·동작 원리) - 정전·화재 등 비상시 대처 매뉴얼 공유, 정기 훈련 - 신기술(DCIM, 자동화 솔루션) 도입 시 실무 교육		
	도면 및 시방서 (As-built) 유지	- 설비 설치 위치, 배선 경로, 회로도 등 최신 상태 유지 - 변경 이력(Rev.) 기록: 장비 교체, 설정 변경 - 도면 및 매뉴얼의 버전관리(버전별 접근 권한 부여)		
	운영 정책 및 SLA	- IT 서비스 가용성 목표, 장애 발생 시 대응 시간/책임 - 전력 품질 지표(출력전압, 주파수, THD 등) 모니터링 - 다운타임 보상, 장애 보고 체계, 서비스 크레딧 정책		
	보안 관리	- 물리 보안(출입 통제), 네트워크 보안(침입 차단시스템), 전력망 보호 - 계정·접근 권한 설정, 작업 로그·감사 추적(Trace) 기능 - 사이버 공격에 대비한 전력 인프라 연계 보안 점검		

※ 활용 방법 안내

- **체크(Y/N) 칸**: 실제 설계 및 시공 단계에서 각 항목을 점검할 때, 완료 여부나 적합 여부를 체크한다.
- **비고(메모) 칸**: 필요 시 상세 내용을 기록하거나, 추가 설계 변경 사항/문제점 등을 기입한다.
- 설계 초기 단계에서부터 시공, 시운전(Commissioning), 유지보수 단계까지 전 주기에 걸쳐 **반복해서** 본 체크리스트를 활용하면, 누락이나 오류를 줄이고 체계적인 관리가 가능하다.
- 각 데이터센터의 **규모, 목적, 예산, 가용성(Tier 등급)**에 따라 항목별 우선순위나 이중화 수준이 달라질 수 있으므로, 상황에 맞추어 항목을 추가·수정하여 사용하시면 좋다.